U0244603

经以济七

建筑商事

贺教育部

重大攻关项目

心手相连

李培林

教育部哲学社會科學研究重大課題攻關項目

"十三五"国家重点出版物出版规划项目

我国食品安全风险防控研究

RESEARCH ON PREVENTION AND CONTROL OF FOOD SAFETY RISKS IN CHINA

王 硕

等著

中国财经出版传媒集团

经济科学出版社

Economic Science Press

图书在版编目（CIP）数据

我国食品安全风险防控研究/王硕等著．—北京：
经济科学出版社，2016.6
教育部哲学社会科学研究重大课题攻关项目
ISBN 978 - 7 - 5141 - 7020 - 7

Ⅰ. ①我… Ⅱ. ①王… Ⅲ. ①食品安全 - 风险管理 -
研究 - 中国 Ⅳ. ①TS201. 6

中国版本图书馆 CIP 数据核字（2016）第 137755 号

责任编辑：韩　玲
责任校对：杨　海
责任印制：邱　天

我国食品安全风险防控研究

王　硕　等著

经济科学出版社出版、发行　新华书店经销
社址：北京市海淀区阜成路甲 28 号　邮编：100142
总编部电话：010 - 88191217　发行部电话：010 - 88191522
网址：www. esp. com. cn
电子邮件：esp@ esp. com. cn
天猫网店：经济科学出版社旗舰店
网址：http://jjkxcbs. tmall. com
北京季蜂印刷有限公司印装
787 × 1092　16 开　22. 25 印张　430000 字
2016 年 6 月第 1 版　2016 年 6 月第 1 次印刷
ISBN 978 - 7 - 5141 - 7020 - 7　定价：56. 00 元
（图书出现印装问题，本社负责调换。电话：010 - 88191502）
（版权所有　侵权必究　举报电话：010 - 88191586
电子邮箱：dbts@ esp. com. cn）

首席专家和课题组主要成员

首席专家 王 硕

课题组成员（按姓氏笔画为序）

于丽艳　王爱兰　王殿华　史小卫　安玉发

孙楚绿　吴永宁　李丽华　袁世芳

编审委员会成员

总　序

哲学社会科学是人们认识世界、改造世界的重要工具，是推动历史发展和社会进步的重要力量。哲学社会科学的研究能力和成果，是综合国力的重要组成部分，哲学社会科学的发展水平，体现着一个国家和民族的思维能力、精神状态和文明素质。一个民族要屹立于世界民族之林，不能没有哲学社会科学的熏陶和滋养；一个国家要在国际综合国力竞争中赢得优势，不能没有包括哲学社会科学在内的"软实力"的强大和支撑。

近年来，党和国家高度重视哲学社会科学的繁荣发展。江泽民同志多次强调哲学社会科学在建设中国特色社会主义事业中的重要作用，提出哲学社会科学与自然科学"四个同样重要"、"五个高度重视"、"两个不可替代"等重要思想论断。党的十六大以来，以胡锦涛同志为总书记的党中央始终坚持把哲学社会科学放在十分重要的战略位置，就繁荣发展哲学社会科学做出了一系列重大部署，采取了一系列重大举措。2004年，中共中央下发《关于进一步繁荣发展哲学社会科学的意见》，明确了新世纪繁荣发展哲学社会科学的指导方针、总体目标和主要任务。党的十七大报告明确指出："繁荣发展哲学社会科学，推进学科体系、学术观点、科研方法创新，鼓励哲学社会科学界为党和人民事业发挥思想库作用，推动我国哲学社会科学优秀成果和优秀人才走向世界。"这是党中央在新的历史时期、新的历史阶段为全面建设小康社会，加快推进社会主义现代化建设，实现中华民族伟大复兴提出的重大战略目标和任务，为进一步繁荣发展哲学社会科学指明了方向，提供了根本保证和强大动力。

高校是我国哲学社会科学事业的主力军。改革开放以来，在党中央的坚强领导下，高校哲学社会科学抓住前所未有的发展机遇，紧紧围绕党和国家工作大局，坚持正确的政治方向，贯彻"双百"方针，以发展为主题，以改革为动力，以理论创新为主导，以方法创新为突破口，发扬理论联系实际学风，弘扬求真务实精神，立足创新、提高质量，高校哲学社会科学事业实现了跨越式发展，呈现空前繁荣的发展局面。广大高校哲学社会科学工作者以饱满的热情积极参与马克思主义理论研究和建设工程，大力推进具有中国特色、中国风格、中国气派的哲学社会科学学科体系和教材体系建设，为推进马克思主义中国化，推动理论创新，服务党和国家的政策决策，为弘扬优秀传统文化，培育民族精神，为培养社会主义合格建设者和可靠接班人，做出了不可磨灭的重要贡献。

自 2003 年始，教育部正式启动了哲学社会科学研究重大课题攻关项目计划。这是教育部促进高校哲学社会科学繁荣发展的一项重大举措，也是教育部实施"高校哲学社会科学繁荣计划"的一项重要内容。重大攻关项目采取招投标的组织方式，按照"公平竞争，择优立项，严格管理，铸造精品"的要求进行，每年评审立项约 40 个项目，每个项目资助 30 万 ~ 80 万元。项目研究实行首席专家负责制，鼓励跨学科、跨学校、跨地区的联合研究，鼓励吸收国内外专家共同参加课题组研究工作。几年来，重大攻关项目以解决国家经济建设和社会发展过程中具有前瞻性、战略性、全局性的重大理论和实际问题为主攻方向，以提升为党和政府咨询决策服务能力和推动哲学社会科学发展为战略目标，集合高校优秀研究团队和顶尖人才，团结协作，联合攻关，产出了一批标志性研究成果，壮大了科研人才队伍，有效提升了高校哲学社会科学整体实力。国务委员刘延东同志为此做出重要批示，指出重大攻关项目有效调动各方面的积极性，产生了一批重要成果，影响广泛，成效显著；要总结经验，再接再厉，紧密服务国家需求，更好地优化资源，突出重点，多出精品，多出人才，为经济社会发展做出新的贡献。这个重要批示，既充分肯定了重大攻关项目取得的优异成绩，又对重大攻关项目提出了明确的指导意见和殷切希望。

作为教育部社科研究项目的重中之重，我们始终秉持以管理创新服务学术创新的理念，坚持科学管理、民主管理、依法管理，切实增强服务意识，不断创新管理模式，健全管理制度，加强对重大攻关项目的选题遴选、评审立项、组织开题、中期检查到最终成果鉴定的全过程管理，逐渐探索并形成一套成熟的、符合学术研究规律的管理办法，努力将重大攻关项目打造成学术精品工程。我们将项目最终成果汇编成"教育部哲学社会科学研究重大课题攻关项目成果文库"统一组织出版。经济科学出版社倾全社之力，精心组织编辑力量，努力铸造出版精品。国学大师季羡林先生欣然题词："经时济世 继往开来——贺教育部重大攻关项目成果出版"；欧阳中石先生题写了"教育部哲学社会科学研究重大课题攻关项目"的书名，充分体现了他们对繁荣发展高校哲学社会科学的深切勉励和由衷期望。

创新是哲学社会科学研究的灵魂，是推动高校哲学社会科学研究不断深化的不竭动力。我们正处在一个伟大的时代，建设有中国特色的哲学社会科学是历史的呼唤，时代的强音，是推进中国特色社会主义事业的迫切要求。我们要不断增强使命感和责任感，立足新实践，适应新要求，始终坚持以马克思主义为指导，深入贯彻落实科学发展观，以构建具有中国特色社会主义哲学社会科学为己任，振奋精神，开拓进取，以改革创新精神，大力推进高校哲学社会科学繁荣发展，为全面建设小康社会，构建社会主义和谐社会，促进社会主义文化大发展大繁荣贡献更大的力量。

教育部社会科学司

前　言

食品安全事关每个人的身心健康和生命安全，同时也是关系国计民生的大事。现阶段，食品质量安全以及食品安全风险防控问题是一个世界性的难题，各国都在积极探索解决这一问题的途径和方法。纵观世界各国食品安全风险防控的具体实践，美国、欧盟等西方发达国家和地区有着较为先进的管理经验。近些年，随着中国对食品安全关注度的不断提高，中国在食品安全风险防控方面进行了不断地探索和努力，建立了我国食品安全风险防控的初步体系，但我国的食品安全风险防控仍然存在问题，突出的表现在：食品安全监测评估体系建设亟待加强；食品安全质量标准体系不完善；食品安全交流和预警应急体系不完备；供应链运行过程中的分析、归类和鉴定食品风险来源识别和风险控制方案与决策效率低；监管体制尚未实现全程控制等。所以，我国在发展过程中要从多个方面建立健全食品安全风险防控体系，这其中，不断强化食品安全风险防控意识，完善食品安全的相关法律法规；进一步健全食品安全风险交流和食品安全风险评估机制；从供应链的视角，完善食品安全风险防控的各个环节；设立适度的食品安全违法成本等方面显得尤其突出。

基于我国食品工业的发展现状，目前食品生产企业仍然以中小型企业为主，在产品标准中设定相应指标是为了确保在食品生产企业卫生管理水平参差不齐的情况下，一定程度上监控企业生产卫生条件，减少微生物引起的食源性疾病。食品风险分析提供了一套科学的风险评价体系和有效的管理模式。目前，食品风险分析是国际公认的制定食品标准的重要依据。我国的食品安全标准起步于 20 世纪 50 年代，到目前经历了四个阶段，随着食品安全法的颁布，实现了食品安全管理基本涵盖从农田到餐桌的食品全供应链。

本书的研究团队具有良好的科研基础和研究平台，研究充分体现了跨学科、跨区域研究的优势。

摘　要

食品安全不仅直接关系群众身体健康和生命安全，也关系到经济社会发展的大局，对于我国参与国际竞争、国内经济良性发展、改善民生、维护社会和谐稳定产生较大的影响。现阶段，食品安全以及食品安全风险防控问题是各国都在积极探索解决的重大问题，本书结合食品安全风险防控的重要方面和发达国家的具体实践，分别从食品安全标准风险防控能力及途径、食品风险评估机制的现状问题及创新建议、农产品质量安全风险与防控、供应链视角下食品安全风险防控、违法成本视角下的食品安全制度建设等五个方面较为全面地分析了我国食品安全风险防控存在的问题和应对策略。

首先，本书开篇首先提出：要加强防控我国食品安全标准风险防控能力。以我国食品安全标准的发展简史为脉络，阐述和实证风险分析理论，并从宏观上，介绍国际组织及发达国家的食品安全标准风险分析的做法和优势特点，为完善食品安全标准供了重要理论支持，本部分提出如下建议：我国食品安全标准应尽快与国际食品安全标准接轨。本研究以国际准则看我国食品安全标准风险防控能力存在的问题，提出从风险评估、风险管理、风险交流和法律地位四个方面进行加强。

农之根本事关民生稳定，食品安全应从源头农产品的供给安全抓起，接着，第三部分科研内容关注：农产品质量安全风险与防控研究。本部分从风险预警系统与农产品安全风险防控；法律法规与农产品安全风险防控；认证体系发展与农产品安全风险防控；农产品产地环境风险与防控；企业诚信体系建设与农产品安全风险防控；农产品安全监管体制与风险防控等六方面进行深入研究，在这六方面多视角、多层次提出完善的对策和核心建议，形成有效解决风险分析评估技术研发的管理平台，实现资源和智力共享；制定发展规划；集权与分权结合，加强部门监管和落地政策。

供应链的安全是食品安全风险防控的全程关注点，在第四部分，运用大量的实例和实证互相结合进行深入研究。通过熵权模糊物元模型，以相关统计数据为依据对我国近10年的食品安全风险水平进行了评价。并利用搜集到的2003~2013年我国发生的5 276个食品安全事件，对供应链视角下食品安全风险来源进行实证分析，然后提出了供应链食品安全风险形成的圈层结构，在此基础上给出了供应链食品安全风险防控的总体思路。探讨了食品安全信用风险防控的两种激励机制：契约机制和声誉机制。针对食品质量安全信息的不对称性，导致消费者难以辨别食品质量安全水平，食品市场的逆向选择问题长期存在，提出了食品安全市场风险防控的一些参考性对策建议。

最后，第五部分研究食品安全违法动机与违法成本。构建消费者与企业博弈的支付矩阵，及包含监管者、食品企业和消费者三方食品供应链主体的食品安全博弈模型，实证得出，提高违法成本，并建立与当前环境和文化相匹配的严格的食品安全制度、体系，达到食品链上所有利益相关者的利益均衡，对遏制食品安全问题意义重大。建议我国应借鉴美国先进的法律制度，国内大部合并的条件下，加强国务院对食卫部门的管理；借鉴欧盟经验，采取独立的政府部门专门负责"从农田（农场）到餐桌"一条线的管理。最后结论：我国应不断完善食品安全的监管体系，使任何食品安全环节在监管、预防、应急方面都有法可依。

全书分别从以上五部分，分析了我国食品安全标准中风险分析防控能力的问题和增强的途径。适用于食品安全研究者、监管部门、生产企业、大中专学生等社会各界参考。

Abstract

Food safety not only relates to public health and life safety directly, but also relates to the overall situation of economic and social development, having a great influence to our participating in international competition, domestic economy benign development, improving people's livelihood, maintain social harmony and stability. At the present stage, food quality and the prevention and control about food safety risk problems are the major problems which countries are actively exploring to solve, the book combines the important aspects of food safety risk prevention and control and developed countries practices, analysing the problems and strategies of China's food safety risk prevention and control in food quality respectively from five aspects, which includes the standard of food safety risk prevention and control capacity and the way of it, the status of food risk assessment mechanism and innovative suggestions, agricultural product quality safety risk and prevention, supply chain from the perspective of food safety risk prevention and control, illegal cost from the perspective of food safety system construction.

First of all, this book begins with the following point: to strengthen the prevention and control capabilities of the risk of food safety standards in China. With a brief history of the development of China's food safety standard context, the book explains and proves risk analysis theory, and introduces international organizations and developed countries standards for food safety risk analysis methods and advantages from the macro, with the important theoretical supporting for perfecting the food safety standards. This part will put forward following suggestions that China's food safety standards should conform with international food safety standards as soon as possible. This study appraises the ability of risk prevention and control of China's food safety standards by international standards, putting forward from the four aspects to strengthen which includes risk management, risk estimate, risk communication and legal status.

The root of agriculture is related to the stability of people's livelihood. The supply of agricultural products should start from the source of security. Therefore, the third part is about 'research on the risk and control of agricultural products quality and safety'. This part contains the risk early warning system and agricultural product safety risk prevention and control; laws and regulations as well as agricultural products safety risk prevention and control; development of certification system and prevention and control of agricultural products safety risk; environmental risks and prevention and control of agricultural products; enterprise credit system construction and agricultural product safety risk prevention and control; safety supervision system of agricultural products and risk prevention and control and so on. In these six aspects, the book puts forward the countermeasures and core recommendation, to form an effective management platform for the research and development of risk analysis and assessment technology, to realize the sharing of resources and intelligence; making development plan; combining centralization and decentralization, strengthening supervision and landing policy. The safety of supply chain is the focus of the whole process of food safety risk prevention and control. In the fourth part, Here is the use of a large number of examples and empirical analysis of the combination of in-depth study. Based on the entropy weight fuzzy matter element model, the food safety risk level of China's food safety in recent 10 years was evaluated based on the relevant statistical data. Using collected 2003 – 2013 data in our country combined 5276 food safety events of supply chain from the perspective of food safety risk source for empirical analysis, and then put forward the supply chain food safety risk of the formation of the layered structure and on the basis of supply chain food safety risk prevention and control, gives the general idea. The book discusses two kinds of incentive mechanism of food safety credit risk prevention and control: the contract mechanism and reputation mechanism. For food quality and safety information asymmetry, resulting in difficult for consumers to distinguish the level of food quality and safety, adverse selection problems in a food market will exist for a long time, put forward the food safety market risk prevention and control of some reference suggestions.

Finally, the fifth part of the study of food safety violations and illegal costs. Consumers and enterprises game payment matrix is constructed and contains the regulators, the food industry and consumers tripartite bodies of food supply chain food safety game model, empirical, improve the illegal cost, and establish a match with the current environment and culture of strict food safety system, system, achieve the balance of the interests of the food chain on all stakeholders, to curb food safety is of great significance. China should learn from the advanced legal system, with domestic conditions, strengthen management of the State Council on food and health department; learn from EU experiences, take independent government department responsible for a line of management. "from the farm to the table" The final conclusion is: China should constantly improve the food safety regulatory system to any food safety in supervision, prevention, emergency laws.

The whole book from the above five parts, analyses China's food safety standards in the risk analysis of the problem and the way to enhance the ability, Which is a pplicated to food safety researchers, regulatory authorities, production enterprises, college students and other social sectors of the reference.

目 ■ 录

Contents

第五篇

Contents

Section I
The ways and capabilities of food safety standards risk prevention and control 1

Section Ⅲ

Section IV
Food safety risk prevention and control from the perspective
of supply chain   167

Section V

The construction of food safety system from the perspective of illegal cost   259

7

第一篇

食品安全标准风险防控能力及途径

　　食品是人类赖以生存的最基本的物质条件之一，食品安全事关国民健康、社会稳定和国家安全，食品安全水平是衡量一个国家文明程度和人民生活质量的重要标志。中国是世界上人口最多的国家，也是世界上对食品需求量最大的国家，是食品的生产大国和消费大国。因此，食品安全对于保障人民生活和促进社会稳定都具有特别重要的战略意义。随着经济的全球化发展和国际食品贸易的增长，食品行业作为新兴产业得到了快速发展，与之同时也经历着一场巨大变革。食品安全事件频频爆发，受到国际社会的广泛关注，为食品安全的管理和保障带来巨大的挑战，食品安全问题对公众健康和社会发展的影响越来越广泛和深刻。近几年，虽然中国在不断加大食品安全的监管力度，从"农田到餐桌"的食品产业链仍然危机重重，各种食品事件接连不断，中国的食品安全不容乐观，如何有效地管理食品的安全，建立食品安全监管体系，完善食品安全标准体系，是我国当前面临的重大现实课题之一。随着这些问题的不断涌现，对相关的食品标准的关注逐渐由理化指标趋向安全指标。2009年2月28日颁布的《中华人民共和国食品安全法》(以下简称《食品安全法》) 正式提出要整合现有食品标准为食品安全国家标准。

基于我国食品工业的发展现状，目前食品生产企业仍然以中小型企业为主，在产品标准中设定这些指标是为了确保在食品生产企业卫生管理水平参差不齐的情况下，一定程度上监控企业生产卫生条件，减少微生物引起的食源性疾病。指标设定的依据主要是政府部门行政管理的需要，并非基于国际食品标准制定通用的风险分析。食品风险分析是研究风险的产生、发展、对人类的危害以及人类如何控制风险的学科，它提供了一套科学的风险评价体系和有效的管理模式。目前，食品风险分析是国际公认的制定食品标准的重要依据。

无论是食品法典标准或是国家标准的制定都必须基于风险分析的结果。SPS 协定明确规定了风险分析的地位。同时，WTO 的基于科学、透明度和协调一致等原则均要求在制定标准的过程中应用风险分析。因此，应该把风险分析作为 WTO 的重要"游戏规则"之一。作为 WTO 的成员国，无论是为了保护公众的健康，还是促进公平的国际食品贸易，都必须重视风险分析的应用。因此，十分有必要把风险分析应用到食品安全国家标准制定中。

随着食品风险评估技术和风险管理模式的逐渐成熟，学术界和管理界一致认同：消除一切食品风险，即达到"零风险"既不现实也不科学。食品安全风险应当与日常生活中可接受的其他风险可类比，应当控制在社会可接受的风险水平范围。消费者长期食用不构成急慢性健康危害，就达到了维护公共健康的目的。风险管理者面临的核心问题是确认食品安全应当处于何种水平，怎样让公众接受"相对食品安全"，判断哪些食品应得到优先保障和风险控制等。判断风险管理措施是否适宜的依据通常是合理控制风险管理的社会成本，使得制定的标准处于适当保护水平（ALOP），从而避免过于严格或者过于宽松，对食品生产和供应带来损失。综上所述，食品安全是一个发展中的概念。从农场到餐桌的整个食品供应链中，风险始终存在，没有绝对安全的"零风险"食品。食品风险分析的目标不是要达到"零风险"，而是力求将风险控制在利益相关方一致认可的可接受水平，同时在最大限度上控制成本。由于食品安全不能仅依靠对最终产品的检验，考虑到标准制定的滞后性、检验时间和成本等因素，从某种程度上来说，标准制定就是应用风险分析来确认"可接受风险水平"。

食品标准制定是一类特殊的项目，其制定过程中应用的食品风险分析理论是通过对食品中各种存在的或潜在的危害进行评估，定性或定量描述风险特征，同时综合考虑社会、文化、经济、政治等非技术因素后，在利益相关方之间进行充分、全面的风险交流，最终达成一致认可的风险管理措施。目前中国食品安全标准方面还面临着诸多挑战，关键点在于各个标准制定者之间的协同关系，是否能够相互合作、共同促进，直接关系到消费者的食品安全问题。此外，中国的食品安全风险评估能力也需要进一步加强。本书梳理了食品风险分析理论，总结了国际组织和发达国家的食品安全标准风险分析的经验，为食品安全标准的完善提供了重要的理论支持。并对我国食品标准制定及风险分析应用现状进行归纳总结，提出其中存在的问题。从风险评估、风险管理、风险交流和法律地位四个方面，分别分析了我国食品安全标准中风险分析防控能力的问题和增强的途径。

第一章

我国食品安全标准风险防控能力现状

第一节 我国食品安全标准制定的发展历程

食品安全标准是指为了食品生产、加工、流通和消费（即"从农田到餐桌"）食品链全过程中影响食品安全和质量的各种要素以及各关键环节进行监控和管理，经协商一致并由公认机构批准，共同使用和重复使用的一种规范性文件。

食品安全标准就如同一把标尺，也是维护食品安全的一把尚方宝剑，是对食品加工、销售企业的有效约束，也是保障食品安全的基础所在。建立适合中国国情的食品标准体系，内容涵盖从原料到产品中涉及健康危害的各种卫生安全指标，包括食品产品生产加工过程中原料、生产环境、设备设施、工艺条件、卫生管理、产品出厂前检验等各个环节的安全要求。

我国食品标准出现于20世纪50年代，其发展大致经历了四个历史阶段（王世平，2010）：

第一阶段为食品标准的起步阶段（20世纪50～60年代），作为食品法规工作的起步阶段，主要针对食物中毒问题的治理，制定了有关食品卫生监督管理的单项标准。《清凉饮食物管理暂行办法》是新中国成立后我国颁布的第一个食品卫生法规，其在颁布后有效控制了因冷饮卫生问题引起的食物中毒和肠道疾病暴发的问题。1960年针对有毒色素滥用的情况国务院发布了《食用合成染料管理

3

办法》，随后还颁发了有关粮、油、肉、蛋、酒和乳制品的卫生标准和管理办法。1965年国务院批转的《食品卫生管理条例》第5条指出"卫生部门应当根据需要，逐步研究制定各种主要的食品、食品原料、食品附加剂、食品包装材料（包括容器）的卫生标准（包括检验方法）。制订食品卫生标准，应当事先与有关主管部门协商一致。"并规定"食品生产、经营主管部门制订的食品产品标准，必须有卫生指标。"该条例将食品标准分为食品卫生标准和食品产品标准，食品标准管理由单项标准管理向全面标准管理过渡。同时该条例初次规定了食品卫生标准的制定和内容，也标志着我国食品卫生标准管理开始起步。

第二阶段为食品标准的发展阶段（20世纪70~80年代），这个阶段食品安全标准管理法制化的主要特点是制定的规范性文件层级提高，并开始走向系统化、专门化和标准化。中国食品类相关标准开始日益丰富，制定了一批通用标准、产品卫生标准和检验方法标准，如：食品添加剂、调味品、黄曲霉毒素等食品卫生国家标准、理化及微生物检验方法标准、食品容器及包装材料标准等。1979年，国务院正式发布了《中华人民共和国食品卫生管理条例》，该条例将食品卫生管理重点提升到防止一切食源性疾患的新阶段和高度，同时对食品卫生标准、食品卫生要求、食品卫生管理等作出了详细的规定。将食品卫生管理重点从预防肠道传染病扩展到防止所有食源性疾病。特别是该条例第二章对食品卫生标准的制定主体、内容要求以及标准类型等进行了规定，将食品卫生标准分为国家标准、部标准和地区标准，使得食品卫生标准逐渐开始规范化。1982年颁布的《食品卫生法（试行）》是我国第一部关于食品卫生的基本法。其第五章题为"食品卫生标准和管理办法的制定"，授权国务院卫生行政部门、省级人民政府制定相应的食品卫生标准。该法的颁布结束了我国食品领域缺乏专门性基本法律的局面。从内容上看，该法第一次系统、全面地对食品、食品添加剂、食品用具、食品容器、包装材料和设备等方面的卫生要求，食品卫生标准和管理办法的制定、食品卫生管理与监督、法律责任等均进行了规定。此后，政府部门逐步加快了标准化工作的步伐，1988年12月29日七届全国人大会常委会第五次会议审议通过的《标准化法》将标准分为国家标准、行业标准、地方标准和企业标准四级，并规定了标准的制定、实施以及法律责任等。《标准化法》的颁布，对食品卫生标准的进一步完善也具有一定指导作用。

第三阶段为食品标准的调整阶段（20世纪90年代）。为适应食品工业的快速发展和食品贸易的不断扩大，1995年颁布了《食品卫生法》，标志着我国食品管理正式法制化。《食品卫生法》是我国食品卫生监督管理的根本大法，也是第一部涉及卫生、标准、管理、监督范畴的正式法规文本。该法对食品卫生许可证、保健食品、新资源食品、食品添加剂的新品种、食品标准等都提出了明确的规定，在保证食品卫生、杜绝食品污染、防止食品中的不安全因素等方面起到了重要作用。但苏丹红、三聚氰胺等食品安全事件的发生，反映出我国食品标准内容不完备、总体指标水平较低，食品标准与国际标准存在较大差距，未能真正将风险分析作为制定食品标准的科学基础等共性问题。

第四阶段为食品标准的巩固阶段（21 世纪初至今），食品管理涵盖了从农田到餐桌的食品全供应链。2009 年 2 月 28 日颁布的《食品安全法》，第三章题为"食品安全标准"，对食品安全标准的制定原则、法律效力、标准类型、标准内容、制定程序等方面做出了全面规定，目前中国食品安全标准法律制度也因此而处于快速发展变动的过程之中。

《食品安全法》要求建立国家食品安全风险评估制度。2011 年 10 月 13 日，国家卫生和计划生育委员会（以下简称"卫计委"）成立"国家食品安全风险评估中心"，作为食品安全风险评估的国家级技术机构，采用理事会决策监督管理模式，负责承担国家食品安全风险的监测、评估、预警、交流和食品安全标准等技术支持工作。国家食品安全风险评估中心成立三年来，作为食品安全技术支撑体系的"国家队"，开展食品安全风险监测评估、标准制定修订等技术支撑工作，在 2013 年 3 月 14 日第十二届全国人大第一次会议表决通过的《关于国务院机构改革和职能转变方案的决定》中，进一步明确新组建的卫计委负责食品安全风险评估和食品安全标准制定，国家食品安全风险评估专家委员会成立后，加强了针对国内外食品安全热点问题的风险评估。

《食品安全法》的规定，是对我国食品安全标准法律体系和法律制度的根本性重塑（宋华琳，2011），可以说我国符合现代行政法治和政府监管理念的食品安全标准法律制度，只是初具雏形。

我国食品国家标准制定的相关要求如表 1 - 1 所示：

表 1 - 1 我国有关食品标准制定的法规清单

立法形式	法规名称及时间	相关规定
法律	1988 年《标准化法》第 2 条	对下列需要统一的技术要求，应当制定标准：（一）工业产品的品种、规格、质量、等级或者安全、卫生要求；（二）工业产品的设计、生产、检验、包装、存贮、运输、使用的方法或者生产、存储、运输过程中的安全、卫生要求。

续表

立法形式	法规名称及时间	相关规定
法律	1998 年《食品卫生法》第 5 章	食品卫生国家标准和管理办法的制定：食品，食品添加剂，食品容器、包装材料、食品用工具、设备，用于清洗食品和食品用工具、设备的洗涤剂，消毒剂以及食品污染物质、放射性物质容许量的国家卫生标准、卫生管理办法和检验规程，由国务院卫生行政部门制定或者批准颁发。
	2009 年《食品安全法》第 22 条	国务院卫生行政部门应当对现行的食用农产品质量安全国家标准、食品卫生国家标准、食品质量国家标准和有关食品的行业标准中强制执行的标准予以整合，统一公布为食品安全国家标准。
法规	1990 年《标准化法实施条例》第 11 条	对需要在全国范围内统一的下列技术要求，应当制定国家标准（含标准样品的制作）：保障人体健康和人身、财产安全的技术要求。
部门规章及规范性文件	1990 年《国家标准管理办法》第 3 条	下列国家标准属于强制性国家标准：（一）药品国家标准、食品卫生国家标准、兽药国家标准、农药国家标准。
	2009 年《全国专业标准化技术委员会管理规定》第 4 条	国家标准委根据工作需要，可委托国务院有关行政主管部门、具有行业管理职能的行业协会或企业集团管理专业性较强的技术委员会。

数据来源：历年的食品安全标准内容。

从表 1-1 中可以看出，《食品安全法》颁布前食品标准涉及范围很广，既包括可能对人体产生健康危害的各类化学污染物、生物污染物的限量等对所有食品类别适用的"通用标准"，也包括对各类食品生产过程进行要求的"生产规范"；既包括对食品本身的"产品卫生标准"，也包括产品质量规格要求的"产品质量标准"。同时，还配套了食品采样方法、毒理学、理化和微生物检测方法及食物中毒诊断等"分析方法"标准。

《食品安全法》颁布后对食品标准的定位发生了变化，对食品安全标准作出了专章规定和系统规定，根据这些条文的规定，我们基本上可以形成一个关于食品安全标准的法律规范体系的概貌。如对于食品标签、食品中污染物、微生物和农药残留限量等通用性要求，要整合到通用标准中；而食品相关产品标准，如乳品安全国家标准，需将强制执行的指标进行整合，设置为产品安全国家标准，涉及通用标准部分的内容将引用通用标准，以解决交叉、重复、矛盾的问题。同时，对于生产经营、检验规则等内容划入食品生产经营规范，并配备食品检验方法标准，用来指导生产检验和监督抽查。

国家食品安全风险评估中心的成立对我国食品安全风险评估的水平和能力方面有很大的推动和保证。评估中心的成立是对风险评估专家委员会的一个强有力的支持，使风险评估专家委员会能更好地履行《食品安全法》规定的职责。

第二节　我国食品安全标准分类

一、《食品安全法》颁布前

截至 2009 年 2 月 28 日《食品安全法》颁布前，我国共发布食品标准 3 879 项，其中食品卫生标准 2 260 项、食品质量标准 920 项、其他食品标准 719 项。根据《中华人民共和国标准化法》的规定，我国的标准按效力或标准的权限，分为国家标准、行业标准、地方标准、企业标准；按标准的约束性分为强制性（GB）、推荐性（GB/T，NY/T，QB/T 等）和标准化指导性技术文件（GB/Z）。

国家标准：是全国食品工业共同遵守的统一标准，由国家标准化管理委员会组织制定、颁发和实施。其代号为"GB"，分别为"国标"二字汉语拼音的第一个字母，如 GB1534 - 1986《花生油》，GB13103 - 1991《色拉油卫生标准》。对于有些食品，尤其是出口产品，国家还鼓励积极采用国际标准。

行业标准：是针对没有国家标准而又需要在全国某个行业范围内统一技术要求而制定的。包括轻工标准（QB）、农业标准（NY）、卫生行业标准（WS）、林业标准（LY）、环保行业标准（HJ）等（王世平，2010）。尽管国家标准化管理委员会名义上是国务院授权"统管全国标准化工作的主管机构"，但受计划经济的影响，行业标准一直延续计划经济时代由各部委分别制定的惯例。在公布国家标准之后，该项行业标准即行废止。如 SB/T10068 - 1992《挂面》、QB/T1252 - 1991《面包》。

地方标准：地方标准（DB）是指对没有国家标准和行业标准而又需要在省、自治区、直辖市范围内统一的食品工业产品的安全、卫生要求而制定的。地方标准由省、自治区、直辖市标准化行政主管部门组织制定，并报国务院标准化行政主管部门和国务院有关行政管理部门备案。在公布国家标准或者行业标准之后，该项地方标准即行废止。

企业标准：是食品工业企业生产的食品没有国家标准和行业标准时所制定的，作为组织生产的依据。企业的产品标准须报当地政府标准化行政主管部门和有关行政主管部门备案。已有国家标准或行业标准的，但国家仍鼓励企业制定严于或高于国家标准或行业标准的企业标准，并在该企业内部使用。企业标准代号为"Q"，即"企"字汉主拼音的第一个字母。

按照内容分，《食品安全法》颁布前的食品标准既包括可能对人体产生健康危害的各类化学污染物、生物污染物的限量等对所有类别适用的"通用标准"，也包括对各类食品生产过程进行要求的"生产规范"；既包括对食品本身的"产品卫生标准"，也包括产品质量规格要求的"产品质量标准"（樊永祥，2007）。同时，还配套了"分析方法"标准，如食品采样方法、毒理学、理化和微生物检测方法等，食品标准规定的内容非常广泛如图1-1。

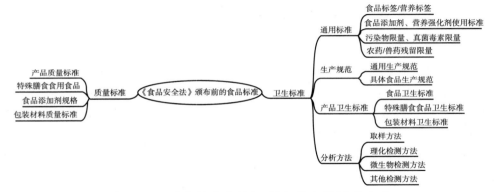

图1-1　《食品安全法》颁布前食品标准内容

食品卫生标准是为防止食源性疾病暴发，对食品中与安全、健康、营养等相关指标的限定法规，制定主体是国务院卫生行政部门。在《食品卫生法》中多个条款都规定了食品卫生国家标准作为保障食品的卫生、安全、营养等方面的地位和作用。

食品质量标准是在满足食品安全卫生的最基本要求基础上，就食品的品种、规格、等级、外观、口味、大小、净重等涉及质量的指标进行一致的规定，制定主体是行业协会或科研单位。与卫生标准全部为强制性标准不同，食品质量标准中一些指标可以是推荐性的（干酪卫生标准，2004）。由于食品质量标准和农产品质量标准中除包含与健康相关的安全指标外，还有质量指标，客观上导致了多套国家标准的重复、冲突。

二、《食品安全法》颁布后

2009 年《食品安全法》颁布后，根据食品安全标准制定主体的不同，可将食品安全标准分为食品安全国家标准、食品安全地方标准、食品安全企业标准三类。

（一）食品安全国家标准

根据《标准化法》第 3 条的规定，对需要在全国范围内统一的技术要求，应当制定国家标准。2003 年 10 月十六届三中全会通过的《中共中央关于完善社会主义市场经济体制若干问题的决定》中指出，"属于全国性和跨省（自治区、直辖市）的事务，由中央管理，以保证国家法制统一、政令统一和市场统一。"我国食品的生产和销售已不限于满足本地乃至本国市场的需要，而是往往超越了区域的界限；同时，食品安全标准作为专业化色彩较强，地方化色彩较淡的一类专业技术规范，食品安全国家标准在其间应该发挥最为重要的作用。

在《食品安全法》颁布实施之前，我国食品安全标准处于政出多门的状态，农业部、卫生部、国家质量监督检验检疫总局分别负责制定食用农产品质量安全标准、食品卫生标准及食品质量标准，食品安全标准之间相互重复、相互冲突的现象非常突出，这不仅不利于消费者权益的保障，也让食品生产经营者无所适从。因此根据《食品安全法》第 21 条、第 22 条的规定："国务院卫生行政部门负责制定与公布食品安全国家标准，这也是唯一的强制性食品国家标准。国务院卫生行政部门应对现行食用农产品质量安全标准、食品卫生标准、食品质量标准和有关食品行业标准中强制执行的标准予以整合，统一公布为食品安全国家标准"。且第 19 条规定 "除食品安全国家标准外，不得制定其他的食品强制性标准。"根据《食品安全法》要求，食品安全国家标准中将只包括对公众健康有关的指标，而不包括与公众健康无关的质量指标。食品安全国家标准框架如图 1 – 2 所示。

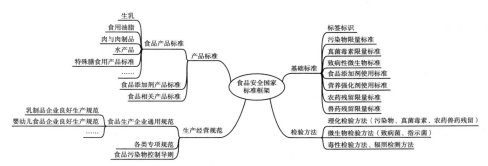

图 1 – 2 食品安全国家标准框架

截至 2013 年 7 月，国家卫生计生委制定公布了乳品安全标准、真菌毒素、农兽药残留、食品添加剂和营养强化剂使用、预包装食品标签和营养标签通则等 303 部食品安全国家标准，对现行近 5 000 项食品安全、卫生、质量等标准进行全面清理，覆盖了 6 000 余项食品安全指标。

（二）食品安全地方标准

食品安全国家标准并非针对食品安全问题的万灵丹。《标准化法》第 6 条规定，对没有国家标准和行业标准而又需要在省、自治区、直辖市范围内统一的工业产品的安全、卫生要求，可以制定地方标准。根据《食品安全法》第 24 条的规定，食品安全地方标准的制定，应以没有食品安全国家标准的情况为前提。省、自治区、直辖市人民政府卫生行政部门组织制定食品安全地方标准，应当参照食品安全国家标准制定程序，并报国务院卫生行政部门备案。

制定食品安全地方标准的必要性可体现在下述两种情况下：（1）需要制定相应的国家标准，但由于技术要求或制定程序等原因，尚未制定国家标准的，可通过制定食品安全地方标准来填补该食品标准的空白；（2）对一些地方特色食品，由于其生产、流通、食用限制于一定区域的范围，因此无制定国家标准的必要性。对此可制定相应的食品安全地方标准，在该区域内统一公布和适用。需要指出的是，在颁布实施相应的食品安全国家标准后，食品安全地方标准即告自行废止。

（三）食品安全企业标准

在国外食品安全监管实践以及讨论食品标准的文献中，由企业创设的私人标准占据着重要地位。私人标准的水平有时候会"超过"公共机构制定的标准，这主要体现在以下三个方面：第一，私人标准可能针对特定食品的属性设定更为严格的要求；第二，私人标准可能会从垂直和水平层面分别拓展标准所监管的范围，垂直层面的拓展包括标准对食品供应链各环节的控制，水平层面的拓展包括标准中增加了对环境、社会、经济影响的内容；第三，公共机构的标准往往只规定了食品安全中最低的目标限值，而私人标准则更具体地规定如何去实现这个目标。在国外，很多大公司制定私人标准的目的，已不仅仅是为了捍卫食品安全，而是通过更高的、更特定化的私人标准，来推行自己的品牌战略，通过产品的差别化定位来提高自己在食品市场中的竞争力。

在我国食品安全标准体系中，不存在与"私人标准"相近似的精确概念，但我国食品生产中的企业标准则早已有之。在我国近年来发生的食品安全事件中，往往是食品生产经营者公然违反食品安全法律法规，违反有关政府部门规定的作为最低食品卫生和食品质量要求的食品标准。在未来，应鼓励企业制定并公布高于国家标准、地方标准的食品安全企业标准，让企业承担起相应的社会责任。

根据《食品安全法》第 25 条第 1 句的规定，企业生产的食品没有食品安全国家标准或地方标准的，必须制定食品安全企业标准。食品安全企业标准应成为企业组织生产的依据。食品安全生产监督管理部门进行监督检查时，应将该企业依法备案的企业标准作为监督检查的依据。如果企业生产的食品不符合其制定的食品企业标准的要求，买方可以此为依据要求该企业依法承担相应的责任。

根据《食品安全法》第 25 条第 2 句的规定，即使某种食品存在相应的国家标准或地方标准，但国家仍鼓励企业制定严于食品安全国家标准或地方标准的企业标准，并在该企业内部适用。这是因为由行政机关设定的食品安全国家标准和地方标准，往往是出自公共利益的考虑，是对被监管者设定的下限，是来自外部的"他律"；而企业可以设定严于国家标准、地方标准的企业标准，这是来自内部的"自律"。这不仅有助于保障食品安全，还有助于企业在市场中通过标准竞争而非不规范的手段获得优势地位，有助于促进食品行业的技术转型和技术进步。

第三节 我国食品安全标准制定流程

一、食品标准制定主体

《食品安全法》第二十一条规定了食品安全国家标准的制定主体是国务院卫生行政部门，这将一改食品安全国家标准管理体制。国务院标准化行政部门只是负责提供国家标准编号，不参与实质性的食品安全国家标准管理工作。特殊领域的食品安全标准也由国务院卫生行政部门与其他部门共同制定，如"食品中农药残留、兽药残留的限量规定及其检验方法与规程由国务院卫生行政部门、国务院农业行政部门制定"，"屠宰畜、禽的检验规程由国务院有关主管部门会同国务院卫生行政部门制定"。有关产品国家标准涉及食品安全国家标准规定内容的，应当与食品安全国家标准相一致。

二、标准制定流程

制定食品安全国家标准是有严格程序的，一般分为以下几个步骤：制定标准研制计划、确定起草单位、起草标准草案、公开征求意见、送委员会审查、报请国务院卫生行政部门批准发布，如图 1-3 所示。

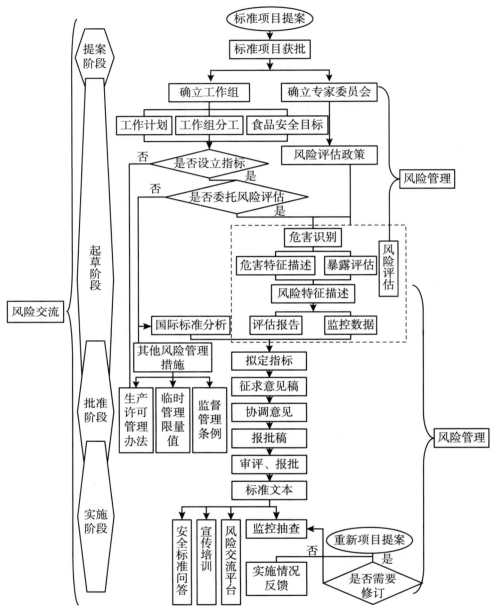

图 1-3 《食品安全法》颁布后食品安全国家标准制定流程

（一）制定标准研制计划

国务院有关部门以及任何公民、法人、行业协会或者其他组织均可提出制定或者修订食品安全国家标准立项建议。国务院卫生行政部门会同国务院农业行政、质量监督、工商行政管理局和国家食品药品监督管理以及国务院商务、工业和信息化等部门制定食品安全国家标准规划及其实施计划，并公开征求意见。国务院卫生行政部门对审查通过的立项建议纳入食品安全国家标准制定或者修订规划、年度计划。

（二）确定起草单位及起草标准草案

国务院卫生行政部门应当选择具备相应技术能力的单位起草食品安全国家标准草案。提倡由研究机构、教育机构、学术团体、行业协会等单位共同起草食品安全国家标准草案。标准起草单位的确定应当采用招标或者指定等形式，择优落实。一旦按照标准研制项目确定标准起草单位后，标准研制者应该组成研制小组或者写作组按照标准执行定计划完成标准的起草工作。标准制定过程中，既要充分考虑食用农产品风险评估结果及相关的国际标准，也要充分考虑国情，注重标准的可操作性。

（三）标准征求意见

标准草案制定出来以后，国务院卫生行政部门应当将食品安全国家标准草案向社会公布，公开征求意见。完成征求意见后，标准研制者应当根据征求的意见进行修改，形成标准送审稿，提交食品安全国家标准审评委员会审查（分别经秘书处初步审查、专业分委员会会议审查、审评委员会主任会议审议通过）。该委员会由卫生部负责组织，按照有关规定定期召开食品安全国家标准审评委员会，对送审标准的科学性、实用性、合理性、可行性等多方面进行审查。委员会由来自于不同部门的医学、农业、食品、营养等方面的专家以及国务院有关部门的代表组成。行业协会、食品生产经营企业及社会团体可以参加标准审查会议。

（四）标准的批准与发布

食品安全国家标准审评委员会审查通过的标准，由国务院卫生行政部门统一批准发布，并在其官方网站上公布，国务院卫生行政部门负责解释，解释与标准具有同等的效力。一般情况下，涉及国际贸易的标准还应履行向世界贸易组织通报的义务，最终由国务院卫生行政部门批准、国务院标准化行政部门提供国家标准编号后，由国务院卫生行政部门编号并公布。

（五）标准的追踪与评价

标准实施后，国务院卫生行政部门和省、自治区、直辖市人民政府卫生行政部门应当会同同级农业行政、质量监督、工商行政管理、食品药品监督管理、商务、工业和信息化等部门，对食品安全国家标准和食品安全地方标准的执行情况分别进行跟踪评价，并应当根据评价结果适时组织修订食品安全标准。国务院和省、自治区、直辖市人民政府的农业行政、质量监督、工商行政管理、食品药品监督管理、商务、工业和信息化等部门应当收集、汇总食品安全标准在执行过程中存在的问题，并及时向同级卫生行政部门通报。食品生产经营者、食品行业协会发现食品安全标准在执行过程中存在问题的，应当立即向食品安全监督管理部门报告。食品安全国家标准审评委员会也应当根据科学技术和经济发展的需要适时进行复审。标准复审周期一般不超过 5 年。

第二章

我国食品安全标准制定总结

第一节 我国食品安全标准制定的特点

在经历了几个食品安全标准制定的阶段后，特别是在 2009 年《食品安全法》颁布后，我国的食品安全国家标准制定进入了新的里程，主要呈现出以下特点：

一、已初步建立以风险分析为基础的食品安全标准制定框架

目前，我国食品安全国家标准的制定已经在一定程度开始应用风险分析理论，但尚未形成专门的学科与工作流程。按照《食品安全国家标准"十二五"规划（征求意见稿）》"要在 2015 年基本完成清理整合现行食品标准"并"加快制定、修订食品安全国家标准"的要求，我们面临的标准制定任务很重，更需要建立风险分析组织架构和规范化的流程，确定由哪些机构进行风险评估和风险管理，思考如何根据风险评估结果进行风险管理，怎样协调各管理结构之间关系，以及以何种机制保障风险管理机构与风险评估机构之间的职能独立等问题。

二、明确了食品安全标准制定的主体

我国《食品安全法》颁布前，食品标准制定主体不明确，食品国家标准制定由国家标准化技术委员会联合上述各食品管理部门进行标准制定。《食品安全法》确定了食品安全标准制定的主体为国务院卫生行政部门，国家食品安全风险评估中心负责标准的风险评估工作。

三、基本完成食品标准清理工作

根据《食品安全法》和国务院工作部署，国家卫生计生委 2013 年全面启动了食品标准清理工作，成立食品标准清理工作领导小组，组建了相关领域权威专家组成的专家技术组；加强部门间协调配合，会同相关部门开展标准清理工作；同时坚持公开透明原则，及时公布标准清理工作信息，向社会公开征求意见。目前，分别对食品产品、理化检验方法、微生物检验方法、食品毒理学评价程序及方法、特殊膳食类食品、食品添加剂、食品相关产品、生产经营规范 8 个方面进行清理。已经基本完成清理工作，实现了预期目标：一是摸清了现有食品标准底数，梳理出近 5 000 项现行食用农产品质量安全标准、食品卫生标准、食品质量标准以及行业标准；二是深入研究现行标准存在的问题，提出了标准或指标废止、修订和继续有效的清理意见；三是拟定我国食品安全标准体系框架，提出包括约 1 000 项标准的各类食品安全国家标准目录；四是明确食品安全国家标准整合工作任务。

在清理基础上，制定整合工作方案，部署 2014～2015 年食品标准整合工作，为构建我国食品安全国家标准体系奠定了基础。

四、食品安全标准体系建设取得明显进展

国家卫生计生委依法履职，不断加强食品安全标准工作：

一是完善了食品安全标准管理制度和工作机制，制定了食品安全国家标准、地方标准管理办法、企业标准备案办法，出台了加强食品安全标准工作的指导意见，建立了部门间协调配合机制，形成了鼓励行业和社会公众参与标准制定的工作机制。

二是规范标准审评工作，加强食品安全国家标准审评委员会组织领导，制定

公布《食品安全国家标准工作程序手册》，不断充实审评专家队伍，提高审评工作的科学性。

三是加快食品安全国家标准制定、修订工作，现已公布乳品安全标准，食品中污染物、真菌毒素、致病微生物和农药残留限量，食品添加剂和营养强化剂使用、食品生产经营规范、预包装食品标签和营养标签通则等食品安全国家标准，以及相关食品标准、生产经营过程的卫生要求和配套检验方法等，共计 411 项。

四是坚持标准公开透明原则。标准制定过程中，主动公开标准文本草案和编制说明，广泛听取各部门、行业、企业、消费者和不同领域专家意见，鼓励社会参与标准工作，保证标准制定的公正性。

五是参与国际食品法典事务的能力不断提高。我国承担了国际食品添加剂法典委员会和农药残留法典委员会主持国工作，连任国际食品法典委员会亚洲地区执行委员，积极参与国际食品法典标准制定工作，促进我国食品安全标准的国际交流合作，得到国际社会的支持和认可。

此外，不断加强标准的宣传贯彻工作，改进标准解读和培训服务工作，推进食品安全标准实施，提高食品安全管理水平和科学监管能力。

第二节 法 律 地 位

一、食品安全标准的强制性

2009 年 2 月 28 日正式颁布的《食品安全法》用专门一章的篇幅规定了食品安全国家标准的原则、宗旨、性质、内容及制定责任人。"食品安全国家标准是强制执行的标准。除食品安全国家标准外，不得制定其他的食品强制性标准（第十九条）"。"国务院卫生行政部门应当对现行的食用农产品质量安全国家标准、食品卫生国家标准、食品质量国家标准和有关食品的行业标准中强制执行的标准予以整合，统一公布为食品安全国家标准（第二十二条）"。这些规定为我国食品安全国家标准奠定了坚实的法律基础，并赋予强制执行的法规地位。法律的效力问题是法哲学的重要问题，也是法律秩序的核心问题。

食品安全标准一经批准发布，就是必须遵循的依据，食品安全标准就是技术法规，效力范围内必须严格贯彻执行，任何单位或个人不得擅自更改或降低食品安全标准要求。

二、风险分析在食品安全标准制定中应用的法律地位

自 2006 年国家"十一五"科技重大项目设立《食品安全国家标准体系研究与构建》课题，就开始为食品安全国家标准的制定作理论蓄积。2006 年，《农产品质量安全法》首次提出"风险评估"的要求，规定"农业行政主管部门应当设立由各相关方面专家组成的农产品质量安全风险评估专家委员会"。2008 年 10 月 9 日，《乳品质量安全监督管理条例》再次提出风险评估的要求，规定"乳品质量安全国家标准由国务院卫生主管部门组织制定，并根据风险监测和风险评估的结果及时组织修订"。2008 年 11 月 19 日，卫生部、农业部等九部委联合发布了《奶业整顿和振兴规划纲要》，提出"抓紧组织修订乳品质量安全国家标准"、"上述标准的修（制）订要在一年内完成"等要求。2009 年 2 月 28 日，《食品安全法》第十六条规定"食品风险评估结果是制定、修订食品安全国家标准和对食品安全实施监督管理的科学依据"。《食品安全法》以法律的形式确立了食品安全风险评估制度在我国食品安全管理中的重要地位，是我食品安全监管全面迈向科学监管的重要一步。强调了风险分析在食品安全国家标准制定中应用的法律地位。

另外，由于我国已加入世界贸易组织（WTO），需要遵循《实施卫生与植物卫生协定（SPS 协定）》的要求"各成员国应保证其卫生与植物卫生措施的制定以对人类、动物或植物的生命或健康所进行的、适合有关情况的风险分析为基础，同时考虑有关国际组织制定的风险评估技术。"陈君石研究员指出："无论是食品法典标准或是国家标准的制定都必须基于风险分析的结果。SPS 协定明确规定了风险分析的地位。同时，WTO 的基于科学、透明度和协调一致等原则均要求在制定标准的过程中应用风险分析。因此，应该把风险分析作为 WTO 的重要'游戏规则'之一。作为 WTO 的成员国，无论是为了保护公众的健康，还是促进公平的国际食品贸易，都必须重视风险分析的应用。"因此，十分有必要把风险分析应用到食品安全国家标准制定中。

食品风险分析只有获得立法的支持，才能得以在食品标准制定中广泛应用。我国政府在风险分析应用于食品安全国家标准问题上给予了充分的支持与重视。在《农产品质量安全法》、《食品安全法》及其实施条例中明确规定了标准制定基于风险分析这一原则，并明确了食品风险监测制度，使得标准制定工作的应用有法可依，并且在具体制定标准时，充分利用国家食品安全监测数据。

完善的法律、法规是进行食品安全管制的重要手段。作为发展中国家，中国不仅要制定符合自身情况的法律和法规，而且还要借鉴发达国家的经验，与国际

组织制定的规则及国际惯例接轨，从而制定科学合理、具有可操作性的食品安全管制的法律和法规体系。建成完备的食品安全法律体系，这既是中国完善社会主义市场经济法律体系的基本要求，也是中国社会食品安全形势的迫切要求，还是社会需要、制度可行与软实力三者结合综合评定的结果。

第三章

各国食品安全标准中风险分析的现状

第一节　国际食品法典委员会

　　国际食品法典委员会（CAC）是 1962 年由联合国粮农组织（FAO）和世界卫生组织（WHO）联合设立的一个非政府组织，负责制定国际食品标准，它的宗旨是通过建立国际协调一致的食品标准体系，保护消费者的健康，促进公平的食品交易。CAC 现在包括中国在内的 165 个成员国，覆盖了全球 98% 的人口。CAC 的主要工作是通过其分委员会和其他分支机构来完成的。委员会通过分别制定食品的横向（针对所有食品）和纵向（针对不同食品）规定，建立了一套完整的食品国际标准体系，以"食品法典"的形式向所有成员国发布。在 WTO 成立以前，CAC 的标准、准则和建议（以下简称标准），各国政可以自愿采纳，WTO 成立之后，CAC 的标准虽然名义上仍然是非强制性的，但由于"实施卫生与植物卫生检疫措施协定"（SPS）和"贸易技术壁垒协定"（TBT）已赋予 CAC 标准以新的含义，因此 CAC 的标准已成为促进国际贸易和解决贸易争端的依据之一，同时也成为 WTO 成员国维护自身贸易利益的合法武器。

　　随着 WTO 框架下 SPS 和 TBT 在国际贸易中发挥越来越大的作用，建立在风险分析基础之上的 CAC 标准（包括推荐性标准和导则）的性质和作用已经发生了实质性的变化，也就是说，CAC 标准已经由原来的推荐性标准演变成一种为国

20

际社会所广泛接受和普遍采用的食品安全性管理措施，成为国际食品贸易中变相的强制性标准。仅从 1992～1999 年间，CAC 就建立了 237 个食品的产品标准，41 个卫生或技术规范，评价农药 185 个、兽药 54 个，制定污染物准则 25 个，评价食品添加剂 1 005 个。经过 40 年卓有成效的工作，CAC 已制定了 8 000 个左右的食品标准，主要涉及农药、兽药残留物限量标准、添加剂标准、各种污染物限量、辐射污染标准、感官、品质检验标准、检验、分析方法、取制样技术、设备、标准、检验数据的处理准则、安全卫生管理指南等十几个方面。CAC 标准已成为衡量一个国家食品措施和法规是否一致的基准。

　　由国家政府或委员会下设的附属委员会提交制定标准的初步建议，通常包括一份讨论文件（概述希望达成的拟议标准）和项目建议，指明工作时限和相关重点问题。提交执行委员会决定是否制定标准。由委员会和工作组准备拟议的标准草案，提交给成员国政府征求意见，草案还可提交负责标签、卫生、添加剂、污染物或分析方法的规范委员会，以核准这些方面的任何特别建议。委员会一旦从食品法典委员会获得批准，完成一项新标准的制定工作一般需要 3～5 年，最长的标准制定过程可能长达十几年，所需时间长短主要取决于在某些关键问题上各成员国间是否尽快能够达成一致意见。

　　采用从整个食品供应链出发和以风险分析为基础的原则，在食品标准制定中应当确保食品品质，并同时突出食品安全的必要要求，避免规定过于严格而引起不合理的贸易限制（樊永祥，2010）。根据《食品法典委员会程序手册》，其工作架构和标准制定程序如图 3-1 所示（陶宏，2012）。

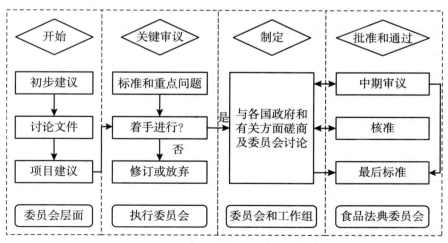

图 3-1　食品法典委员会工作标准制定程序

第二节 美 国

美国是最早把风险分析引入到食品安全管理中的国家之一，科学和风险评估是美国食品安全政策制定的基础。在美国，食品风险分析起源于 1997 年发布的《总统食品安全计划》，该计划指出风险分析是实现食品安全目标的重要理论支持。基于风险评估结果，联邦政府采用合理的管理、技术和经济方案，按照计划主动处置风险，力求在降低成本的同时给予消费者最大的食品安全保障（葛宇，2008）。美国联邦政府没有设立专门的食品安全风险评估机构，但参与食品风险分析的机构很多，其中最主要的是美国联邦卫生部的食品药品管理局（FDA）、农业部的食品安全检验局（FSIS）和动植物健康检验局（APHIS）、环境保护局（EPA）、食品和药品管理局（FDA），负责除肉类和家禽产品外美国国内和进口的食品安全以及制订畜产品中兽药残留最高限量法规和标准；美国农业部（USDA）的食品安全检验局（FSIS）和动植物健康检验局（APHIS），负责肉类和家禽食品安全，并被授权监督执行联邦食用动物产品安全法规；美国国家环境保护机构（EPA），负责饮用水、新的杀虫剂及毒物、垃圾等方面的安全，制订农药、环境化学物的残留限量和有关法规。这些机构都可以在袭击复杂的工作领域内独立开展风险评估工作，各机构可以相互协作，通过交流与合作，共同开展食品领域的风险评估工作。而且各机构单独或独立完成一项风险评估工作后，都需进行评议，从而保证评估工作的准确性。美国的食品安全体系是根据强有力的、灵活的、以科学为依据的法律以及行业法律责任来生产食品的。联邦当局有可以互补和互相依赖的食品安全派出机构，他们与各州和地方政府的相关机构协调互动，形成了一个综合性的、高效的体系。

美国的风险评估联盟（ARA，the Alliance for Risk Assessment）是一个协作组织，为风险评估提供技术支持和服务，并协调联邦和各州的相关机构，其总体目标是在需要时开展风险评估。ARA 建立了来自不同领域、有着不同背景、代表不同利益群体的专家库，对每个项目进行评价，确保最有效地利用现有资源，避免重复工作。在信息资源方面，鼓励相互通报各自的活动信息，从而创造更多合作机会。ARA 通过风险信息交换数据库（RiskIE，the Risk Information Exchange）、国际毒性评估风险数据库（ITER，International Toxicity Estimates of Risk Database）、ARA 时事通讯、网站等方式及时发布信息。

在食品安全风险管理方面，主要是通过严格的技术法规、标准、强制性认证和苛刻的检疫措施来强化对进出口农产品的技术贸易限制。对于食品和水产品，美国实施严格的联邦法规限制。1973 年，美国食品与药物管理局（FDA）首次将"危害分析及关键点控制"（HACCP）应用于罐头食品加工中，旨在确保从食品原料至最后消费的整个食品链过程的安全卫生。1994 年 1 月，美国 FDA 公布了水产品强制实施 HACCP 草案。1995 年 12 月 FDA 根据 HACCP 基本原理提出水产品法规，以确保鱼和鱼制品的安全加工和进口。目前，美国已将这一原理应用于食品、药物、化妆品、洗涤用品等产品。食品是否具备贴上有机食品标签的资格，需经美国农业部批准的专门机构认证。强调了风险的全面防范与管理。一是风险评估，风险评估实质就是应用科学手段检验食品中是否含有对人类健康不利的因素（如病原体等），分析这些带来"风险"的因素的特征与性质，并对它们的影响范围、影响时间、影响人群、影响程度进行分析。二是风险管理，风险管理是为防范风险所采取的措施，实质就是落实一系列的标准和规定。三是风险信息交流与传播，通过有效的信息发布和信息传播使公众健康免于受到不安全食品的危害。其风险分析组织架构如图 3－2 所示。

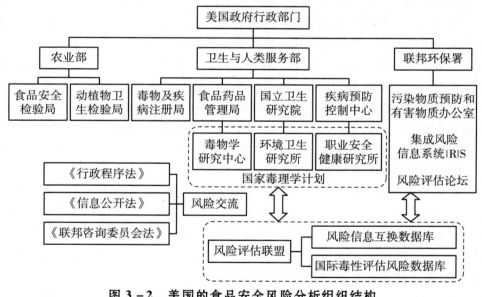

图 3－2　美国的食品安全风险分析组织结构

第三节　日　本

日本农业标准数量很多，门槛多且高，已经形成了较为完善的标准体系。表面上对本国产品、进口产品的技术要求统一，实际上对国外进口商品，特别是对从发展中国家进口商品形成贸易障碍。如：日本对进口大米提出 100 多项苛刻的检验项目和要求。对进口茶叶提出严格的农药残留限量标准。2001 年 4 月 1 日，日本颁布了《转基因食品标准法》。对已经通过安全性认证的大豆、大米、马铃薯、油菜籽等 5 种转基因农产品以及这些农产品为主要原料加工后仍然残留重组DNA 或由其编码的蛋白质食品，制定了具体标识方法的要求，该法要求对指定农产品及其加工食品的种类每年都要修订。

2003 年 7 月，日本颁布了《食品安全基本法》，成立了食品安全委员会（FoodSafety Committee，FSC），专门从事食品风险评估和风险交流工作，承担来自厚生劳动省和农林水产省等风险管理部门的风险评估任务。该委员会下设大约由 300 人组成的 14 个委员会以及另外 11 个专业评估组。该委员会以科学、独立和公平的方式进行食品安全风险评估，并根据风险评估的结果向有关部门提出建议，在消费者、食品相关企业经营者等利益共存者之间实施风险交流，并对食源性突发事件和紧急事件做出反应。委员为将风险评估的结果直接呈交给厚生劳动省。2003 年，日本厚生劳动省修订了食品卫生法，并以该修订案为依据，开始在农业化学品残留管理引入"肯定列表制度"（Positve List System）。"肯定列表制度"是日本为加强食品（包括可食用农产品，下同）中农业化学品（包括农药、兽药和饲料添加剂，下同）残留管理而制定的一项新制度。该制度要求：食品中农业化学品含量不得超过最大残留限量标准；对于未制定最大残留限量标准的农业化学品，其在食品中的含量不得超过一律标准"，即 0.01mg/kg。该制度已经于 2006 年 5 月 29 日起执行。日本通过这些措施来抬高食品安全的门槛，进一步阻止国外农产品进入日本市场。

日本农业标准制定过程分为以下几个阶段：一是起草标准。农业水产大臣根据需要委托有关单位起草农业标准草案；二是日本农业标准委员会（JASC）审议。当 JASC 审议完毕，而且认为标准草案内容适宜、要求合理，则向农林水产大臣提出审议报告；三是标准的批准和发布。农林水产大臣确认JASC 审议的标准草案对有关各方均不会造成歧视后，将予以批准作为日本农业标准发布。

从标准制定流程可以看出，透明度原则在这一流程的各个环节有所体现。其次，标准制定过程也充分体现了协商一致的原则。这一方面确保各相关方的利益都得到体现，同时也恰恰通过这种方式确保 JASC 能够得到认可。日本食品风险分析组织架构如图 3-3 所示（陶宏，2012）。

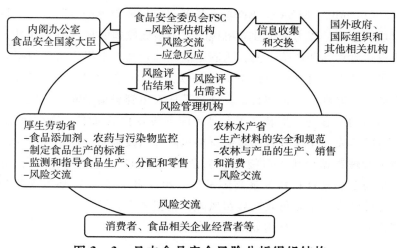

图3-3 日本食品安全风险分析组织结构

第四节 欧 盟

　　欧盟绝大多数产品的技术立法都是以指令形式发布。欧盟发布的指令是对成员国具有约束力的法律，欧盟各国需制定相应的执行法令。指令的内容仅限于卫生和安全有关的基本要求，只有涉及到产品安全、工业安全、人体健康、消费者权益保护的内容时才制定相关指令。欧盟食品安全标准主要由欧盟标准委员会（CEN）负责制定，至今已经发布了许多有关食品安全的标准，形成一个较完整的标准体系。欧盟及其成员国对食品安全质量标准的制定要求比较严格，一开始就注重与国际标准接轨，除了部分特别需要的，欧盟安全标准尽可能能采用国际食品法典委员会（CAC）和国际标准化组织（ISO）的食品标准，而使欧盟的食品标准完全融入国际先进标准行列，以适应国际市场的要求。由于欧盟各国的经济普遍发展水平高，技术发达，所以各国的技术法规和标准水平高且严格，尤其是对产品的环境标准要求，让一般的发展中国家望尘莫及。

　　欧盟在1997年发布了《食品安全绿皮书》，提出了食品标准和法规的制定应以风险分析为基础；2000年发布了《食品安全白皮书》，阐明了食品风险分析在食品标准和法规制定中的重要定位，要加强和提升"从农田到餐桌"的控制能力，进而完善全程监管体制。具体来说就是"食品法以控制'从农田到餐桌'全过程为基础，包括普通动物饲养、动物健康与保健、污染物和农药残留、新型食品、添加剂、香精、包装辐射、饲料生产、农场主和食品生产者的责任，以及各种农田控制措施等"；2000年12月8日，成立欧盟食品安全局（European

25

Food Safety Authority, EFSA)。EFSA 不具备制定规章制度的权限，与美国食品药品监督管理局不同，作为一个独立机构，它不隶属欧盟的任何其他机构，监控食品链，负责风险评估和风险交流，为制定法规和食品标准提供信息依据。

2002 年欧盟发布了 EC 178/2002 号法规，作为一部食品立法，奠定了欧盟食品安全总的指导原则、方针和目标，确立了从农田到餐桌全面管理的总体目标和风险评估的原则，它进一步确立了食品风险分析在食品标准法规中应用的地位。EFSA 于 2007 年发布了 9 种食品包装材料风险评估及限量，利用完全独立的科学资源，通过毒理数据分析、可能迁移到食品中的风险识别、风险特征分析等程序，制定出与食品接触材料的最高限量值。2011 年发布了转基因食品的风险评估报告，并陆续发布了多份农药残留风险评估报告。

欧洲食品安全局组织结构如图 3 - 4 所示。

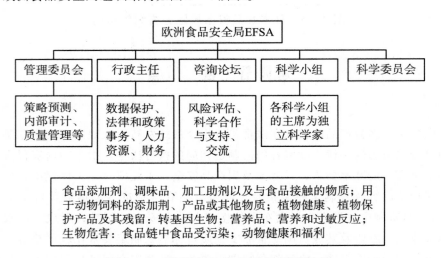

图 3 - 4　欧盟食品安全局的组织结构

独立于上述风险评估机构，欧盟主要的食品风险管理机构包括欧盟理事会和欧盟食品与兽医办公室（FVO）。根据风险评估结果，风险管理的第一层控制由欧盟委员会负责，主要工作是制定运用于欧盟各成员国的风险管理决策；而风险管理的第二层控制是针对各国的管理决策，由欧盟食品与兽医办公室（FVO）负责。

第五节　加　拿　大

在 1979 年之前，加拿大的食品管理职能隶属于 4 个部门：加拿大卫生局

（Health Canada）负责管理所有食品加工、销售和零售企业，以及食品召回的管理；海洋和渔业部（Fisheries & Oceans Canada，FOC）负责水产品的检验、生产、加工企业注册管理；加拿大工业部（Industry Canada）负责食品法规、标签、食品成分、食品度量衡等；加拿大农业及农业食品部（Agriculture & Agri – Food Canada）负责食品生产企业和经营企业的注册登记，制定有关动物卫生和植物保护的农业食品政策。在当时的情况下，存在管理和执行工作重复、交叉和遗漏，难以保证食品安全、动物卫生和植物保护等管理决策的统一制定和实施。

为了实行食品"从农田到餐桌"的食品供应链全程监管，合并理顺各监管部门的关系，1997 年 3 月颁布了《加拿大食品检验署法》，并成立了加拿大食品检验署（Canadian Food Inspection Agency，CFIA），负责风险评估和风险交流工作；把卫生部和农业与农业食品管理局合并为加拿大卫生局，作为风险管理机构，负责制定食品标准和管理政策，并协调食品安全管理工作。加拿大卫生局对 27 类食品规定了产品标准，包括：酒精性饮料、培烤用粉、可可和巧克力制品、咖啡、香辛料、调味酱和调味品、乳制品、脂肪和油、调味料预制品、水果、蔬菜及其制品和代用品、预包装水和冰、谷类和焙烤制品、肉及其预制品、盐、醋、茶、海产品和新鲜水产品、禽肉及其预制品、特殊膳食用食品、婴儿食品、低酸性食品罐头。加拿大卫生局负责的食品安全标准体系由基础标准和产品标准组成，食品安全标准均纳入了《食品药品法规》。加拿大食品安全标准的制定和相关评估由同一部门负责，提高了标准制定的科学性和效率。加拿大食品风险分析组织架构如图 3 – 5 所示。

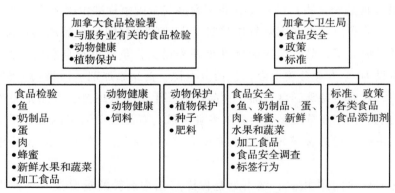

图 3 – 5　加拿大的食品安全风险组织结构

加拿大食品检验署下属的 22 个实验室遍布加拿大全国，每年约为食品、动物和植物安全项目提供 50 多万个实验数据。成立了集微生物学、毒理学、植物学、动物学、营养学、环境科学和分子生物学等专家组成的工作专家组，协助食品检验署开展食品安全风险评估工作。

第六节 风险分析在食品标准制定中的应用总结

一、我国食品安全标准与发达国家之间的差距分析

美国是国际上公认的食品安全体系最全面，也最复杂的国家，因此着重比较我国与美国之间的食品安全标准体系之间的差距。同时也将我国与 CAC 之间的差距稍作介绍，从而了解到我国与国际上和发达国家之间的差距，以便更好地进行改善。

（一）食品安全标准的制定机构

各发达国家在总结多年的食品安全管理经验的基础上，食品安全标准的制定机构有趋于集中的趋势，均将食品安全标准统一到一个机构制定。欧盟的食品安全标准由欧盟委员会下属的 DG SANCO 的 E 部门负责制定，加拿大的食品安全标准主要由卫生部下属的食品局制定，而澳大利亚和新西兰则由独立的部门—澳新食品标准局统一制定澳新食品标准法典（何翔，2013）。

按照《食品安全法》的规定，我国食品安全国家标准由国务院卫生行政部门负责制定、公布。这点和国际发展趋势是一致的。与国际食品法典委员会类似，国家卫计委成立了食品安全国家标准审评委员会，负责审查食品安全国家标准。委员会下设 10 个专业分委员会，包括微生物、食品添加剂、污染物、农药残留、兽药残留、营养与特殊膳食食品、食品产品、生产经营规范、食品相关产品及检验方法与规程，专业分委员会负责本专业领域与食品安全国家标准审评工作。专业分委会审查通过的标准最终要经主任会议审查通过，方可报国家卫计委正式发布。

按照 CAC 的工作模式，秘书处是保障其正常运转的重要技术支撑力量。我国食品安全国家标准审评委员会也下设秘书处，承担委员会日常工作，并借鉴 CAC 的管理模式，注重秘书处人员的专业技术能力、协调管理能力等各方面素养的加强，使秘书处人员能够积极配合各专业委员会主任委员的工作，保障标准审查工作的顺利进行。

（二）食品安全标准的框架内容

主要从食品安全标准的框架结构（表 3-1）、标准中污染物（表 3-2）、微生物危害的管理与卫生规范措施（表 3-3）、食品添加剂和包装材料的管理（表3-4）、产品标准体系（表 3-5）、检验方法的管理（表 3-6）这 6 方面将我国与欧盟、美国、加拿大和澳新进行比较。

表 3-1 不同国家食品安全标准总体框架比较

	总体框架
中国	基础标准、产品标准、卫生规范、食品添加剂规格标准、食品相关产品、检验方法
欧盟	一般标准、产品标准
美国	无明确的食品标准体系，与其他技术法规同时纳入美国联邦法规中
加拿大	一般标准、产品标准
澳新	一般标准、产品标准、卫生规范、初级产品标准

表 3-2 不同国家食品标准中污染物限量和管理的比较

	污染物
中国	食品安全国家标准 GB2762《食品中污染物限量》结合食品中污染物监测实现污染物危害管理。
欧盟	污染物残留限量通过欧盟法规 No1881/2006 及其修订版本进行规定；具体污染物及毒素指标通过相应的操作规范来指导企业的生产和管理。
美国	联邦法规具体产品章节中规定污染物限量，分为容忍量、监测水平和行动水平三个层面限量的制定；污染物监测通过美国残留监测数据执行和收集。
加拿大	加拿大卫生部针对部分食品中污染物指标规定了限量，部分纳入食品药品法规第 15 部分"食品掺假"中；卫生部和加拿大食品检验局均对污染物开展连续监测。
澳新	澳新食品法典标准第 1.4.1 节规定了食品中污染物限量指标；澳大利亚和新西兰对食品中特定污染物指标开展调查和监测。

表 3 - 3 不同国家食品标准中微生物和卫生规范的比较

	微生物及卫生规范
中国	主要依赖终产品微生物限量标准，食品中致病菌限量标准为基础标准；卫生规范包括通用规范及专项规范。
欧盟	通过同时制定过程控制法规和终产品以及特定加工阶段的微生物限量标准，来实现对欧盟食品的微生物危害控制的双重保障。
美国	主要依靠实行完善而全面的 HACCP 体系来保障食品生产、加工过程控制；终产品微生物限量标准很少，用于验证过程控制措施的有效性。
加拿大	加拿大卫生部对食品中微生物控制的同时规定了食品中微生物限量标准和微生物导则，HACCP 等措施由企业自行制定，卫生部制定的微生物导则可作为企业实施 HACCP 时的参考。
澳新	澳新食品标准法典第 1.6.1 节规定了微生物限量通用标准，详细规定了产品中微生物限量；澳新食品法典第 3 章规定了食品加工过程的卫生规范。

表 3 - 4 不同国家食品添加剂和食品接触材料管理的比较

	食品添加剂和食品接触材料的管理
中国	我国食品添加剂和食品接触材料按照行政许可的程序，实行评审制度；食品添加剂的使用按照 GB2760 食品添加剂使用标准的规定；食品接触材料中添加剂的使用符合需 GB 9685《食品容器、包装材料用添加剂使用卫生标准》；食品添加剂质量应符合食品添加剂规格标准；包装擦了应符合产品标准。
欧盟	食品添加剂和营养强化剂由不同法规管理。食品添加剂的使用实行肯定列表制度，由 EFSA 评审；相关法规包括：一个框架性法规：法规（EC）No1331/2008 规定了食品添加剂、酶制剂和香料的一般审批程序；以及三个独立法规：（EC）No1332/2008 规定了食品用酶制剂的管理；法规（EC）No1333/2008 规定了除食品用酶制剂和香料以外的食品添加剂的管理；法规（EC）No1334/2008 则规定了关于食品用香料以及食品中具有香料特性的食品配料的管理。
美国	营养强化剂和食品添加剂属同一范畴，美国 FDA 下属 CFSAN 的食品添加剂办公室负责评审并制定了一系列食品中添加剂的使用标准。食品添加剂的规定应符合 FCC 规定。
加拿大	加拿大食品添加剂和营养强化剂分别管理。卫生部食品局负责食品添加剂评审，实行许可制度。食品添加剂使用标准纳入《食品药品法规》第 16 部分。
澳新	食品添加剂和营养强化剂属同一范畴。澳新食品法典标准第 1.3.1 节规定了食品添加剂使用标准；第 1.3.2 节规定了食品中营养强化剂的使用标准。

表 3 – 5　　　　　　　　　**不同国家产品标准的比较**

	产品标准
中国	我国现行产品标准数量众多，涉及管理部门比较复杂。包括卫生标准、农产品质量标准和质量标准。
欧盟	欧盟委员会发布的关于具体产品标准的指令至少 11 项，产品指令未重复引用基础标准内容，对与具体产品相关的特定内容进行了规定。
美国	美国 21CFR 中对 20 多类食品规定了产品标准，内容包括安全指标以及质量相关内容。
加拿大	加拿大在食品药品法规 B 部分对 27 类食品规定了安全标准。产品标准对基础标准内容重复规定。
澳新	澳新食品标准法典第 2 章 – 产品标准涉及 10 类具体产品，产品标准除纳入质量相关内容外，对基础标准内容直接引用或重复规定（如营养强化剂）。

表 3 – 6　　　　　　　　　**不同国家检验方法的比较**

	检验方法
中国	检验方法与其他标准同属于强制性食品安全国家标准。
欧盟	检验方法非强制，可采用 AOAC、ISO 等国际组织方法。
美国	检验方法非强制，可采用 AOAC、ISO 等国际组织方法，也可采用政府承认的其他方法或等同方法。
加拿大	加拿大同时承认官方标准和国际组织制定的方法标准。
澳新	澳大利亚新西兰承认政府制定的标准方法以及等效方法。

（三）食品安全标准的制定程序

　　大部分发达国家均已形成一套较为成熟、完善的食品安全标准制定程序，将食品安全标准的制定建立在科学评估、公开透明的基础上。欧盟在 2000 年成立了欧盟食品安全局（EFSA）专门从事食品安全的风险评估工作，欧盟委员会在制定相关的食品安全标准及技术法规的过程中，为制定欧盟食品安全标准和技术法规提供了科学基础。澳新食品标准局制定了严格的标准制修订程序，同样有强大的科学委员会承担相应的风险评估工作。日本 2003 年成立了"食品安全委员会"专门负责日本的食品安全风险评估，为食品安全标准的制定提供科学支持。加拿大和美国负责制定食品安全标准的机构同样承担相关的风险评估工作。

　　各国在风险评估工作的基础上，还针对食品中有害物质开展监测工作。美国通过"红皮书"和"蓝皮书"的形式每年公布残留监测计划及残留监测数据，

31

为标准的修订工作进一步提供数据支持。其他国家针对食品中污染物质也开展了相应的监测工作。欧盟在"食品安全白皮书"中规定，消费者有权在任何环节对感兴趣的事项提出评议。美国在一项法规公布之前有较长的公众评议期。由此可见，发达国家在食品安全标准的制修订程序过程中均坚持了风险评估和监测的科学和公开透明的原则。

我国在 2011 年 10 月成立了国家食品安全风险评估中心（CFSA），负责制定食品安全国家标准，同时也承担与我国食品安全相关的风险评估和风险监测工作。与 CAC 标准制修订程序相似，我国食品安全标准的制定程序包括七步：确定标准制修订计划、起草标准、标准公开征求意见、审查标准、批准和发布标准、跟踪评价标准、修订和复审标准。并已增设了网上征求意见阶段，提高标准制定过程的透明度。同时，审评委员会对相关部门规章、规范性文件和技术性要求等进行了整理，进一步细化了食品安全国家标准管理各个环节的具体操作程序和工作内容，形成了《食品安全国家标准工作程序手册》，便于管理。因此，与发达国家相比，我国在食品安全国家标准的制定程序方面非常类似，但由于我国的食品安全风险评估中心刚刚成立，各项工作的开展与其他国家相比仍有很大差距。我国在食品安全国家标准制修订工作也同样遵循了公开透明的原则，但社会公众的参与程度与发达国家也存在距离。

（四）食品安全标准的更新速度

标准的更新速度比较缓慢。以畜禽兽药残留限量标准的更新速度进行对比，日本的更新速度最为频繁，约 50 次/年，之后依次为欧盟约 4 次/年、美国约 2 次/年、CAC 约 1 次/年，我国仅 0.2 次/年。

二、各国食品标准风险分析的特点总结

通过对各个国家风险分析在食品安全标准制定中应用的了解，以及对我国食品安全标准的现状分析，归纳国际食品风险分析应用实践的三个方面的特点：即风险分析的法律地位、组织机构的综合性和对风险交流的关注。

（一）风险分析的法律地位

各个发达国家的食品安全立法都以保证食品安全和保护公众健康作为首要的前提，纷纷应用食品风险分析制度，通过风险评估、风险管理和风险交流来制定食品国家标准。例如：美国的《总统食品安全计划》（1996 年）指出了食品风险

评估的重要地位，加强了美国政府对食品安全标准执行的重视；欧盟的《欧盟新食品法》（2002 年）指明了食品风险分析的重要地位；日本的《食品安全基本法》（2003 年）也提出了食品风险分析理论。各国食品管理方面的共同点是用法律形式规定食品标准制定应基于风险分析。

（二）风险分析的组织架构

各国风险分析实践的另一个共同点是组织架构具有综合性、独立性和专业性的特点。综合性是指在食品风险分析框架中，各机构职能整合、统一管理，将风险评估和风险管理的职责集中在一个或几个部门，各部门间相互协调，加强信息交流，提高工作效率。独立性是指在食品风险分析框架中，风险评估工作需相对独立地进行。之所以风险评估必须与风险管理之间进行职能分离，是为了避免因非技术因素对风险评估造成不必要的干扰。纵观本章中国际上的实践情况，国际食品法典委员会的组织机构中，风险评估和风险交流由联合专家委员会负责，风险管理由各食品法典委员会负责；在欧盟风险分析组织架构中，风险评估机构是欧盟食品安全局，而风险管理机构是欧盟理事会、欧盟议事会以及欧盟各成员；日本风险分析组织架构中，风险评估和风险交流由食品安全委员会负责，风险管理由农林水产省和厚生劳动省负责。从国际的实践成果来看，风险评估机构独立开展食品风险评估工作，在支持风险管理决策、重塑公众信心方面发挥了极其重要的作用。专业性是因为食品具有品种繁多，性状、成分复杂，生产、加工过程差异大、包装、存储条件严格等特征，需要有针对性地对各种食品类别识别和评价可能存在的风险因素，所涉及的具体学科专业性很强。风险分析组织架构既遵循上述两个一般性原则，还有很强的专业性特点。大多数国家的风险分析架构按照这些食品类别或专业划分为"分委会"，具体负责生物学评估、食品添加剂、污染物、兽药残留、农药残留、检验方法、具体食品等方面的风险分析工作。

（三）对风险交流的关注

在各国的风险分析实践中，都强调风险交流的重要性。例如，美国的风险交流有三部法律予以规定和保护。有效的风险交流是成功的风险分析的前提。在食品标准的制定中，风险评估者和风险管理者之间的风险交流，以及食品专家与普通公众之间的风险交流，帮助各相关方加深对风险的理解，并有助达成在处置紧急的食品安全风险事件时，风险交流不仅是在危机情况下的单方向的培训和纠正错误认知，而应当充分重视和尊重受众的现有风险认知，鼓励双向信息交流的对话。另外，风险交流不应停留在政府部门说什么，而应当交流做了什么，要把公众真正当作解决食品安全问题的合作者。

第四章

我国食品安全标准风险防控能力存在的问题

第一节　食品安全风险分析理论及相关研究介绍

　　风险评估、风险管理和风险交流一起构成食品安全保障体系的三个中心环节。风险评估由专业机构及专家学者主导，根据事件本身的实际状况，进行科学、独立的评估，以确定其性质和对消费者健康影响程度等；风险管理是政府职能部门在立法、规章、政府决策以及采取的干预措施等，根据评估结果确定风险管理手段；风险交流则贯彻在整个过程的始终，涉及所有相关方，包括风险评估者（专家学者）、风险管理者（政府决策者、监督管理者）、消费者（最大利益相关方）、媒体（报纸、电台、网络等）及食品产业链上的所有成员（如原料提供者、生产商、批发零售商及物流配送系统等）。在实际操作中，风险评估的结果大致相似，但根据各国、各地区的经济、文化差异，风险管理的手段会存在一定的差别，不能完全照搬套用。

　　1998 年，FAO/WHO 联合专家咨询会在罗马召开，发布了《风险情况交流在食品国家标准和安全问题上的应用》报告，正式提出了食品风险分析的理论框架。食品风险分析包括风险评估、风险管理和风险交流三个紧密相连的组成部分如图 4－1 所示。

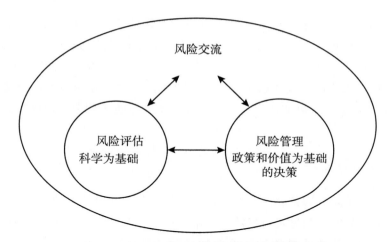

图 4 - 1　CAC 提出的食品风险分析框架

一、风险评估

风险评估在国际食品法典中被定义为对特定时期内因对某一危害的暴露而对生命和健康产生潜在不良影响的特征性描述，它已经成为世界贸易组织（WTO）和国际食品法典委员会（CAC）制定食品安全控制措施的重要技术手段（陈君石，2011），是当前国际公认的各国政府制定食品安全政策法规和标准、解决国际食品贸易争端的重要措施。它对人体接触食源性危害而产生的、已知的或潜在的不良健康作用做出评价，并根据信息做出推论。开展风险评估应当以科学为基础。一般来说，风险评估分为危害识别、危害描述、暴露评估和风险描述四个阶段。其中，危害识别指确定某种物质的毒性，对其导致的不良健康反应进行鉴定和说明。往往由于资料不足，因此需要从科技文献、共享数据库、来自高校、生产企业、科研机构等的研究中得到可靠数据，并进行充分的评议。危害描述一般从动物毒理学试验获得数据，外推到人类，得到人体的每日推荐摄入量（RDI值）或每日容许摄入量（ADI值）。暴露评估主要根据危害物质暴露水平的调查数据和居民膳食组成的调查数据，计算得到该危害物质的人体暴露限量。风险描述是评估上述暴露产生不良健康反应的可能性（Bennett P，1999）。

联合国粮农组织和世界卫生组织（FAO/WHO）已经完成的风险评估课题有：蛋类制品和烤鸡中沙门氏菌的风险评估（2002 年）、蛋类和烤鸡中沙门氏菌的风险评估（2002 年）、婴儿配方奶粉中的阪崎肠杆菌的风险评估（2002 年）、食品和饮用水中病原菌的风险评估（2003 年）、即食食品中单核细胞增生李斯特菌的风险评估（2004 年）等。在乳品风险评估领域，诺特曼（Notermans，S.）等人于 1997 年发表了《巴氏消毒牛奶中蜡状芽孢杆菌的危害性评估》；法国、英国和加拿大博马（N. Bemrah）等人于 1998 年联合发表了《鲜奶软质干酪感染人类李斯特菌病的定量风险评估》；捷克尼（Zecconi, A.）1999 年发表了《原料奶中的金黄色葡萄球菌以及人类健康风险》；罗兰德·林亏斯特（Roland Lindquist）于 2002 年发表了《以鲜奶制成的新鲜奶酪为例的金黄色葡萄球菌的风险评估》。

二、风险管理

食品安全风险管理是食品安全风险分析方法的三个基本内容之一。风险管理是在对有关食品安全问题进行风险评估的基础上，根据风险评估结果对有关食品安全风险管理的政策与措施进行取舍的过程。联合国粮农组织和世界卫生组织（FAO/WHO）对它定义为：一个风险管理者与利益相关方权衡各种政策方案的过程，该过程结合风险评估结果和其他政治、社会和经济可行性等因素，并做出恰当的风险管理决策。具体风险管理决策可能包括制定食品标准、公布临时管理限量值、开展消费者食品安全培训活动，或者为了减少某些化学物质的使用，改善农业操作或生产规范，或实施农、兽药替代品的技术方案等。

2006 年世界卫生组织（WHO）总结了食品风险管理发展的三个阶段（WHO，2006），它是一个逐步演化的过程，尤其是每个阶段中风险交流具有不同的角色。最初应用的是专家决定模型（Technocratic Model），如图 4-2 所示，认为只要有完整的专业知识和科学依据，就足以做出决策，其风险管理决策的制定完全基于专业技术考虑。其特点是风险交流限于政府（风险管理者）与科学家（风险评估者）之间，未关注风险的社会、经济、文化以及公众的风险认知等非技术的影响因素。

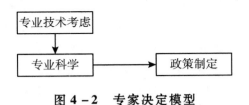

图 4-2　专家决定模型

然而对于许多食品安全事件而言，仅从专业技术角度予以解释是不充分的，有时候从消费者角度来看甚至是空洞的说教。在我们已经有一定认知的领域，尚且存在大量的争论，何况仅靠专业词汇和科学术语的说教难以改变公众的风险认知，更难以把握食品风险事件带来的社会影响，于是专家决定模型逐渐被抉择主义模型（Decisionist Model）取代。该模型提出风险管理决策不仅要考虑专业技术因素，而且要考虑非技术因素，继而提出了风险交流策略，以帮助实现风险管理决策。如图 4-3 所示，专业技术因素是风险管理的重要依据之一，即风险评估；另外，风险管理决策还需考虑非技术因素，并需权衡各方面因素，即开展风险交流。该模型的特点是从风险管理的角度将风险的多侧面、多层次的影响因素纳入了风险管理。但不足之处在于，风险交流只是作为一个下游策略出现，基于科学的风险预测被视为是有根据的、客观的和理性的，而公众的风险认知却被认为是片面的、主观的或非理性的，风险交流还局限于教育和纠正公众风险认知的单向信息传递。

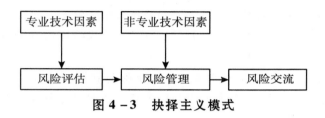

图 4-3　抉择主义模式

20 世纪 90 年代初，研究发现仅靠专业和科学途径的风险评估和风险管理，在很多时候达不到预期的效果。尤其明确的一点是不同的种族和国家对风险存在不同认知，因此应当放在社会、文化、经济的大背景下去理解风险（Bennett P，1999）。抉择主义模型演化为协同演化模型（Co - evolutionary Model），如图 4 - 4 所示，该模型中食品安全的利益相关方参与到风险分析中来，进行双向式的风险交流。风险管理决策作为下游的步骤，既从风险评估中获得专业科学信息，也考虑到基于科学的风险评估可能难以接受，需要结合社会、经济、政治、文化等风险认知影响因素，做出利益相关方可接受的风险管理决策。双向的风险交流始终连接着风险评估者、风险管理者，以及每一个阶段涉及的外围利益相关方。

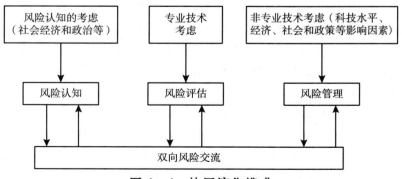

图 4-4　协同演化模式

三、风险交流

风险交流是风险分析的重要组成部分之一，是指在风险分析全过程中，风险评估者、风险管理者、消费者、企业、学术界和其他利益相关方就某项风险、风险所涉及的因素和风险认知相互交换信息和意见的过程，提高对风险的一致性认识和理解，内容包括风险评估结果的解释和风险管理决策的依据。在制定风险管理决策时，有助增强过程的透明度，并达成一致性观点，提高风险分析过程的效率；同时，也为风险管理决策的实施和落实提供了坚实的基础。有效的风险交流可推进在风险管理者和评估者之间达到更高度和谐一致的风险管理措施，得到各利益相关方的支持。风险交流者包括政府管理者、风险评估专家、消费者、食品生产或流通企业、媒体、社会第三方组织等。

瑞恩（Renn，1991 年）的研究表明，掌握各利益相关方对于食品风险的认知可以帮助政府监管部门预测公众对风险的反应，并以此为基础制定风险交流策略，并进行风险管理决策。

福斯福（Fischoff，1995 年）将风险交流的发展历程总结为七个阶段（Fischhoff B，1995）：第一阶段，政府基于科学风险评估结果做出风险管理决策，再把决策内容告知公众；第二阶段，政府将风险管理决策及其依据的风险评估数据都告诉公众；第三阶段，政府用风险评估结果解释管理决策的目的与理由；第四阶段，通过对比公众以往已接受的风险，政府与公众进行进一步风险交流；第五阶段，用风险－收益平衡的方法来解释管理决策的过程；第六阶段，政府意识到不仅要根据风险评估结果进行风险管理决策，还应该注重公众对风险的认知；第七阶段，政府将公众看成合作伙伴，纳入食品安全利益相关方中，这意味形成了双向的风险交流。

玛丽·麦克希和玛丽·布瑞南（Mary McCarthy & Mary Brennan，2009 年）研究了有效风险交流中的障碍及其形成因素，结论是需充分尊重公众的知识水平、饮食习惯和过去经历食品安全事件的经验，了解公众所认知的风险，进行预防性宣传教育，使得公众不再抗拒科学用语，建立良好的风险交流基础。只有这样，风险交流策略才能得以顺利实施。

艾琳·麦克格林和林母·德兰希（Aileen McGloin & Liam Delaney 等，2009 年）研究了影响风险交流的风险因素，指出了需要变化的风险交流策略来应对变化的食品安全环境，其中公众信任、交流透明度和科学语言的转化极其重要。若食品风险的错误认知造成健康和经济后果，必须立即予以纠正，以确保风险交流基于科学并且及时、有效。

我们看到，有关风险交流的研究主要是对风险信息的性质、数量和意义的探讨，对如何克服风险交流中的障碍、改善风险交流的有效性以及如何建立沟通中的信任等问题少有探讨。虽然强调风险交流是一个特殊的沟通过程，这一过程应当是一个双向交流的过程；但实际上，在许多食品安全事件中风险交流相关方的地位不对等，公众一方往往处在询问信息和接受信息的位置。风险交流经过一个发展演化的过程，从单方面的对公众的教育培训，逐步发展为将公众视为合作伙伴（partner），进行双向的风险信息沟通，对整个食品风险分析思路和架构都产生了极其重要的影响。

第二节　我国食品安全标准制定过程中存在的问题

2009 年我国《食品安全法》颁布，国务院卫生行政部门组建了国家食品安全风险评估专家委员会，同时，国家食品安全风险评估中心经过了近 3 年的筹备，终于在 2011 年正式成立。虽已做出了巨大的成绩，但由于风险分析在我国食品安全国家标准制定中的应用仍处于起步阶段，难免存在不足之处，下面主要从风险评估、风险管理和风险交流三方面进行简述。

一、风险评估

自 2009 年实施《食品安全法》以来，我国在食品安全风险评估体系和实践方面都有很大的进步，并且要求建立食品安全风险评估制度，成立食品安全风险评估专家委员会，这些都为我们国家制定食品安全标准提供了一些科学的依据。但食品风险评估工作的技术力量比较薄弱，案例研究数量少，所以还不具备风险评估的经验。风险评估是风险分析中最基础的一个环节，但是目前的研究还不够全面。主要表现在：

（一）开展风险评估的基础不完善

一是进行风险评估的专业技术人员相对缺乏。国家食品安全风险评估中心才刚刚成立，人员主要由中国疾控中心营养与食品安全所研究人员调入，专门从事风险评估的技术人员相对较少，且缺乏专门从事食品安全风险评估工作国家级机构的技术支持，技术保障能力不足。还有待进一步凝聚来自全国高效、科研机构、甚至生产企业的食品风险分析科研力量，建立风险评估专家队伍，提高风险评估技术水平。目前，国家食品安全风险评估中心还处在原有食品标准清理的工作阶段中，风险评估尚且处于被动应付的局面，主动的评估工作尚未系统启动。不利于应对风险评估工作的复杂性，进而不利于我国食品安全风险评估工作的有效进行，影响食品安全风险评估工作的效率，也影响食品安全风险评估的科学性。

二是与风险评估相关的危害识别、危害特征描述、暴露评估等技术还有待进一步加强，积累不足。主要是引进国外或 CAC 的评估技术，与我国实际的数据相结合的部分还需加强。

食品安全风险评估涉及食物链的各个环节中的各种危害因素，对于任何一种危害物的评估都要涉及危害物的确定，危害物的定性和定量分析、危害物的毒理学、生物学评估及风险的定性和定量估计等技术环节，这些技术环节包括了生物学、农学、毒理学、统计学、检测技术等众多学科，因此风险评估是一个系统工程，需要复杂的技术体系进行支持。我国的食品安全风险评估研究与应用尚处于起步阶段，与发达国家相比，在风险评估技术方面还有很大差距。食品毒理学是食品安全风险评估基础，我国在食品毒理学研究方面起步晚，研究基础薄弱。由于缺乏全面系统的食品毒理学研究资料，我国在食品安全风险评估中只能借用国外的毒理数据，很多食品安全限量标准的制定只能参考国外的毒理学资料，增加了评估的不确定性，对评估的科学性和准确造成了很大影响，因此构建起与风险评估相适应的食品毒理学研究体系是我国风险评估发展必须解决的问题。目前虽然许多发达国家对常见的有毒化学物质进行了很多毒理评价工作，但是食品毒理学研究是一个复杂的系统工程，即使是开展相关研究工作较早的发达国家。许多关键问题和实验技术方法还没有完善，数据的不确定性很大。在毒理学研究中很大的一个障碍就是伦理道德不允许用人做毒理学、生物学试验，只能通过动物试验进行经验式外推，由于种属不同，反映差异和不确定性必然存在，而且中国人和西方人在人种和食物结构上存在明显差别，这些数据在我国风险评估中的应用还需要进行进一步的验证。另外就毒理学本身而言，许多方法和理论还有待深入试验、研究和探讨。例如有毒有害物质在自然环境和动植物体内迁移、代谢、富集的过程，剂量外推安全系数的确定方法等。现代食品毒理学研究是全面综合了各个学科的最新研究成果和研究技术手段，将食品化学与毒理学紧密相结合，以食品化学、分子营养科学、分子毒理学等学科的研究技术作为手段，开展遗传毒性、内分泌紊乱、DNA 损伤、生物标志物和分子毒理学等方面的研究，充分体现了学科高度交叉的特点。对于这样一个具有高度学科交叉的研究领域，相关学科协同发展是十分必要的。风险评估制度的确立和推广实施，必定会对促进相关学科协同发展起到积极作用，全面推进食品毒力研究的发展，从而提升我国食品安全基础研究水平。

（二）用于风险评估的危害物的毒理数据和膳食暴露数据缺乏，相关数据库还不完善

危害物的毒理数据和消费者的膳食暴露数据是用于制定食品安全标准进行风险评估的基础数据，暴露评估是进行食品安全风险评估最关键的技术环节。如何正确获得和分析数据是暴露评估的关键技术问题。卫生部在 1959、1982、1992 和 2002 年分别进行了 4 次中国居民营养调查，相关调查资料为膳食暴露评估提供了食品消费量的基础数据，但是对于一些特殊消费人群和特殊消费的食品，膳食调查资料还没有能够涵盖。2000 年卫生部在全国开始了食品污染物监测网的建设，分别在 17 个省和 22 个省设立食品污染物和食源性疾病致病菌的监测哨点，对居民日常消费量较大的 60 余种食品、常见的 79 种化学污染物和致病菌进行常规监测；农业部也在全国范围内建立了农产品安全检测网络，对农副产品中的农兽药残留等情况进行动态监测。但是现有的工作和数据基础还远远不能满足膳食暴露评估的需要，从目前现有数据本身来说就存在一些缺陷，首先是膳食调查项目少，数据指标细化程度不够，比如对于不同年龄段主要食物和特殊食物摄入量的调查指标就没有在膳食调查资料中得到反映，而这些资料对于膳食暴露评估是非常重要的；其次是数据的连续性不足，1992、2002 年我国在 31 个省市开展了"全国营养与健康普查"项目，这两次大规模的调查虽然积累了丰富的膳食和营养数据，但是在这十年中缺乏小样本的连续抽样跟踪调查，很多膳食变化的演变过程不清楚，饮食习惯随着经济发展变化很多，基础数据积累不够，营养膳食调查数据更新周期过长，累积的数据跟不上饮食的变化，对于通过暴露评估准确分析潜在风险造成了很大困难。横向标准的制订大多还依据 CAC 和欧盟的评估数据进行制订，如添加剂、农残的横向标准，未经过我国自己的暴露评估实验。

在 JECFA 对食品中危害因素进行评价和我国参加国际食品法典标准讨论时，往往由于不能及时提供我国的食品污染物数据和人群暴露量数据而受到质疑。食品风险评估结果对食品业及相关行业发展影响极为深远，故受影响的行业经常通过各种途径，试图左右风险评估过程，导致食品风险评估工作的依附性，影响风险评估结果的科学性和公平性，同时食品评估过程和结果还易受到风险管理机构的行政干预和行业利益的干扰，降低了食品风险评估的独立性。

（三）我国食品安全风险监测体系建设滞后

监测体系是为了发现问题、制定措施的重要依据。2009 年《食品安全法》

颁布以前，监测体系并没有应有的法律地位，未把食品安全监测体系作为主要措施，未建立起有效的全国食品污染物监测系统，监测计划不全面，监测能力不足、监测数据准确性不够，对一些污染物，特别是新的污染物缺乏科学有效的监测手段。监测数据有限，缺乏全面、连续的食品监测资料，无法开展食品污染的评价和预警。各地检测机构的检测水平、人员水平、检测方法有差异，造成规律不好把握，且导致食品安全风险的评估结果难以得到大家的认可，难以符合风险评估的要求。对食品安全风险的规律、特点的把握还不够，对新的风险的警示能力也有限，风险预警的整体技术支撑非常薄弱。在标准制定中影响发现新的危害物或危害源县域农村和城市社区基层技术支撑薄弱，食品安全新的潜在的风险不断出现。

食品安全风险监测是食品安全风险评估的基础。2009 年《食品安全法》规定：国务院卫生行政部门通过食品安全风险监测或者接到举报发现食品可能存在安全隐患的，应当立即组织进行检验和食品安全风险评估。第十五条规定：国务院农业行政、质量监督、工商行政管理和国家食品药品监督管理等有关部门应当向国务院卫生行政部门提出食品安全风险评估的建议，并提供有关信息和资料。这就预示着我国的食品安全监测将会得到大力加强，食品污染物数据体系的建设将会有丰富的数据来源。我国虽然经过多年的努力，对食品中主要污染物的情况有了初步的了解，但是食品中的许多污染情况仍然"家底不清"，在源头污染资金方面缺乏产地环境安全性资料和产地档案（数据库），食品中农药和兽药残留、生物毒素及其他持久性化学物的污染状况缺乏长期、系统的监测资料，目前现有监测网络仅覆盖了 17 个省市，无论是监测覆盖面、监测项目、监测技术还是数据库建设和利用等方面与开展科学评估的资料需求还有很大差距。

二、风险管理

一个理想的食品安全标准制定过程是风险管理者依据风险评估的结果，通过与利益相关方的风险交流，制定相关食品安全标准。在此过程中，风险管理者与风险评估者都应各司其职，才能很好地完成食品安全标准制定。国务院卫生行政部门是食品安全标准的风险管理者，由于风险理论才刚引进，尚存在以下问题：

（一）风险管理与风险评估的相互独立性不强

为了保证食品安全风险评估机构评估结果的科学客观性，国家有关部门必须建立与之配套的程序保障机制。在建立配套的程序保障机制的同时，还应注重将风险评估机构与风险管理机构的职能分离开，以降低风险管理机构对风险评估机构的干扰，使风险评估机构的评估结果更加科学、客观。

2011 年 10 月 13 日，国家卫计委成立"国家食品安全风险评估中心"，作为食品安全风险评估的国家级技术机构，负责承担国家食品安全风险的监测、评估、预警、交流和食品安全标准等技术支持工作，采用理事会决策监督管理模式。国家卫计委是国家食品安全风险评估中心的理事长单位，国务院食品安全办、农业部为副理事长单位，工商总局、质检总局、食品药品监督管理总局等部门为理事单位，理事会成员还有医学、农业、食品等领域的专家和服务对象代表等。食品风险评估中心首届理事会由 19 人组成，其中理事长 1 名、副理事长 2 名，理事 16 名。国家卫计委同时作为食品风险评估中心的举办单位，负责食品风险评估中心的党务、行政、后勤等日常事务。《食品安全法》明确了食品安全标准制定的主体为国务院卫生行政部门国家食品安全风险评估中心负责标准的风险评估工作。即国家卫计委就是风险管理者，食品风险评估中心为风险评估者。而食品风险评估中心尚未完全独立，其理事长单位为国家卫计委，仍然保持着行政隶属关系。

食品安全风险评估专家委员会是由国务院卫生行政部门根据《食品安全法》相关规定组织成立的。从第一届国家食品安全风险评估专家委员会的 42 名专家来看，很多专家来自国家部委下属机构，法律中对专家委员会的产生程序并没有做出具体规定和要求。在实际操作中，国务院卫生行政部门有权组织食品安全风险评估工作，向风险评估专家委员会下达风险评估任务。更重要一点，食品安全风险评估专家委员会的经费是由行政机关决定。这些不难看出，我国风险评估专家委员会的产生对国家卫生行政部门存在很强的依附性。《食品安全风险评估管理办法（试行）》虽对风险评估专家委员会的独立性进行了规定，要求风险评估专家委员会在进行风险评估时，其他任何部门不得进行干预。但是该规定效力具有局限性，专家委员会的独立性仍然不够高。

这一点与很多的发达国家及 CAC 确立的风险评估与风险管理相分离的原则不符，不仅使得食品安全风险评估机构的独立性、权威性、科学性得不到保障，也不利于风险评估的有效机制，进而影响到风险管理工作的顺利进行。

（二）食品安全标准制定过程的规范化还不明确

食品安全标准作为国家强制标准，对企业和社会影响非常大，因此食品安全标准的制定流程的规范化尤为重要。《食品安全法》第二十一条规定："食品安全国家标准由国务院卫生行政部门负责制订、公布"；第二十三条规定："食品安全国家标准应当经食品安全国家标准审评委员会审查通过。食品安全国家标准审评委员会应由医学、农业、食品、营养等方面专家及国务院有关部门代表组成"。

但目前，食品安全标准的发布、颁布流程不够明确，目前很难从官方网站了解到一个标准何时发布、如何颁布的。一些食品安全标准发布、决策、颁布流程仅限于一些专家知晓，他们是整个流程的负责人。而且这些内部的消息由于种种原因，往往不向公众们发布，仅仅是公布最后的结果，即食品安全的标准。这样不仅容易引起消费者的质疑，还会造成大家对某些标准的不理解，在标准的执行过程中就会受到不配合，甚至是阻碍。

另外，如何启动一个食品安全国家标准的制定、如何启动风险评估，谁来启动风险评估、审评委员会成员独立性、审评过程的透明性和公正性、标准的决策过程的透明程度、如何论证决策的科学性和可操作性等环节还有待完善，需进一步明确。

《食品安全法》的颁布预示着标准制定的规范化、标准决策的科学化。标准制定过程的透明度不够，将导致消费者、行业从业者和利益相关方对政府出台的食品安全标准产生疑虑或质疑，并影响其后期实施。

在新的食品安全标准完全取代现有食品安全标准的过渡期，对风险管理者提出了巨大挑战。

逐步清理食品安全标准，取代现有食品安全标准，将面临新老标准共存，挑战体现在标准的衔接上，如对于一些标准颁布的时间不明确，一些标准的颁布可能是对以前标准的一个修正，修正的结果可能完全改变了原来的标准，但是一些企业仍旧遵循旧的标准在生产食品，最后导致生产的产品不合格。生产的过程中即使了解到新标准的内容，但由于不知道标准的发布情况，很可能对标准的执行产生迟疑，对于采取哪个标准产生困惑。对标准的解释混乱，有些部门会与卫生部门的解释产生矛盾。从新标准的制定时间来看，完全取代现有标准还需很长一段时间，目前对新旧标准的协调缺乏统一安排或措施。《食品安全法》出台前，多个部门制标时进度较快，目前只有卫生部门可以制定，标准出台的速度减慢，因此在新老标准共存阶段需有明确的协调的机构或规定。

三、风险交流

我国食品安全风险评估工作中，风险交流环节最为薄弱。在理论研究方面，食品风险交流尚未形成专门的学科和系统的方法。在标准制定应用方面，风险信息的数据共享和部门协调合作等方面与国际水平和国内需求还存在较大差距，目前我国的风险交流局限在政府与科学家之间，未关注风险的社会、经济、文化以及公众的风险认知等非技术的影响因素。由于我国的食品安全风险交流工作还处在起步阶段，交流对象尤其是消费者的风险感知分析尚处于研究空白阶段。缺少交流双方的互动，同时开展风险交流工作必要的技术支撑体系有待完善，开展风险交流的目的、方法和手段还需进一步明确。

第一，一般情况的风险交流障碍并不是食品风险分析所独有的，面对复杂的技术和利益问题进行交流时，都有可能面临这样的难题。对公众和媒体而言，由于食品安全国家标准中包含、涉及大量专业术语，存在质疑和分歧是正常的。通过风险交流，将进一步加强公开透明，保障公众的知情权、监督权和参与权，进一步加强与公众的双向沟通，促进食品安全专业指示的普及，从而避免产生误解（Renn，O.，1991）。

第二，食品安全风险交流工作没有得到足够重视，主动开展风险交流工作不够。

开展的风险交流主要是关于风险信息性质、数量和意义的探讨，对于如何克服风险交流障碍、改善风险交流的有效性以及如何建立沟通信任等重要问题探讨的非常少。参加国际风险评估活动较少，与我国的大国地位不对称。

食品安全标准的制定过程应广泛听取各方意见，鼓励公民、法人和其他组织积极参与，提高标准制修订过程的公开透明度。公开透明是食品安全风险交流的重要工作方式。发达国家一项标准或技术法规的出台需 3～5 年，期间要经过长期的调研，充分考虑标准实施后的社会经济影响，那么这个考虑各方面因素的过程就是开展交流、征集各方意见的过程。邀请利益相关方参与制标工作是标准制定过程中一个强有力、但却常常被忽视的部分（何翔，2013）。

识别各利益相关方并使之参与到风险交流中是个难题，因为使用标准的利益相关方，尤其是食品生产企业和监管部门，往往在全国范围内分布，数量较多，只能选取代表性单位和机构。对标准存在较大疑虑的往往是没能参与到风险交流中的利益相关方；相反地，那些参与了标准制定和管理决策过程的利益相关方一般不会对结果提出质疑，特别是当他们所关注的问题已达成一致意见时。利益相关方的参与，使得管理决策时能够针对其所关注的问题予以关注和处置，还增进了主要相关方对分析过程和决策过程的全面理解，并且使以后与公众交流变得顺畅。

尽管政府在信息公开方面已取得很大进步，但仍不能满足风险交流的需要，以各种理由"不宜公开"的情况还比较常见。使风险交流面临"无米下锅"的窘境，另一方面造成了公众在食品安全风险信息上的滞后和不对称。对消费者来说就不能科学认识食品安全问题，使得食品安全问题被放大。风险交流形式单一。公众与政府机构间的交流渠道主要是各种投诉举报电话，能够提供咨询服务的机构还很少。机构开设的网站也主要用于政策宣传，虽然有些机构开设微博，但由于运营管理投入不够，以信息发布为主，尚不能形成有效的公众互动交流。

　　第三，信息获取很困难。风险管理者和风险评估者不处于食品生产第一线，在获取复杂食品供应链中的风险信息时有可能遇到困难。缺乏食品安全风险监测信息和食品安全监督管理信息收集机制，难以主动发现食品安全风险隐患和主动开展评估。有时企业、机构或个人拥有某些风险的独有信息，但处于保护竞争地位的需要和其他商业目的，不愿公开和共享这些信息。为解决这一风险信息缺失问题，有待国家食品风险评估机构进一步加强风险监控数据的收集和完善，也需要一套共享风险预警信息的机制，使得分享风险信息者排除后顾之忧，并能够互利互惠（陶宏，2012）。

　　第四，标准公开征求意见的范围不够广泛。现今的县域农村居民的食品安全认知水平普遍不高，风险防范能力较低。尤其是农民作为生产者同。时又是消费者，对风险的认知状况堪忧，而农村居民对政策了解相对较少，自我保护能力弱，当前针对县域农村居民的风险教育基本还处于零状态。公众食品安全科普的力度不足，有关风险的信息没有及时在相关机构、团体、个体之间进行沟通，从而导致认识不统一和行动不一致，事前预防和事后合理解决食品安全事件做的不够。风险交流的过程也仅仅停留在对公众需求的回应上，公众的参与度不够。我国的标准化法律明确规定，标准在批准发布前，要公开征求意见，并将征求来的意见集中汇总，经研究决定哪些意见采纳，哪些意见不采纳，并给出不采纳的原因。但是对于公开征求意见应该到一个什么程度，没有明确的规定。导致部门的征求意见没有评估的标准，实际的征求水平往往不达标。同时也忽视了标准的另一个重要的使用群体——消费者。特别是一些跟消费者关系密切的标准，没有明确要求向消费者征求意见。最后极易导致标准的发布遭到消费者的反对，从而使得社会矛盾激化，影响到标准施行的顺利进行。现行的食品安全强制标准的内容也存在不合理之处，强制性标准的范围设定不合理，存在一些不应强制或者无法强制的内容。而且，目前同一强制性标准中既包含着强制性条款，也存在一些不宜强制的条款，从而导致强制性标准执行效力的缺陷。且制定标准前征求意见的范围和方式不够完善，当前标准公开征求意见一般有两种方式。一种是以红头文件的方式，发送到可能会用到本标准的相关生产企业、检测机构、行业协会及科研院所等；另一种方式是在网站上进行公开征求意见。这两种方式都存在着很大的局限性，第一种方式针对性太强，只有收到文件的单位才能看到相关信息，第二种方式则由于网站的知名度等原因而很难让大多数消费者看到，这些方式做得都还不够全面。

　　第五，还未建立有效的风险交流反馈体系，风险交流发布会后未有效收集反馈信息。风险交流往往是在无意识情况下，政府进行食品安全风险危害评判等决策工作时，政府与公众的信息交流有时缺少科学的预见性，导致是在被动的应对下进行。实际中总是在爆发了食品安全事件后，风险已经发展到了严重的地步，无法继续隐瞒时，管理部门才被迫向相关利益方进行风险转移或寻求支持。这样会导致外部的利益相关方对管理部门产生不满和敌对的情绪，以至于在以后的合作交流中变得更加不和谐。从食品安全风险评估制度建立以来，公众对其工作进展及食品风险信息知之甚少。风险交流发布会的内容传播的不够广泛，很多利益相关者，尤其是普通的消费者，对关注风险交流的渠道不了解，社会上关于食品的安全问题又非常的混杂。消费者在面对五花八门的食品风险交流问题时，没有一个权威的衡量标准，导致对于这些风险交流的发布内容知识仅仅是比较浅薄的了解，对于反馈的具体内容，往往很少关注。

第六，新媒体的出现，公众对食品安全更加重视，但同时部分新媒体安全知识的缺乏以及一些媒体的虚假宣传导致食品安全问题升级。

由于某些媒体过多关注食品安全事件的冲突和矛盾，过分关注报道内容对公众的吸引力，导致播报的风险信息失真，风险信息不对称。在信息海洋中，这些负面的、有噱头的报道更能引起广泛的转载和评论，公众也乐于分享负面消息，产生所谓"坏消息综合征"。虽然媒体报道食品风险信息时，并不总是出现上述问题，但是，当这些问题出现时，会使风险交流变得更加困难。使得真实的风险交流的途径更加困难。这样既影响了政府的公信力，也造成消费者对食品安全的过度关注。我国目前食品安全问题也有被故意夸大的现象，造成食品安全风险交流的信息缺失交流的意义，引起社会的恐慌，最后导致公众对交流的信息缺乏信任，面对以后真实的信息交流也只是持观望态度，应对的措施以及积极性不高。

第七，对于新的国家食品安全标准中某些指标调整后的安全性分析。因为缺乏有效的风险交流和及时沟通，也导致相关利益方的不同释义，形成了目前的非官方媒体的影响日益增大，政府的舆情导向作用逐步减弱的格局。

这一情况发展的结果完全可能导致严重的政府和企业信用危机。公众对政府管理能力信任度下降，不信任境内产品，一定程度上影响了我们国家的声誉，影响了我国食品的国际发展水平。同时负有食品安全监管职责的政府部门之间信息交流和资源共享机制也需进一步增强可操作性，目前跨部门、跨区域的信息交流和资源共享虽有制度但机制还不健全，食品安全风险交流信息机制本身有很多的不足，食品安全风险信息共享平台尚不健全，总体状况并不理想。

四、法律地位

第一，违法成本低，对于违法分子的打击力度是远远不够的，造成食品制假售假愈演愈烈。存在素质总体不高、生产经营管理不规范、安全隐患多等问题，特别是少数生产经营者道德失范、诚信缺失，生产加工伪劣食品，给食品安全造成很大危害。关于食品安全的罚金刑作为我国刑法中的附加刑，是保障食品安全的工具之一，但是没有与《食品安全法》的行政罚款有效对接，刑法有关食品安全方面的罚金刑明显低于《食品安全法》规定的行政罚款，这样的罚金刑起不到威慑作用，也不利于从经济的角度打击犯罪。食品安全法律之间存在着体系不完整、内容不全面、职责不清晰等问题，制约了对不法行为的打击。食品市场准入制度不够完善，准入制度不严，直接导致食品安全生产中出现的假冒伪劣充斥市场。

第二，在国家标准中，立法者忽略了对危险犯的规定，目前我国的刑法对于食品安全犯罪主要规定的是结果犯，即使对客体造成了一定的损害，这样对于打击威胁食品安全的犯罪是远远不够的。立法者对于相关的法律的系统整理和归纳加工不够，造成一些适用和不适用的法律混杂在一起，对于重点立法内容无法突出。

第五章

我国食品安全标准风险防控能力增强的途径

第一节　风 险 评 估

　　首先，加强风险评估、危害识别、危害特征描述、暴露评估等技术研究，加强评估所用模型和软件的开发，食品中心的危害物的系统毒理学安全性评价，将风险评估建立在自主性的危害识别的科学研究基础上。充分发挥各省级食品安全重点实验室的作用，使其具备承担食品安全风险评估、技术仲裁、监测预警等工作，提高对有毒有害物质的排查能力，达到在较短时间内尽快提升食品安全技术支撑的能力。通过增加资金投入，引进先进检测设备和提高检测人员技术水平，增强食品安全检测能力。建立严密的食品安全标准检测运行机制，变临时检测为常态监测，提高对食品安全的监控能力。同时要建立和完善食品安全检测责任追究机制，明确责任追究方式和具体责任追究标准。地方政府可以引导社会力量参与食品安全检测，建立第三方检测机构，补充食品安全检测体系。建立完善的实验室检测制度，加强高校和研究机构的实验室专业检测，以弥补一般的政府检测部门所作的例行检测的不足，以提高风险评估技术的依据和风险评估的水平。

　　为了更加准确科学的开展膳食暴露评估，加快我国食品安全风险评估技术的发展，加强我国暴露评估数据网络的建设势在必行，同时要更为科学、合理地开展中国居民膳食调查，在充分利用获得的膳食消费量、污染物残留浓度等数据的基础上，利用先进的暴露评估技术和方法，开发出适合我国的膳食暴露评估模型。

其次，有序开展风险评估，制定国家食品安全风险评估规划，对食品中的农药或兽药残留、铅等重金属问题，应制定具体的监测、评估计划，形成常规性、程序性工作事项，提高评估工作的科学性和风险预防的有效性。提出优先评估计划，开展有序评估。食品安全风险评估委员会开展食品安全风险评估任务，既可以来自于我国食品安全监管部门的请求，也可以基于自己的动机而提出（何猛，2013）。食品安全风险评估委员会开展食品安全风险评估所需要的信息和资料既可以来源于我国食品安全监管部门，也可以依职权收集、调查、分析、总结和整理。对于食品安全风险评估计划和优先评估项目的确定，由我国食品安全监管部门所提交的信息以及自身所收集的信息，自行判断。对于食品安全风险评估结果，食品安全风险评估委员根据自己的规则对公众发布科学意见，在相关杂志上发表。食品安全监管部门则根据评估委员会提供的科学评估实施积极的监管决策，包括不安全食品的召回。

最后，提高食品安全风险监测评估和预警的专业素养和业务水平，人是第一要素，迫在眉睫的问题是加强人才队伍建设。

聘请最高水准的科学专家组成食品安全风险评估委员会从事风险评估工作。对于委员会的成员应当确保高水平的科学能力和专业知识，具有与相关食品安全领域进行风险评估的专业知识（包括化学、生物学、食品技术、医学、流行病学、统计学和模型技术等学科），至少在某一食品安全领域中具有公认的卓越性，具有从一个广泛的学科背景角度来分析复杂问题的能力，具有在一个多学科的国际背景下的专业经验、科学项目管理中的经验以及公认的沟通技巧（何猛，2013）。委员会的成员独立于任何外部影响而采取行动，特别重要的是独立于食品生产企业和其他利害关系人，这些成员具有与食品安全有关的专业知识，但不代表任何一个组织或部门，食品安全风险评估中心无权影响食品具体负责风险评估的食品安全风险评估委员会的工作。评估专家在进行风险评估时，必须严格遵守价值中立的态度，而风险评估结果需到达到自然科学那样的精确性和可控性，完全忽略评估专家的主观信念以及作为食品安全风险承受者的消费者的感受。

由于国家食品安全风险监测评估实施只有 2 年多时间，现有人员基本属于疾控系统，而国家食品安全风险监测评估工作涉及更宽泛的研究领域，需要积极引进相关专业背景的所需人才，在人员总量和结构上加快优化组合。制定人才发展计划，吸引国内外高级人才参与食品安全风险监测与评估工作。加强现有人才的培训，充分利用欧美国家开展食品安全风险评估的经验，加快提升人才队伍的工作水平。在着力提高卫生部门技术能力的基础上，积极发挥相关部门及研究机构、院校的技术优势和实验室的作用，合理规划社会资源，形成技术互补、信息共享、共同促进的网络，进一步规范评估工作，提高评估工作水平。

第二节　风　险　管　理

首先，食品安全标准制定过程应贯彻透明度原则，坚持公开、公正、透明。标准评审委员会的成员应代表广泛，不仅由医学、农业、食品、营养等方面的专家以及国务院有关部门的代表参加，还应包括检验检测机构、企业、公众和利益相关方的代表参加，并对其相关利益进行公开，以保证评审结果的公正、独立。

标准在制定过程中，应积极借鉴国外先进标准，特别是国际食品法典委员会关于食品的标准、国际兽医组织关于动植物健康的标准、国际植物保护联盟关于植物健康的标准以及欧盟、美国、日本等发达国家制定的食品安全方面的标准。对国外标准进行跟踪、研究，结合本国情况进行更新、采用。在食品安全标准制定和实施过程中，要首先转变食品安全标准的理念，坚定执行"保障公众身体健康和生命安全"作为食品安全标准制定和实施的唯一标准，摒弃以经济发展水平、生产经营者成本等因素为理由，对食品安全标准的制定和实施设置障碍。其次，要按照法律规定要求、程序，科学制定、修改和清理食品安全标准。对于食品生产、流通缺乏安全标准的，要及时制定；对于已经有标准，但标准之间存在冲突的，要及时清理，坚持以高标准为准；对于标准没有冲突但不够完善的，要及时加以补充完善。

加强我国参与国际标准制修订的强度和力度，对影响我国社会和公共利益的标准进行预警，通过快速预警信息的流通，采取应对措施，提升我国整体防御能力。标准制定完成后，还要适时进行审查和修订，根据科学技术发展的动态进行维护，保证其先进性和适用性。对标准制定和修改公开征求意见时，不但要听取关生产企业、检测机构、科研院所、有关协会等方面的意见，而且还要认真地听听消费者有什么意见，特别是对一些关系到消费者健康安全方面的标准。征求意见的方式也不要仅限于红头文件和网站两种方式，对于关系到人的生命、健康、安全等影响巨大的标准，还可通过有影响力的报纸、杂志甚至电视等进行征求意见，以扩大标准征求意见的深度和广度，这样的标准制定出来才有更大的适用性。

其次，食品安全风险管理人员应区别于风险评估人员，独立执行工作。应从人员、资金方面彻底分离，由国务院或者食安委直属机构直接管理。尽可能地将风险评估和风险管理的功能分开，但也要保持风险评估者和风险管理者的密切配合和交流，利于风险分析成为一个整体，更加有效。风险评估机构的设置应进行修改和完善，这样才能确保增强其机构的独立性和其工作的有效性。风险评估机构的人员组成应具有深厚的专业应用性和广泛的社会代表性，特别应包括与食品相关方面的专家、学者，还应吸纳独立的研究机构、咨询单位和其他社会力量参与食品安全风险评估工作，把评估结果作为食品安全监管决策和制定食品安全标准的最重要、最直接科学依据，以保障风险评估的客观性和公正性。

再次，健全食品安全标准管理制度，明确食品安全国家标准制定程序和管理要求。突出控制食品安全的目标，对我国现行食品标准体系进行深入分析的基础上，强化食品安全控制作用的实现。在制定或者修改标准时多考虑控制食品安全的效果反馈，在构建食品安全标准体系时要突出对各种影响食品安全的环节和因素，分别制定安全控制标准。对现行食品安全标准体系进行优化清理，将食品安全行业标准上升为食品安全国家标准，并取消食品安全地方标准。提高标准工作公开透明，健全公众参与标准工作。在健全制定食品标准时，确定合适的食品标准制定者，应借鉴CAC的做法来设置专门统一的食品国家标准的制定机构，并积极考虑国外先进标准，对国外标准进行跟踪和研究。同时将部分标准交由食品行业协会制定。完善食品标准制定的时间及修订的周期，在借鉴CAC食品标准修订的基础上，适当考虑我国的实际情况，对于食品安全标准应严格控制在每三年进行一次修订。主动将国内标准与国际标准接轨，建立起适应国际经济发展的食品安全标准体系。建立健全国家标准、行业标准和企业操作规范三个层次的食品质量标准体系，保证食品生产的安全。根据国内情况以及与国际接轨的能力，对以往制定的指标低的标准进行修改，对目前已经检出的尚无标准的食品不安全因素尽快制定标准和检测方法。

最后，在标准立项阶段，广泛征求食品安全监管部门和产业主管部门、行业协会的意见，注重与国家有关产业政策相衔接，并向社会公开征求意见，广开言路，体现标准制定的合理性。在标准起草过程中，遵循公开透明原则，向社会和食品生产经营企业广泛征求意见，充分听取各方意见和建议，鼓励公民、法人、专家和其他组织积极参与食品安全标准工作，充分考虑不同人群、受众的需求、地域性、季节性以及可操作性等因素，充分分析和参考国际组织和发达国家的风险管理措施，权衡可接受的风险水平，增强标准的实用性。食品安全标准的修订和制定过程，要始终坚持以食品安全风险评估结果为依据，保证食品安全标准的客观真实性。提高标准的可操作性，在标准正式公布前，还将在卫生部网站上再次向社会广泛征求意见。需要成立决策委员会、立项委员会，要公开参加标准制定、修订和评审专家的意见，接受社会的监督，杜绝腐败，使起草章程、立项规范化，透明化。制修订标准时要充分考虑检测方法是不是科学，有没有漏洞，有漏洞的应该采取哪些应对措施。首先是从检测原理上堵住漏洞，其次是对检测设备和抽样方法做出明确合理的规定。对于某些跟国计民生、消费者生命安全息息相关的标准，可以采用多种不同的检测方法，让标准真正起到保护消费者利益的作用。建立食品安全标准制定、实施责任问责制，加大对职能部门及其工作人员的监督，防止行政权力异化，保障食品安全标准宗旨得以实现。为了防止企业以自身利益决定标准的内容或存废，使标准的制定和修改被企业所绑架，政府相关部门一定要从维护"公众身体健康和生命安全"的高度出发，坚持食品安全标准的制定和修改公开、公正、透明的原则，严格按程序依法办事，多方听取各方面的意见和建议，完全可以解决这一问题。

第三节　风　险　交　流

由于食品安全利益相关方较多，在制定食品安全国家标准时，更需要相关管理部门重视风险交流，坚持公开透明的原则，广泛听取各方意见。提出以下几点改进意见：

一、对风险交流的定位

风险评估是从专业和科学角度出发对风险进行描述和评估的过程；风险管理是为确保适当的保护水平而权衡、选择各种措施，并实施控制手段；风险交流一直贯穿在上述风险评估和风险管理过程中。作为食品风险分析框架的三个组成部分之一，风险交流是促进利益相关方对风险的理解达成一致和做出最佳风险管理决策的必要和关键的途径。

风险交流若未能达到预期目的，将导致公众对政府管理部门不信任。良好的风险交流氛围和有效的风险交流方式虽然不能减少矛盾和不信任，但是不恰当的风险交流形式和内容贫乏的风险信息却将增加矛盾和不信任。

因此，建议在与公众的风险交流中，把风险评估中的科学语言和风险管理中的方法论语言，转化为通俗易懂的日常用语，双向弥补利益相关方面的风险认知，缩小各方对风险认知的差异，尽可能达成协调一致，并通过互动交流建立各方之间的足够信任。

二、风险交流要涉及各利益相关方

食品安全标准利益相关方包括食品供应链切相关的个体、团体及组织，具体包括农户、生产企业、流通企业、消费者、政府机构、行业协会、科研机构等。因为每类相关方都有各自的利益，包括经济利益、行政利益和健康生活权力等等。但因为各方的不同背景差异，风险认知差异较大，往往难以对风险认知达成协调一致。风险交流要包括食品风险分析框架内部的交流，即风险评估者与管理者之间的及时、深入的交流，也要包括食品风险分析框架外部的交流，即与其他食品安全利益相关方之间展开的全面、充分的交流。

开展以政府为主导的、有第三方社会团体或组织参加的、多群体的风险交流活动，充分发挥社会各方力量，加快提高民众整体的风险认知能力，减少风险信息的不对称性。开展风险交流进学校、进社区、进军营、到农村的活动，将使更多的人享受到国家食品安全风险交流的机会。

积极开展食品安全风险交流，让消费者正确认识食品安全问题，把消费者真正当做解决食品安全问题的合作者，防止食品安全问题放大。食品安全风险评估专家委员会的成员应将进行评估的信息材料、评估方法、会议记录等信息都应公开，以减少公众的困惑和恐慌。在风险交流中保障公众的知情权、监督权和参与权，进一步加强与公众的双向沟通，促进食品安全专业知识的普及，从而避免误解。

三、需要加大食品安全教育的投资费用

正确认识到风险交流人才培养与储备的紧迫性。由于风险交流是一项技术性和政治性要求都很高的任务。涉及多学科，如营养、毒理、农业、食品加工、检验检疫、公共关系、社会管理、宣传、信息处理等。建设一支政治性强、业务水平高的专业人才队伍是构建食品安全风险交流机制的重要保障之一。在介绍专家提供的风险评估结果时，要事前了解消费者的态度、观念和所关心的问题。从而在用技术性语言描述的评估结果时，进行有针对性的描述，重在解释消费者关注的问题。在和消费者进行风险交流中，尽量少用一些科学术语，多用通俗的语言去表述，双向弥补利益相关方片面的风险认知，缩小各方对风险认知的差异，尽可能达到协调一致，从而增强消费者的理解，而且在说明风险分析中不确定性和价值判断时要简明扼要。同时，要注重应不断扩展信息公开渠道：可定期召开会议，邀请相关利益方或公众参与，与公众进行互动，了解公众所需，增强公众对

风险评估决策的认同度。还可以通过建立民间风险交流平台，政府和专家适度参加一些非正式的交流活动，帮助消费者加深风险分析的理解，利用互动交流的方式建立各方之间的信任。

1. 积极顺应时代潮流

应用新媒体进行风险交流，及时利用新媒体解答公众关于食品的疑点。实时发布风险交流信息，有助于快速有效的开展风险交流。定期召开新闻发布会，了解公众所需，公布相关风险信息和风险评估结果，利用网络和咨询论坛等最大限度与社会公众交流，使公众及时获得可靠的科学信息，满足其参与权和知情权，风险评估工作应深入基层社区，最大限度保护公众权益，同时防止不法媒体借机炒作。在应对媒体信息失真情况时，可以通过风险管理者、风险交流者和媒体之间建立长期合作的关系来缓解信息的失真情况，并提供有关技能培训，保证媒体掌握正确的舆论导向，以减少给公众带来的不必要的恐慌。作为风险交流的政府官员和科学家需要接受风险交流的专门培训，系统了解科学语言向通俗化语言转化的技巧，从而引导媒体准确地表达事实真相。可通过开办相关学术团体活动或媒体论坛的形式，与媒体进行交流，加强媒体对食品安全问题的理解，提高报道的专业水平。建立中国食品安全信息系统，政府要建立有效的信息食品安全信息传导机制，把建立有效的信息作为食品安全公共管理的重要手段，定时定期发布食品生产、流通全过程中市场检测等信息，为消费者和生产者服务，使消费者了解关于食品安全性的真实情况，使消费者获得减少由于信息不对称而出现的食品不安全因素，增强自我保护意识和能力。

2. 制定相应的风险交流文件

将风险交流制度化，增强政府食品安全信息公开的准确性、及时性和充分性。使各利益相关方能够公平、方便、准确地采集和使用政府信息资源。建立灵敏、高效的舆情监测反应体系，做到早期发现、分级响应，及时为管理决策部门提供对策建议，使政府部门在危急关头能有条不紊地按照预案开展。风险交流工作根据欧洲食品安全局和美国食品药品监督管理局的经验启示，例如制定了更具体的《2010年至2013年欧洲食品安全局交流战略》、《FDA风险交流策略计划》，对风险交流工作进行了规划。我国可以通过各类法律法规和相关文件，比较详细地阐述食品安全风险交流工作的目标、采取的策略和交流方式，在增强操作性的同时也保证风险交流工作的持续性。针对我国的风险交流操作性和实验性不强的问题，可以根据我国国情，制定更有强制意义的食品安全风险交流的相关法律，同时由负责食品安全风险交流的机构制定切实可行的实施策略和办法，逐步推进风险交流工作的制度化。

第四节 法律地位

一、完善食品安全法律法规体系建设，使保障食品安全的各项工作有法可依

完善我国食品安全的法律体系，这个体系是"以食品安全基本法为龙头，其他具体法律相配合，辅以食品安全技术法规和标准的多种层次的法律法规体系"。具体措施如完善有关对农产品种植等源头管理的规定，制定有关对新产品投放市场的完善的审查及其跟踪观测的规定，增加对为生产、销售假冒伪劣食品提供原材料者的处罚措施等。最终使食品安全法律体系覆盖食品种植、养殖、加工、包装、贮藏、运输、消费等各个环节。健全风险评估法律体系，进一步制定和细化食品安全风险评估办法和实施管理细则，明确食品安全风险评估的对象范围、实施程序、基本原则和法律责任，特别应建立科学性、合理性、合法性和可行性的风险评估内容和标准，确保重大食品安全隐患或事件的可控性。制定和修订相关法律法规时，必须认真考虑社会需要，将那些需要刑法法规的行为纳入其中，以达到社会治理的要求。食品安全法规中将食品添加剂列入其中，将食品定义的范围通过司法解释进行适当的扩大。

我们应在社会发展需要的基础上对现有的食品安全刑法进行修改，以解决已出现的以及将来可能出现的食品安全犯罪问题。对食品安全刑法进行修改时，规定部分危险犯，提前打击部分犯罪行为，并坚持"如果用行政法制不能有效预防某种危险，可将这种行为规定为情节加重犯，提高法定刑的幅度。如果作为加重犯规定，仍不足以有效预防某种危险发生，可规定为危险犯"的立法原则。食品安全法律体系应该完善为多层次、分门类的法律体系。要通过立法形式，尽快制定出我国农产品生产、加工、流通的安全质量监督标准，加强对畜禽疫病的防疫检验及使用化肥、农药、饲料、添加剂等农业投入品有害残留及影响的控制，使农产品及其加工产品的质量安全指标尽快达到国际行业标准。加快食品安全法律建设和法制管理，建立起我国食品安全法律、行政法规、地方法规、行政规章、规范性文件等多层式法律体系，探索和发展与国际接轨且又符合国情的理论、方法和体系。要对现有杂乱冲突的法律法规进行系统整理和归纳加工，明确哪些可以继续适用，哪些需要修改、补充或废止，同时，突出重点立法，填补空白，理

顺矛盾，使我国与食品安全有关的法律、行政法规、部门规章及地方性立法不断完善化、科学化，逐步形成效力等级分明、结构严谨、协调统一的食品安全监管法律体系。

二、必须构建中国食品质量安全的新理念

尽快使我国食品安全标准与国际食品安全标准接轨。食品行业的标准必须采纳较高水平的国际标准，对进出口食品必须实行严格的检测检疫措施，在整个与食品安全质量有关的领域调整食品安全标准。要通过立法形式，尽快制定出我国食品生产、加工、流通的安全质量监督标准，加强对畜禽疫病的防检及使用化肥、农药、饲料、添加剂等农业投入品有害残留及影响的控制，着力解决我国农产品或食品安全标准体系与国际标准体系接轨问题，加速建立食品安全标准体系。要尽快参照国际食品法典委员会等国际组织的标准和周边先进国家与地区的标准，逐步制定出我国农产品安全质量标准、合格评定程序和检测方法，并制定出相应的生产操作规程。参照国际食品法典，建立符合卫生和植物检疫措施实施协定（SPS协定）和国际食品法典委员会原则的食品安全标准体系，从食品安全的全程监控着眼手，把标准和规程落实在食品产业链的每一个环节。明确规定食品企业制定的企业标准须向卫生行政主管部门备案，才能形成法律规范的包容关系，达到法律规范的整合，才能体现食品卫生法律关系内容的完整性。建立食品安全质量控制系统计算机网络，加强预警预报及处理应急反应系统体制建设，预测、通报处理和食品安全信息发布。要收集、整理、交流、发布国内国际最新有关安全、质量动态信息，以便综合做出决策，使之成为中国食品安全控制体系的耳目和反应神经中枢。

三、动员全社会广泛参与，构建群防群控工作格局

大力推行食品安全有奖举报。健全发挥消费者作用的法律制度设计，消费者体验后的反应对于发现假冒伪劣食品的作用非常重要。激励消费者维权投诉的措施，针对消费者投诉率低的问题，首先要创造有效的激励机制，促使消费者在消费了假冒伪劣食品之后积极进行举报。国家可以在对假冒伪劣食品厂商的罚款中抽取一部分资金，建立起重奖举报假冒伪劣食品消费者的专项基金，同时国家和地方的食品安全委员会要专门设立食品安全问题举报电话，鼓励消费者积极举报，对消费者的举报和申诉要积极受理和处理，并将检查处理的结果及时向举报人反馈并向公众公布。最关键的是利用法律使得执法机关主动作为，改变自己的

被动执法，发挥职能部门的优势，保证消费者的投诉渠道畅通，积极的解决消费者的申诉，帮助消费者解决困难，避免各个部门之间互相推诿。从而使消费者认识到自己维权投诉是有效的，受重视的，有意义的，既维护了自己的合法权益，也维护了他人的合法权益，同时有力打击了制售假冒伪劣食品者，这必然鼓舞消费者在遇到假冒伪劣食品之后积极投诉、举报。降低维权的成本，适当配置法律资源，扩展消费者的维权途径，使得维权途径多样化，最主要的是在法律上规定消费者团体可以代替消费者进行维权行动，获得的补偿由消费者团体和消费者分享，避免了消费者的精力不济，减轻了费用负担，从而降低了维权费用，增加消费者维权的动力。

四、依法严厉打击食品安全违法犯罪行为

积极效仿国外成功的惩罚制度，加强现有法律法规的惩罚力度确保对犯罪分子刑事责任追究到位。同时要建立对相关执法人员的责任倒查机制，增强执法人员的责任心，忠于职守。当出现失职或责任心不强，监管不得力的情况时，必须严格按照相关法律制度追究行政执法者的行政责任或刑事责任。对于危害社会食品安全的问题，一定要综合社会、经济条件、需要等因素，来评估这类的行政违法行为是否有犯罪化的本质内涵。不能放纵对违法行为的处罚，也不无限地扩大刑罚圈，实现刑法对犯罪行为的良好规制。违反食品安全法规定并造成严重后果的行为应被犯罪化，列入刑法打击的范围。在证明危险犯时，只需证明该行为对食品安全法已经造成的危险或者危害，不需证明行为造成的实际损害即可满足法律规定，减轻证明上的负担。加强对危害食品安全行为的惩罚力度，不要仅仅适用警告或罚款等方式，还需要采取包括对受害方按实际损失额的民事赔偿以及刑法中的相关惩罚措施，加大这些组织的违法成本，甚至可以取消有关组织的生产经营的资格，使有关组织根本没有再犯的能力。

五、建立食品安全信用档案

首先对企业的基本情况要备案，包括登记注册情况，具备市场准入基本条件的情况，食品认证的情况，企业在食品安全方面的良好或不良的情况等，这些都要被监管部门所掌握，而且要有所记录。其次企业的生产经营过程要接受相关部门的监督检查，对企业在技术监督和行政监督中的情况，要有明确的记录。对企业的信用信息进行评价、披露。对企业的信用信息进行评价时，可以采取行业评价、专家评价、社会评价、政府评价相结合的办法来确定企业的信用等级，并及

时向社会公布食品生产经营者的信用情况，为诚信者创造良好发展环境，对失信行为予以惩戒。根据企业的信用等级对企业分类管理，对于失信或者严重失信的食品企业，要列入重点监管对象或纳入黑名单，向全社会公示，采用信用提示、警示、取消市场准入、限期召回及其他行政处罚方式进行惩戒，构成犯罪的，要依法追究刑事责任。对长期守法诚信的企业给予奖励和保护，信用好的企业越做越好，而信用差的企业越做越难。再次要对企业进行诚信道德教育。道德约束是食品安全信用制度的内在要求，道德在食品安全的覆盖领域方面要比法律还要广泛，道德通过社会舆论呼唤人们的良知，抨击丑恶现象，以此指引人们规范自己的行为，做到自律。政府在食品安全的监管之余，还应开展道德教育，进行社会舆论的引导，以提高食品企业人员的道德标准。

第二篇

食品安全风险
防控中的评估
机制研究

第六章

国际组织及一些发达国家的食品
安全风险评估机制

本章分析了欧盟、美国、日本、澳大利亚等国的风险评估相关法律制度、机构设置、工作程序和实践，通过对发达国家和地区风险评估现行模式的借鉴，提出了对我国食品安全风险评估工作的建议。

第一节　国际组织风险评估机构

联合国（United Nations，UN）是化学物和微生物风险评估的最高国际机构，其风险评估相关工作由其下属的特定组织实施。世界卫生组织（World Health Organization，WHO）专门负责与卫生相关的事务，它与其他相关组织共同组成一些参与风险评估活动的机构或委员会（WHO/FAO，2006）。

FAO/WHO 食品添加剂联合专家委员会（Joint FAO/WHO Expert Committee on Food Additives，JECFA）。JECFA 是 WHO 与 FAO 共同组建、由国际专家组成的科学委员会，自 1956 年成立以来一直定期召开会议，起初仅对食品添加剂的安全性进行评价，但目前其评估领域也包括污染物、天然毒物和兽药残留。

FAO/WHO 农药残留联席会议（Joint *FAO*/WHO Meeting on Pesticide Residues，JMPR）。JMPR 是另一个由 WHO 与 FAO 共同主管、由国际专家组成的科学组织，包括两部分，一是 FAO 食品和环境中农药残留专家委员会（FAO Panel of Experts on Pesticide Residues in Food and the Environment)，负责审议农药残留和分析方面的问题（包括代谢、环境转归和使用方式等）、估计在良好农业操作规范下所用农药的最大残留水平（Maximum Residue Levels，MRLs）。另一部分是WHO核心评估小组（WHO Core Assessment Group），负责审议农药毒理学及其相关方面的问题，在可能的情况下估计农药的人体每日允许摄入量（Acceptable Daily Intakes，ADIs）。

FAO/WHO微生物风险评估联席会议（*Joint FAO/WHO meeting on microbiological risk assessment*，*JEMRA*）。JEMRA也是由WHO与FAO共同主管、由国际专家组成的科学组织。FAO/WHO通过JEMRA来协调微生物风险评估领域的工作，其目标是为了满足日益增长的以科学建议和信息为基础的微生物风险评估需求，更好地使用微生物风险评估工具。JEMRA的主要任务包括：（1）在微生物风险评估方面提供透明的科学观点；（2）帮助风险评估者、风险管理者及其他相关人员了解风险评估背后的原则和科学，为风险评估的不同阶段建立相应的指南。（3）确定可用于微生物风险评估数据的类型和特征；（4）帮助风险管理者了解风险评估的过程和科学依据，在风险管理中有效地运用风险评估结果；（5）使所有受益的各利益相关者，如各国政府、风险管理者、科学家、法典委员会等都能得到评估信息。

国际化学物安全规划署（International Programme on Chemical Safety，IPCS）。IPCS成立于1980年，由WHO、联合国环境规划署（United Nations Environment Programme，UNEP）和国际劳工组织（International Labor Organization，ILO）联合组建，负责组织和实施与化学物安全相关的活动。为化学物的安全使用提供科学依据是IPCS的主要职责之一，其中评价化学物对人类健康的风险是IPCS的主要工作，包括：准备和公布化学物的风险评估结果、建立和协调化学物评估的科学方法、评价食物成分、添加剂和农药/兽药残留的安全性等。IPCS进行化学物评估的目的是为化学物的暴露风险提供一个共识性的科学报告或文件。国际组织和各国政府可把这些报告作为实施管理措施（如制订相应指南或标准）的科学基础。

第二节 欧 盟

欧盟食品安全风险防控体系由两部分组成：一是负责风险管理职能的欧盟委员会（EC，European Commission）；二是负责风险评估和风险交流的欧洲食品安全局（EFSA，European Food safety Authority），以及欧盟一些成员国的食品安全风险评估机构，如德国联邦风险评估研究所（Federal Institute of Risk Assessment，BfR）、法国食品、环境、职业健康与安全署（French Agency for Food，Environmental and Occupational Health & Safety，ANSES）等构成。

一、欧洲食品安全局（EFSA）

EFSA 成立于 2002 年，是欧盟最主要的食品和饲料安全风险评估机构，居于欧盟食品安全监管体系的核心地位，与欧盟各国政府密切协作，为各利益相关者提供咨询，并提供独立的科学建议，对已经存在或突发性风险进行全方位交流。

EFSA 承担风险评估和风险交流两个领域的工作，主要任务包括：（1）为欧盟委员会和各成员国尽可能提供科学建议；（2）促进职能范围内的风险评估方法学统一发展；（3）委托其他机构从事科学研究；（4）查询、收集、整理、分析和总结科技资料；（5）对所出现的风险进行确认和鉴定；（6）促进欧盟、成员国、国际组织和第三国家之间的合作，提供科学和技术支持；（7）确保为公众和相关群体提供快速、可靠、客观的综合性信息（EFSA，2002）。

EFSA 并不参与管理过程，但其独立的建议为欧盟食品安全政策和立法提供科学基础，以确保欧盟委员会、欧盟议会和成员国以及其他欧盟机构，及时有效地进行风险管理。EFSA 通过建立一套关于利益宣称的程序和政策以保证其科学工作的公正性，并且相关工作文献在其网站上均可获得，从而保证了工作的透明性。

在组织机构上，EFSA 由管理委员会、行政主任以及下设的三个科学技术部门（风险评估及科学协助部门、监管产品科学评估部门、科学战略及协调部门）以及信息交流部门和资源保障部门构成。目前，EFSA 人员约 450 人，此外还有 1 200 多个外聘的专家（科学委员会以及小组成员）[①]。咨询论坛网络包括 28 个成员国、冰岛、挪威，瑞士 3 个观察员国以及欧盟委员会。

EFSA 管理委员会制定预算，批准年度工作计划，确保有效运作并与欧盟及其他地区的伙伴组织合作。该委员会还负责任命 EFSA 的执行主管以及科学委员会和专家组的成员，但不参与 EFSA 科学意见。

风险评估及科学协助部门对生物危害、化学污染物、植物健康，以及动物健康和福利领域的风险评估，以及在数据收集、暴露评估和风险评估方法学方面提

---

① 数据来源于 EFSA. Decision Concerning the Establishment and Operations of the Scientific Committee and Panels. http：//www. efsa. europa. eu/en/keydocs/docs/paneloperation. pdf. ［2014 - 12 - 31］。

供支持，其重点关注的领域：动植物健康、生物危害和污染物、证据管理、评估和方法学支持。

监管产品科学评估部门为 EFSA 对将用于食物链中的物质、产品以及健康声称所开展的评价工作予以支持，以协助保护公众、植物和动物健康，以及环境，其重点关注的科学领域：动物饲料、食品配料和包装、转基因、营养素、杀虫剂。

科学战略与协调部门在 EFSA 科学活动及科学战略实施中发挥战略引领作用，与两个应用科学部一起协调 EFSA 风险评估活动，管理跨领域科学问题，此外该部门组织并依靠科学委员会和咨询论坛工作，并且还通过支持与欧盟成员国合作以及在国际层面巩固与利益相关方对话关系，来促进成员国和国际伙伴的合作关系。

信息交流部门负责风险交流工作，基于科学小组和本部门专家独立的科学建议，通过公开透明的方式对食物链中存在的风险进行交流，以改善欧洲食品安全状况并建立公信力。

EFSA 采用多种在线或离线交流方式（网络、出版物、信息资料、媒体宣传）与风险管理者、国家首脑、利益攸关者以及公众进行充分的交流。重点关注两个科学领域：媒体公共关系、交流渠道。资源保障部门为 EFSA 顺利开展工作提供支持和保障服务，包括人力资源和培训管理、建立 IT 系统、提供财政支持和组织管理。重点关注六个领域：财务、机构服务、财政预算、人力培训管理、IT 系统、法律事务。

咨询论坛的主要职能是为欧盟食品安全局的风险评估工作计划提供建议、向欧盟食品安全局的行政主管提供就需要优先评估的食品安全风险提供科学建议、建立食品安全风险信息交流和汇集知识的机制、以确保欧盟食品安全局和成员国主管食品安全的机构之间的密切联系，特别是要避免欧盟食品安全局与成员国之间重复实施风险评估以及促进欧盟食品安全局与成员国之间的合作，在分享和传播信息中起重要作用。

为保证 EFSA 提供科学建议及时有效，欧盟《通用食品法》中特别规定了科学意见请求、科学技术支持、科学研究、数据收集、风险鉴定等方面的过程要求。

科学意见请求。其来源包括：（1）应欧盟委员会要求；（2）自我发起；（3）来自欧洲议会或成员国。EFSA 制定相应的运行程序，包括明确科学建议的格式、背景解释和公布方式。对于提出的请求，在没有规定提交科学意见的时间限制的情况下，EFSA 应在请求的时间内作出科学建议。如果没有按要求提交请求说明，可以提出拒绝并说明理由。一旦出现意见分歧，应及时与有争议的机构取得联系，共享所有相关的科学信息，以便识别出潜在的引起争论的科学问题。

科学技术支持。欧盟委员会可以请求 EFSA 在其职责范围内提供任何领域的科学和技术支持，包含对已建立起来的科学和技术原理的应用，科学委员会或某个科学小组必须对其进行风险评估，特别是对欧盟委员会制定或评估技术标准以及制定的技术指南。欧盟食品安全局必须按照规定的时间按时完成。

科学研究。为了充分利用现有的独立科学资源，欧盟食品安全局可以公开透明的方式委托其他机构开展科学研究。同时避免与成员和欧盟研究计划框架相重复。同时，通过适当的协调，与其共同开展研究合作，并将其科研结果向欧洲议会、欧盟委员会和成员进行通报。

数据收集。欧盟食品安全局在其职责范围内调查、收集、比较、分析和总结相应的科学以及技术数据。主要包括食品消费和与食品消费相关的个人暴露风险、生物性危害的发生和流行状况、食品和饲料的污染情况、残留物等数据资料。通过与请求的国家、第三国家和国际机构等收集信息的组织机构进行密切合作，实现上述信息的收集。同时，欧盟食品安全局可以向成员和欧盟委员会提交合理化建议，促进欧盟层面的技术统一。并将数据收集结果向欧洲议会、欧盟委员会和成员进行通报。

风险鉴定。欧盟食品安全局建立风险信息和数据监测程序，并及时系统查询、收集、分析、识别潜在风险，同时向成员、其他机构和欧盟委员会寻求相关信息进行确证，并将收集的风险信息、评估结果提交欧盟议会和欧盟委员会及各成员。

快速预警系统。为了尽可能有效地监测食品安全和营养风险，欧盟食品安全局应能接受快速预警系统转递的任何信息，并加以分析，将风险分析所需任何信息提供给委员会和成员国。

在提出科学意见、受理开展风险评估工作方面，EFSA 建立了一套良好风险评估规范综合体系，用于指导科学小组和委员会专家确保 EFSA 意见代表最高科学标准。具体步骤如下，

受理要求：（1）提交请求。EFSA 接受来自欧盟执委会、欧洲议会及欧盟各会员国等风险管理者要求（或自身启动评估机制）。（2）筛查请求。EFSA 每周对全部请求进行筛查，考虑建议需求类型。秘书处逐一审查提交的请求，确保提交的材料清楚完整，需求目的明确，如需要，秘书处可以进一步要求提供相关信息。（3）分配受理。每项请求均分配给最适合的科学小组受理，在这之前，可能会征求多个不同风险评估领域科学小组的意见。（4）接受请求。符合 EFSA 要求之后，即可开展工作。EFSA 秘书处将会发给请求方一封接收信件以确认受理。（5）信息注册。当请求被受理之后，EFSA 秘书处将会公布受理注册信息，并给予一个正式受理编号。

进行风险评估：（1）遴选专家。EFSA秘书处确定科学小组受理每一项科学意见，为了遴选最合适的人选，EFSA将会查阅专家库，组成相应工作小组。（2）利益声称。EFSA选定的所有专家均需要声明潜在的利益冲突，EFSA秘书处将在最终确定人选之前对此进行评审。（3）建立工作组。科学小组建立工作组起草科学意见，EFSA秘书处记录并公布每一次的工作组会议记录内容。（4）风险评估科学支撑。EFSA的专业技术人员为科学小组提供技术支撑，包括：收集和分析食物/饲料安全数据和营养素摄入数据、建立科学小组所需的评估方法、与其他成员国合作等。（5）利益收关者参与。在开始评估之前，工作组可以邀请相关机构及利益相关者参与，收集相关经验。（6）核查数据。工作组对现有数据进行核查，如有必要，可进一步提出要求，由EFSA秘书处负责补充收集相关数据。（7）科学合作。根据委托工作内容，EFSA可通过国家联络点网络与成员国内合作方以及欧盟其他团体进行合作。（8）起草报告。工作小组根据收集到的信息及其科学风险评估工作的任何反馈及结果起草报告，由EFSA秘书处加以支持。（9）公开磋商。EFSA可就意见草案公开征询意见，尤其是与专家和利益相关方利益高度相关的问题。相关方可提交资料、数据，然后科学委员会和小组对反馈进行审查，并据此修改最终意见。（10）报告提交。工作小组将意见终稿提交科学委员会相关小组通过。

采纳及沟通：（1）定稿采纳。意见草案在全体会议上将提交给科学小组或委员会表决通过。如需修改，则于下一次全体大会再次进行表决，并上网公告。（2）意见通知。EFSA秘书处对评估意见进行排版，并于发布前提供给请求单位。（3）意见公告，所有EFSA意见会发布在EFSA网站上，可通过多种方式自由检索。（4）风险交流。EFSA通过多种方式如媒体、网站或科学通讯等开展风险交流，并与国家机构合作，以确保消费者了解相关信息。（5）定期更新。EFSA借助各种方式定期更新最新意见，包括电邮提示周刊、时事通讯、年报等。

此外，为了持续的确保其所提供的食品安全风险评估的科学建议具有最高科学性，EFSA建立了一种严格的质量保障程序。该程序由四个环节构成：（1）自我评估。即EFSA的科学委员会使用一种自我审查的形式来确保持续性的遵循相同的步骤以实施每一次科学评估。（2）内部审查。即EFSA的一个内部审查小组对经自我评估程序的科学结论作第二次复查，该小组会提出修改建议。（3）外部审查。即通过建立外部独立的专家小组来对其内部的质量审查程序加以审查，外部专家小组会提出建议。（4）质量管理年度报告。即将内部和外部的审查建议汇编成它的质量管理年度报告。该报告的作用是增强其工作程序的质量，并在它的官方网站上公布。

二、德国联邦风险评估研究所（BfR）

德国联邦风险评估研究所（BfR）成立于 2002 年。该所是德国联邦食品、农业与消费者保护部（以前简称农业部）下属的科学研究部门，以"发现风险，保护健康"作为工作指导原则，负责提出食品、饲料、相关产品（如化妆品、烟草、食品包装材料等）和物质（如化学物、杀虫剂等）安全方面的专家报告和意见，在促进食品安全和消费者健康保护方面起着重要的作用[①]。

BfR 主要工作内容包括以下 4 个方面：（1）风险评估。BfR 从事的风险评估是按国际公认的科学评估标准进行。在风险分析结果的基础上，BfR 在合适的时候提出降低风险的优化管理规划。（2）风险交流。BfR 负有法定的责任向公众提供那些可能的、已知的和经过评估的与食品及相关原料和产品有关风险信息。评估信息以透明、易于理解的方式公布。通过专家听证会、科学家大会和消费者论坛，BfR 与来自政界、科学界、团体、工商业界和非政府组织的各利益相关者进行对话交流。（3）科学研究。针对与消费者健康保护和食品安全方面的评估任务密切相关的课题，BfR 也进行一些相关的科研工作。BfR 有法定的权利去完成同其主要工作领域密切相关的研究，从事完成其法定任务所必需的活动。为了达到获得国际上认可、不受任何经济利益影响的风险评估的目的，BfR 在保护和促进科学的专业知识方面独树一帜。（4）合作交流。BfR 广泛开展与国际组织及机构、各国食品安全与消费者健康保护相关机构的科技合作，与 WHO、FAO、IPCS 等国际组织有多年合作历史。许多国际知名专家作为德国代表团的顾问，成为沟通 CAC 与 BfR 的桥梁。BfR 还是 EFSA 在德国国家层面上的合作伙伴（魏益民，等，2009）。

目前 BfR 约有 600 人，一个科学顾问委员会和数个专家委员会对 BfR 的工作提供技术支持。这些委员会汇集了德国最高水平的专家团队。BfR 下设 9 个部门：行政管理、风险交流、科研服务、生物安全、食品安全、化学品安全、消费品安全、食物链安全、实验室毒理学和动物实验替代方法制订和论证中心（ZE-BET）（秦富，等，2003）。另外，17 个食品安全和食品卫生领域的参考实验室和全国母乳喂养委员会也从属于 BfR。科学服务部包括：（1）流行病学、生物统计学和数学建模办公室。该部门在食品安全和风险评估领域有至关重要作用，负责对统计学和流行病学方法及 BfR 项目进行设计、提供建议并付诸实施，对员工提供统计学培训，开发定量风险模型。（2）暴露评估和暴露标准化办公室。该部

---

① 数据来源于德国联邦风险评估研究所网站，http：//www.bfr.bund.de/.［2014 - 12 - 31］。

门通过模型的适宜性及预测准确性（验证），以及用于描述暴露（暴露场景）的参数，对这些估计进行标准化，然后结合毒害性数据，与权威专家部门联合开展定量风险描述。（3）良好实验室操作规范联邦办公室负责在国内和国际水平上协调和统一良好实验室操作规范（Good Laboratory Practice，GLP）问题，同时对国内外的 GLP 检验机构进行督导。其中，食品安全部主要负责评估食品及其相关原料的风险，根据营养科学的观点评估食品，对新食品和转基因食品和饲料阐述意见，从事食品风险及食源性有关问题研究，也对可能有危害的未知物质进行评估。BfR 在食品安全方面主要进行以下五类评估：食品中微生物、食物中物质（食品添加剂、残留物）、饲料、营养、特殊人群食品进行风险评估。生物安全部不仅关注食品、饲料及化妆品产品本身的安全及其相关的风险评估法律法规，还关注其生产、加工和销售过程可能引入的生物学危害，主要研究威胁人类健康的微生物、产毒物质、细菌、酵母、霉菌以及病毒、寄生虫和疯牛病病原菌。ZE-BET 部门主要目标是用国内和国际上各种可能的替代方法替代法定动物试验。

三、法国食品、环境、职业健康与安全署（ANSES）

法国食品、环境、职业健康与安全署（French Agency for Food，Environmental and Occupational Health & Safety，ANSES）于 2010 年由法国食品卫生安全局（AFSSA）和环境与职业健康安全局（AFSSET）合并成立的，同时受法国卫生部、农业部、环境、劳动与消费者事务部各部门管辖并向其部长汇报的一个公共机构。ANSES 承担独立、多元化的科学专家评估工作，在环境和职业健康、食品安全、动物健康与福利和植物保护等领域中发挥着重要的作用。在人类健康方面，ANSES 负责评估食品的营养和功能，同时对人们可能接触到的工作场所、环境，以及食品中的风险进行评估。此外，ANSES 还负责兽医药用产品、杀虫剂、杀菌剂，以及欧洲 REACH 法规框架内的化学品的市场应用评估。

ANSES 由董事会和科学理事会领导。在 ANSES 各部门中，兽药产品事务部负责管理兽药产品，风险评估部、监管产品部、研究和科学观察部具体执行风险评估和科学技术协调，实验室事务部管理参比实验室，信息、交流和社会对话部、欧洲和国际事务部负责跨部门协调工作。

风险评估部负责开展专家集体评审，发布报告。此外，开展营养学、微生物学和动物健康研究和调查。研究和科学观察部负责协调 ANSES 的科学、技术、社会和前瞻性情报工作，并与 ANSES 合作组织保持联系，发布科学监测公告。监管产品部负责评估植物保护产品及其添加剂、肥料、栽培基质、生物性农药和相关产品的上市批准申请以及所有相关申请。信息、交流和社会对话部负责协调

ANSES 内外部所有沟通工作、协调与利益相关者间的关系、发布 ANSES 意见和建议结果。欧洲和国际事务部负责协调 ANSES 在欧洲和国际各机构所承担的工作、协调欧洲项目工作、支持 ANSES 研究、并帮助 ANSES 与欧洲和国际团体开展合作关系。此外，ANSES 拥有 12 个参比实验室形成的实验室网络，这些实验室主要在动物卫生和福利、食品安全（化学和生物学）及植物卫生三大领域开展工作，通过专业知识、流行病学监测、预警和科学技术咨询工作，在实验室网络认知危害、收集数据方面发挥重要作用。

ANSES 开展研究的目的是加强关于致病因子以及新型污染物方面的知识，来自监测或分析网络的信息有助于推动研究工作，并帮助 ANSES 确定新的研究领域。通过专家评审工作，ANSES 确定数据匮乏领域，由此找出研究重点及风险评估不确定性的来源，并将此信息提供给国家工作小组后，可帮助进一步确定国家优先研究项目，这类优先项目可由国家主管部门提交给欧盟委员会，同时，ANSES 进行的研究计划在欧洲层面定义研究方法、协调计划方面起重要作用。

第三节　其他国家

一、美国

美国食品安全管理体系采取的是分类式管理的方式，并没有建立全国统一的、专门的风险评估的技术机构，负责食品安全风险评估的机构存在于各个风险管理联邦机构中。参与食品安全有关风险评估工作的主要联邦机构包括联邦卫生与人类服务部（Department of Health and Human Services，DHHS）、农业部（US Department of Agriculture，USDA）、和环境保护署（United States Environmental Protection Agency，EPA）。为了确保各个监管机构的信息能够得到及时的交流沟通，及时有效的获得相关的数据、法律法规等（薛庆根，等，2015），1997 年，美国还建立了跨机构的风险评估联盟（RAC），以加强联邦机构间的协调合作与信息交流，更好地推动食品安全风险评估制度的运行。

（一）联邦卫生与人类服务部（DHHS）

DHHS 主要由疾病预防控制中心（Centers for Disease Control and Prevention，CDC）、食品药品监督管理局（U. S. Food and Drug Administration，FDA）、毒物及

疾病注册局（Agency for Toxic Substances and Disease Registry，ATSDR）开展风险分析工作。其中：

CDC 是支持政府风险评估的主要数据来源，它的研究与监控计划为食品安全风险评估提供了暴露及人类健康结果数据。

FDA 主要是负责进口食品以及除肉类、家禽以外的其他的食品的风险评估工作，制订畜产品中兽药残留最高限量标准和法规，主要由 9 个部门组成，其中，食品安全与应用营养学中心（Center for Food Safety and Applied Nutrition，CFSAN）和兽药中心（Center for Veterinary Medicine，CVM）分别在各自领域内开展风险评估工作，国家毒理研究中心（NCTR）主要为各中心风险评估工作提供服务。CFSAN 是全国性的食物消费调查机构，同时也是履行 FDA 宗旨，面向产品的六个中心之一。CFSAN 和 FDA 的现场人员除了共同确保全国食品供应的安全、卫生、健康性和诚实标示外，还负责确保化妆品的安全正确标示，以期促进和维护民众的健康。CVM 的新动物药品评价办公室有两个主要风险评估领域，分别为肉及制品中的化学物残留和农场微生物以及更广泛环境中抗生素抗药性的研究。其中，农业活动中抗生素抗药性影响是 CVM 微生物风险评估的一项主要工作。NCTR 是 FDA 的重要研究部门，通过开展研究，为 FDA 监管决策提供强有力依据，并降低 FDA 监管产品相关风险，并与来自政府、学术界和行业内的研究人员一起开发、改进及应用最新及新兴技术，逐步改善 FDA 监管产品的安全评价。

ATSDR 主要负责公众健康评价、有害物质对健康影响的咨询、健康调查和登记，并且对紧急泄漏危害作出反应，同时进行应用性研究，为公众健康评估、信息收集和传播以及针对危险物质的公众教育和培训等提供支持。

（二）美国农业部（USDA）

美国农业部是美国具体开展食品安全风险分析工作的重要联邦机构。在其部门内，涉及风险评估工作的主要有动植物检验局（Animal and Plant Health Inspection Service，APHIS）、食品安全检验局（Food Safety and Inspection Service，FSIS）。其中，

APHIS 负责评估和管理与农业进口相关的风险以及负责商讨那些保证美国农业出口免受不公平贸易限制影响的以科学为基础的标准。

FSIS 对所管辖产品开展相关的风险评估工作，负责保护公众免受来自肉、禽及蛋制品的食源性疾病危害，应对食源性疾病暴发和调查食品安全威胁。FSIS 具体风险评估工作由公众健康科学部（OPHS）的风险评估部门执行。OPHS 负责收集、分析并报告肉、禽和蛋制品由农场到餐桌整个环节有关的科学信息，并在

此基础上评估肉、禽及蛋制品消费潜在的人类健康风险。

（三）美国环境保护署（EPA）

美国环境保护署主要职责是防止农药等对环境和公众健康产生不良影响，此外，还负责饮用水安全管理。预防、农药与有毒物质办公室（OPPTS）和研究发展办公室（ORD）是 EPA 内开展风险评估工作的主要部门。OPPTS 负责保护公众健康和环境有毒化学物的潜在危害，制定食物中农药和有毒物质的最大残留限量是其职责之一。自从 EPA 成立以来，风险评估即成为 OPPTS 的一项主要法定工作。风险评估的结果被机构用以制定新的标准。此外，OPPTS 还建立了风险评估的同行评审模式。ORD 是 EPA 主要的科研部门。ORD 围绕风险评估/风险管理模式组织研究清洁/安全的水和安全的食物。

（四）跨机构风险评估联盟（RAC）

该机构虽然将美国涉及食品安全风险分析的机构有机联系在一起，但它的功能重在协调与交流，具体的食品安全风险分析工作仍由各机构执行。其目标是促进风险评估研究、增强风险评估模型和工具的开发应用、作为风险评估和相关研究问题（包括定量风险评估在决策制定中的应用）的交流平台。

美国不同风险评估机构均有完善的风险评估工作程序。例如 CFSAN 的风险评估框架包括计划、执行、审查和发布等活动：（1）计划。其目的是确定项目目标、资源及参与者。（2）开展风险评估。包括审查、改善评估范围；收集数据资料；建立并验证模型；审查结果；准备文件草案。（3）审查风险评估文件。包括风险分析小组审查、同行评审、相关方参与及当局审批。审查可于评估过程任一阶段进行，审查结果将用于指导重新建模或是修订文件。（4）发布风险评估文件。最终评估报告将包括关于公众意见的讨论及其解答。本阶段的重点是开展与公开评估报告有关的具体活动。包括制定实施初次公开计划、向公众征求意见、定稿及跟进等。风险评估的步骤通常依据相应的指导文件进行，包括危害识别、剂量－反应评估、暴露评估及危害描述 4 个基本步骤，并且在开始之前，会首先进行规划研究、确定范围。评估数据的收集渠道包括利用现有数据库，例如农产品数据库、食品安全危害数据库、经济、营养和食物摄取以及其他的数据库。此外也根据需要开展主动数据收集，例如 FSIS 收集从受监管的联邦肉类和禽类工厂数量，到这些工厂所屠宰的肉类和禽类总体积信息等各种类型数据，以及收集其他联邦同行的数据。

美国不同风险评估机构之间建立联动、合作、共享的机制。例如，美国国立卫生研究院下属的国家环境健康科学研究所（NIEHS），与 CDC 下属的职业安全与健康研究所（NIOSH）以及 FDA 下属的毒理学研究中心三个部门共同承担国家毒理学计划（National Toxicological Programme，NTP），该计划主要是为了使毒理学试验程序在联邦政府中能够协调一致、加强毒理学的科学研究、发展新的实验方法、验证并完善现有的实验方法、提供对健康有潜在毒性的化学物的信息等。除此之外，2003 年美国农业部还成立食品安全风险评估委员会，以加强美国农业部内各机构之间就有关风险评估的计划和行动加强合作与交流。该委员会将对风险评估划分优先顺序，确定研究需求等；规定实施风险评估的指导方针；确认外部专家和大学来协助开展风险评估。

二、 日 本

日本食品安全委员会（Food Safety Commission，FSC）是一个承担风险评估的组织，它独立于农林水产省和厚生劳动省这样的风险管理组织之外。风险评估的任务来源于厚生劳动省和农林水产省等风险管理部门，此外，还有该委员会的"自派"任务。FSC 将风险评估的结果呈交给首相，通过首相向相关风险管理部门提出需要实施或完善的政策（王兆华和雷家，2004）。委员会工作的基本目标为：以科学、独立和公平的方式对食品安全风险进行评估，并依据风险评估的结果向相关部门提出建议；在消费者、食品相关企业经营者等利益共存者之间实施风险交流；对食源性突发事件和紧急事件做出反应。

FSC 由 7 位食品安全专家所领导，7 个委员会委员中，设委员长 1 人，委员 6 人；4 人专职（分别是微生物学家、化学家、毒理学家和公共卫生学家），3 人兼职（专业分别是信息沟通、消费者意识、生产流通体系）。该委员会下设大约有 250 人组成的 14 个调查委员会，包括："计划制定部"、"风险交流部"、"应急处置部"，以及另外 11 个专业评估组，包括化学物质评估组（食品添加剂、杀虫剂、农药、兽药、设备/容器和包装、化学物质/污染物及其他毒素）、生物物质评估组（微生物/病毒、朊病毒、天然毒素/真菌毒素及其他相关物质）以及新型食品评估组（转基因食品及其他相关物质、新型食品、饲料/肥料）。

FSC 下设的秘书处由理事长和副理事长所领导，下设四个部门，分别是"一般性事务部"、"风险评估部"、"建议与公共关系部"、"信息与应急反应部"，此外还有一个负责风险交流的理事。

食品安全委员会开展风险评估有委托评估和自主评估两种。根据风险评估结果，可对相应的风险管理机构提出建议。

（1）委托评估：接受厚生劳动省，农林水产省等的风险管理机构的要求进行评估。其工作流程如下：受理风险管理机构提出的要求；听取内容，确立评估案件；审议；根据审议结果，制成评估书；收集和分析国民的意见，国内外情报（原则 30 天）；有必要时进行情报交流；结合国民的意见及情报进行再审议；确定评估内容；反馈到风险管理机构。

（2）自主评估：对目前还未造成和显现健康损害，但认为对健康的影响较大的事宜；目前已经造成健康损害，但对危害因素的科学见解不足，有必要追究危害因素的事宜；推测对健康造成影响，而且群众的评估需求特别高的危害因素开展自主评估。针对上述情形，由计划制定部门定期筛查和遴选，呈报给食品安全委员会来决定采取以下措施：开展评估；通过情况说明或解答问题的方式反馈给公众；继续收集资料等不同方式处理。

食品安全委员会的基础工作是收集和提供有关食品安全的最新情报。通过每天查阅海内外的最新文献，公共机关和媒体的网站等方式收集情报，分析和整理提供给风险管理机构共有。并通过跟风险管理机构的例会，商讨情报的内容和对策。还通过食品委员会的季刊《食品安全》和食品安全委员会网站上开设的《食品安全综合情报系统》，把收集的情报做成数据库，广泛公开给社会。这些情报包括委员会的风险评估有关的调查，审议资料；由委员会调查、收集、分析的有关食品危害的情报；相关国际机构的食品风险评估资料；各国的化学物质，微生物等引起的食品危害及其对策的相关资料等。

食品安全委员会（原则上每周星期二举办）或专家调查会原则上公开举办，并所有的会议录转载到网站上，以便确保其透明性。还通过意见交流会，演讲会以及网站，食品安全咨询电话等方式从一般消费者，食品相关从业者，媒体和风险管理机关收集和提供情报。

三、澳大利亚

澳大利亚作为一个联邦制国家，食品安全的管理是由各州和地区负责，各州和地区制定自己的食品法。联邦政府中负责食品安全的部门主要有两个：卫生和老年关怀部下属的澳大利亚和新西兰食品标准局（Food Standards Australia New Zealand，FSANZ）和澳大利亚农业部（Australia Department of Agriculture，ADA）[1]。

澳大利亚和新西兰食品标准局（FSANZ）。FSANZ 是澳大利亚和新西兰两国独立机构，负责制定食品标准、风险评估和风险分类政策、实施风险评估、确定

---

① 数据来源于澳大利亚农业部网站，http：//www.agriculture.gov.au/agriculture-food/food/regulation-safety. ［2014 – 12 – 30］。

潜在的危害、评估危害发生的可能性以及向相关部门推荐适当的管理措施①。

FSANZ 下属三个部门，食品安全与监管事务部门、食品信息科技部门、食品标准部门。其中食品信息科技部门负责首席公共卫生营养顾问、化学安全与营养风险评估、微生物风险评估、食品数据分析、科学战略及国际与检测组织、创新与改革、咨询总监工作。

澳大利亚农业部（ADA）。澳大利亚的生物安全由农业部负责，其下属的生物安全风险分析部负责对澳大利亚动物和植物进行风险分析，为进出口检疫工作提供动物、植物、食品方面的安全研究。另外，农业部还对进出口动植物及其产品负有检验检疫的责任。

FSANZ 为理事会管理，成员包括各行各业的专家，理事会至少五年开一次会议，也包括讨论紧急事件的电话会议。

FSANZ 的管理团队由六人组成，包括首席执行官、首席科学家、风险评估局局长、副首席执行官兼食品标准（堪培拉）分局局长、食品标准（惠灵顿）分局局长和法律监管事务分局局长。FSANZ 委员是由在食品领域具有丰富经验的12 名成员组成。

FSANZ 依靠内部专家和外部专家开展工作，这些专家在风险分析过程中起着至关重要的作用。内部专家来自很多学科，包括毒理学、营养学、微生物学、化学、流行病学等。内部专家通过使用风险分析框架使 FSANZ 能够处理大范围的食品监管问题。外部专家包括研究所、高校和其他组织的专家，这些专家通过与FSANZ 进行项目合作来帮助 FSANZ，或者他们本身是科学咨询小组的成员。

FSANZ 使用国际上通用的风险分析框架，风险评估过程包括危害识别、特征描述、暴露评估、风险描述四步。在风险分析中风险评估和风险管理是分开的，但在实际操作过程中二者是反复交流、合作的。在 FSANZ 中，风险评估者和风险管理者共同制作风险管理的方向和目标以及达到这些目标的操作方法，进而提出风险评估的问题。通过这种工作方式，风险管理者能够明白风险评估的局限性，并清楚的解释风险评估的结果。FSANZ 通过外部审核评价当前风险评估过程和实践是否具有科学性，2011 年的评审报告证明 FSANZ 的风险评估较好，符合国际标准，没有发现评估过程中的错误和空白。但是，外部评审会议也提出了15 条科学建议。

通常情况下 FSANZ 做暴露评估的数据都是最新且具有可行性的，例如澳大利亚和新西兰为世界上少数几个国家之一，可应用这种来自最新国家营养调查研

---

① 数据来源于澳大利亚和新西兰食品标准局网站，http：//www.foodstandards.gov.au/about/Pages/default.aspx.［2014 - 12 - 31］。

究的个体膳食记录等高质量数据进行膳食暴露评估。但是有时为了弥补数据的不足，也不得不做一些相关的假设，并且，每一次评估中做出的假设所带来的局限性都会在评估报告中清楚地总结出来。

FSANZ 在高层——澳新部长级委员会的政策引导下制定标准，同时还与由利益相关方组成的咨询团体保持密切的合作，这些团体包括消费者和公众健康对话、零售商和制造商联络委员会、食物过敏和食物不耐性的科学咨询小组。FSANZ 与很多国际科学及监管机构合作，共享与食品科学监管机构有关的信息、数据和实践，不断促进风险分析方法的提升。

第四节　国外的经验及其借鉴

一、国外经验

世界发达国家和地区食品安全风险评估已有多年的发展历史，已根据本国或本地区的实际情况建立起比较成熟的食品安全风险评估法律制度、工作程序和机制以及丰富的风险交流实践经验，值得我们借鉴。

（一）健全的食品安全风险评估法律和制度

以欧盟和美国为例，由于欧盟《通用食品安全法》和美国《FDA 食品安全现代化法案》、《联邦食品、药品与化妆品法》、《食品质量保护法》等一系列法律的颁布实施，几乎涵盖了所有的食品，均制订了非常具体的标准和严格的监管程序，对相关风险评估机构进行风险评估、提供科学建议、收集科学数据、科学研究以及开展风险交流等各项职责均做了明确具体的规定，为各自监管机构内部实行风险评估提供了有利的法律保障和制度支持。此外，通过不断完善相关工作机制和制度获得专家提供科学建议的支持，完善风险信息交流制度提高公众对食品风险的认知，为食品安全风险评估顺利开展提供了坚实的基础和科学的依据（王兆华和雷家，2004）。

（二）严谨的食品安全风险评估程序

从发达国家经验来看，通过建立明确的风险评估的程序、步骤，使得风险评估工作"标准化"、"制度化"会更加提高风险评估的科学性和可操作性，同时减少风险评估过程中人为影响因素，从而也保证了评估结果的公正和透明，有利于提高公信力。此外，严格按照科学的评估程序工作，也能够保障食品安全风险评估机构的独立性（杨小敏，2012）。

（三）完善的风险交流机制

欧盟、美国、日本等食品安全风险评估体系完善的国家无一例外尤为重视风险交流的工作，在整个风险评估以及后续的评估结果发布过程中，以及应对食品安全突发事件时，均注重及时与相关部门、利益相关方以及消费者之间的相互沟通和配合，采用网络平台、媒体交流、听证会以及咨询等形式与各方进行充分的信息交流，及时公布风险评估的科学数据给消费者以正确的信息导向，使得消费者在复杂的安全形势中能够有辨别是非的能力，从而保障公众对食品安全监管的信任和信心。从我国目前的食品安全立法来看，仅仅规定食品安全风险评估制度，对与此相关的信息公开、风险交流、公众参与等重视不足。

二、对我国风险评估的借鉴

完善的食品安全风险评估体系建设，依赖于强有力的法律制度保证、完善科学的风险评估程序和充分的风险交流机制建立。目前我国食品安全风险评估制度在相关法律制度规定、风险评估工作机制、评估程序设置以及风险评估相关工作机制设置等方面存在一定的不足。因此应从以上几个方面着手加以完善，加强相应制度的建设，保障食品安全风险评估工作健康向前发展（刘厚金，2011）。

（一）逐步完善食品安全风险评估法律制度

自 2009 年《食品安全法》颁布实施以来，我国食品安全风险评估工作从无到有，逐步积累。在以《食品安全法》为基础开展食品安全风险评估的几年中，积累了一定的实践经验，同时也发现了现有法律存在的一些不足。目前我国新的食品安全法修订工作正在进展之中，应以此为契机，结合我国食品安全风险评估的工作实践，参考其他发达国家的经验，进一步完善食品安全法，为今后食品安全风险评估工作的发展奠定坚实基础。

（二）完善食品安全风险评估工作程序

借鉴国际风险评估组织和欧洲食品安全局等的经验，在食品安全风险评估专家委员会设置不同领域的科学小组，以科学小组为核心召集更多领域的专家参与到风险评估工作，汲取更广泛的科学意见。完善专家遴选程序，参照国际相关经验，制定严格的任命程序，增强专家自身的权威性和专业性。在开展风险评估同时加强与食品安全监管机构、食品生产企业界代表、社会群体沟通交流，提高风险评估工作的透明性。制定风险评估工作管理办法，完善风险评估的整体工作框架和具体操作程序，对风险评估的具体范围，评估的技术部门，评估流程以及各个评估环节提出明确具体的程序性规定。

（三）健全风险评估信息发布程序，完善食品安全风险交流机制

风险评估应当遵循科学、透明、个案处理的原则。风险评估相关信息公开透明，及时公布，每项风险评估报告都及时在官网上发布，是风险评估机构建立和维持其权威性和公信力所必需的。因此，应对风险评估结果公布的具体时间范围、发布途径、发布后对公众的反馈调查作出明确规定。此外，也应完善风险交流机制，加强风险相关方之间进行信息的互动。通过公布出版各类风险评估结果以及其他的一些科学建议，通过一定的平台共享风险评估数据、确保公众能够获得及时、可靠、客观、正确的风险信息，能够让公众对食品安全风险有所把控，不会再因突发事件而感到恐慌。

第七章

我国食品安全的风险评估工作

近年来，随着我国经济的迅速发展，国民收入逐渐进入中等收入陷阱的区间之内，一系列社会经济问题凸显出来。食品安全问题作为关系国计民生的突出问题之一，受到了民众和各级政府的广泛关注，也对食品安全监管工作的科学性、效率性提出了更高的要求，而运用食品安全风险评估方法则是改善我国食品安全管理的有效手段之一。

食品安全风险评估（以下简称风险评估）是对食品中生物性、化学性和物理性危害对人体健康可能造成的不良作用进行科学评估的过程，是世界贸易组织（WTO）和国际食品法典委员会（CAC）规定作为制定食品安全控制措施的必要手段（CAC，2014；WHO/FAO，2006）。风险评估作为全球公认的科学方法，被世界各国广泛应用于食品安全标准的制定、修订，食品安全监管重点领域、重点品种的确定，食品安全隐患的判断、食品安全监督管理措施的评价，食品安全紧急事件的处置，食品进出口管理和新资源审批等。可以说，一个国家没有强有力的风险评估作基础，就难以制定出正确、恰当的食品安全政策、标准和监管措施。

第一节　我国食品安全风险评估工作现状

我国的食品安全风险评估工作最早起步于 20 世纪 70 年代，原卫生部先后组织开展了食品中污染物和部分塑料食品包装材料树脂及成型品浸出物等的风险评估。加入 WTO 后，我国进一步加强了食品中微生物、化学污染物、食品添加剂、食品强化剂等专题评估工作，开展了一系列应急和常规食品安全风险评估工作。2009 年实施《食品安全法》后，我国建立食品安全风险评估制度，风险评估工作才真正进入系统性建设和实质性应用阶段，风险评估工作在这一时期也得到了快速发展，风险评估体系初步建立，风险评估在食品安全监管中的基础作用初步显现，也在提升我国食品安全监管科学化水平方面发挥了一定的作用。

一、法律法规体系逐渐完善

2009 年 6 月 1 日施行的《食品安全法》将风险评估作为提高食品安全管理水平的一项重要科学保障措施，首次将风险评估制度及其作用以法律形式确定下来。2015 年 4 月最新修订的《食品安全法》明确规定"国家建立食品安全风险评估制度，运用科学方法，根据食品安全风险监测信息、科学数据以及有关信息，对食品、食品添加剂、食品相关产品中生物性、化学性和物理性危害因素进行风险评估"，"食品安全风险评估结果是制定、修订食品安全标准和实施食品安全监督管理的科学依据"[①]。《食品安全法实施条例》进一步规定了食品安全风险评估的适用条件[②]。2010 年原卫生部联合 5 部委出台的《食品安全风险评估管理规定（试行）》，对有关机构开展食品安全风险评估工作的原则、范围、程序和结果应用进行了详细规定。

二、风险评估机构建设逐步推进

根据《食品安全法》规定，原卫生部于 2009 年 12 月组建了由 42 名医学、农业、食品、营养等方面的专家组成的国家食品安全风险评估专家委员会，主要负责起草国家风险评估年度计划，拟定优先评估项目，审议风险评估报告，解释风险评估结果等。委员会设立秘书处作为常设办事机构，挂靠在国家食品安全风险评估中心（图 7 - 1）。国家食品安全风险评估中心于 2011 年 10 月 13 日正式挂牌成立，是采用理事会决策监督管理模式的公共卫生事业单位，除承担评估专家委员会秘书处职责外，还负责风险评估基础性工作，包括风险评估数据库建设，技术、方法、模型的研究开发，风险评估项目的具体实施等。此后，为了进一步

---

① 数据来源于国务院发布的中华人民共和国食品安全法，2009 - 2 - 28 发布，2015 - 4 - 24 修订。
② 数据来源于国务院发布的中华人民共和国食品安全法实施条例，2009 - 07 - 20。

健全风险评估技术机构网络，加强食品安全风险评估能力建设，国家食品安全风险评估中心陆续在军事医学科学院和中科院上海生命科学研究院建立了分中心，在青岛市疾病预防控制中心和长三角研究院建立了技术合作中心。

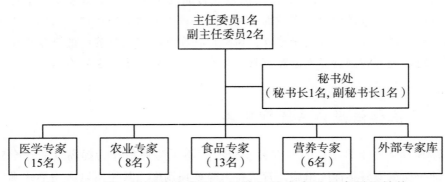

图7-1 第一届国家食品安全风险评估专家委员会组织结构

三、风险评估工作机制和程序初步完善

《食品安全法》及其实施条例、《食品安全风险评估管理规定》（试行）、《国家食品安全风险评估专家委员会章程》等文件对我国风险评估工作主体、内容、程序等方面均做了明确规定。按照当前规定，各机构的食品安全风险评估主要职责包括：制定国家风险评估工作规划和制度规范；构建全国风险评估工作网络并开展技术培训；负责食品安全监管、食品安全标准制定修订所需的风险评估工作，包括应急评估工作；开展食品安全风险评估基础性研究工作，包括基础数据的收集，风险评估方法模型的建立等；开展风险评估结果的解释和交流工作等。

在职责分工上，我国食品安全风险评估工作由国务院卫生行政部门负责组织。国家食品安全风险评估专家委员会负责在技术为国家提供风险评估方面的政策建议、科学支持等。国家食品安全风险评估中心及其分中心主要负责具体执行层面的科学工作。国家法律并未明确地方政府是否开展地方的风险评估，因此目前主要在风险评估基础数据的收集方面为国家评估项目提供支持。

在工作程序上，国务院有关食品安全监管部门可以根据监管工作需要向国家卫生和计划生育委员会提出风险评估建议。国家卫生和计划生育委员会根据各相关部门的建议和食品安全风险评估专家委员会的意见，确定风险评估项目计划，然后下达任务至评估专家委员会秘书处（即国家食品安全风险评估中心）组织实施。国家食品安全风险评估中心根据工作内容和性质，组织或委托我国相关技术机构、科研单位或大专院校等开展评估数据收集、方法建立、危害评估、暴露评估等具体工作。风险评估报告由国家食品安全风险评估中心报送国家食品安全风险评估专家委员会全体会议审议。审议通过并由委员会主任委员签字的风险评估报告上报国家卫生或计划生育委员会。国家卫生和计划生育委员会根据法律规定将风险评估结果通报国务院有关部门。

规定如此严格的风险评估工作程序是为了保证风险评估结果的可靠性和权威性，但同时也不可避免地会损失一些时效性。考虑到一些食品安全事件的应急需要，《食品安全风险评估管理规定（试行）》中也规定了应急情况下的快速程序（图7-2）。

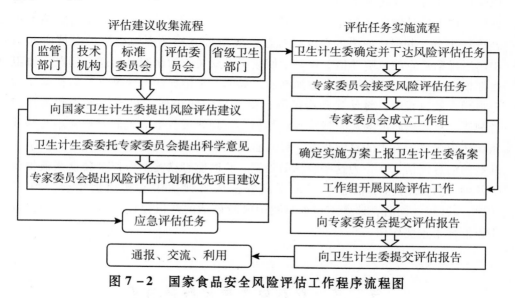

图7-2 国家食品安全风险评估工作程序流程图

四、风险评估技术规范文件陆续编制

随着食品安全风险评估工作制度化、法制化，建立一系列配套的规范性技术文件也势在必行。国家食品安全风险评估专家委员会成立后，组织专家编制并审议通过了《食品安全风险评估工作指南》、《食品安全风险评估报告撰写指南》、《食品安全风险评估数据需求及采集要求》3个技术文件，首先从总体上规范了委员会组织开展的风险评估工作。国家食品安全风险评估中心成立后，我国食品安全风险评估人员能力和技术力量得到很大提高，地方上也客观存在着开展风险评估的工作需求和一些初步实践。为适应这一需要，国家食品安全风险评估中心正在制定《食品中化学物健康风险分级指南》，《食品安全应急风险评估指南》、《食品添加剂风险评估技术指南》、《食品微生物危害风险评估指导原则》等技术规范草案，进一步完善我国的食品安全风险评估技术体系。

五、已开展的风险评估工作及其成效

截至 2014 年底，国家食品安全风险评估专家委员会及国家食品安全风险评估中心共组织开展了优先评估项目 15 项、应急风险评估项目 13 项，并针对食品安全风险监测结果开展评估，涉及食品中危害因素近 100 种。这些工作为我国食品安全风险管理和风险交流提供了有力的技术支撑。例如，中国居民膳食镉暴露风险评估在解决我国大米镉标准问题的争议，处置一系列相关事件上发挥了关键性的作用，并且促成《重金属污染综合防治"十二五"规划》及其《实施考核办法》出台，并促成原卫生部设立行业发展项目《稻米镉健康监护对策研究》；中国居民铝暴露的风险评估工作科学回应了大众关心的面制品铝超标问题，原卫生部根据评估结果修订了食品添加剂使用标准。采用评估方法推算，新标准实施并得到有效执行后，将使我国居民的铝摄入量降低 68%，可有效保护我国消费者健康；反式脂肪酸的风险评估为食品标签管理政策及澄清人们对反式脂肪酸的错误认识提供了有力的科学依据。针对食品加碘、白酒中检出塑化剂等突发事件开展的应急评估工作，为这些事件的处置、临时监管措施出台以及公众交流提供了及时、准确的科学信息（国家食品安全风险评估中心年鉴编委会，2013；2014；2015）。同时，这些工作也对我国风险评估的队伍建设、能力培养和经验积累发挥了重要作用。

第二节　存在的主要问题及分析

一、风险评估能力不足

由于我国的风险评估工作起步较晚，无论在技术方法、基础数据、人才能力方面都存在很大的不足，从而导致不能满足标准制定、修订等已比较成熟的监管工作的大量需求。可以形象地说：我国在标准制定、修订方面已经是可以奔跑的成人，而作为其基础的风险评估却还是刚开始学习爬行的幼儿。

在数据上，我国现有食物消费量数据、危害因素本底含量数据、毒理学数据、人群疾病资料、食品生产加工中风险控制技术等基础数据不能满足我国食品安全风险评估的需要。例如，缺乏适合于风险评估的中国人食物消费量和消费模式数据，特别是加工食品、儿童食品、饮料和酒等食品安全问题突出的非主食类食品（余健，2010）。在危害物含量数据上，目前主要问题是数据质量不高、数据信息不全面等。与此同时，我国实际上又存在数据使用效率低下，部门共享困难的问题。多年来，各个部门已经收集了很多对风险评估有价值的基础数据，但受部门间协作机制不完善的限制，各部门基础数据无法共享共用，短期内无法形成风险评估资源信息共享平台，导致我国开展食品安全风险评估工作时不得不从基础数据收集开始，严重降低了我国食品安全风险评估工作效率。另外，还缺乏统一的食物编码系统，使各种来源数据库的对接、风险评估的数据库运算受到限制。

在技术上，目前主要参考国际现有的技术方法开展工作，缺乏在模型、方法、理论上的创新，例如危害识别和危害特征描述上，还主要应用国际组织和发达国家制定的数据，尚未形成自己的技术方法和人才体系；同样在暴露评估技术上，我们虽然也提出了一些改进性的模型方法（张磊等，2013；隋海霞等，2012），但总体上创新理论和模型不多，起不到在国际风险评估领域的引领作用。虽然风险评估重在应用，现有技术可以满足大部分的管理要求，但是缺乏技术上的引领和创新，在遇到新问题时就会被动，在国际风险评估领域就会缺乏话语权。而风险评估已经成为国际贸易中设置技术壁垒的重要手段，在这个领域缺乏话语权，就会使我们在国际贸易中处于被动。

在人才上，专门从事风险评估工作的人员不足，结构不合理。例如，目前国家食品安全风险评估中心人员编制为200名，承担风险监测、风险评估、安全标准、风险交流等多项职责，专职从事风险评估工作的技术人员不足50人。依据国际上的实践经验，机构内部设置合理和人员配备充足是有效开展风险评估工作的基础保障。例如欧洲食品安全局（EFSA）成立于2002年，由管理委员会、常务理事以及下设的管理、风险评估、科学合作和支持、交流四大部门构成，目前人员编制已超过400人（不包括1 200多名外聘专家）。同年成立的德国联邦风险评估研究所（BfR）目前人员约600余人（魏益民等，2009）。按国家人口计算，我国国家级风险评估机构人员明显不足。在地方上，目前尚未建立专门的风险评估队伍。在人员结果结构上，国家食品安全风险评估中心主要以原来中国疾病预防控制中心营养与食品安全所划转过来的人员为主，虽然在传统食品安全领域具有很大的人才优势，但是极度缺乏从事风险评估工作的统计、数学和流行病学专业人才，无法适应风险评估技术越来越模型化、计算机化和大数据处理化的趋势。

二、风险评估结果的应用存在误区

认识上的不清就导致目前在风险评估的应用上的误区。《食品安全法》第十六条明确规定：食品安全风险评估结果是制定、修订食品安全标准和对食品安全实施监督管理的科学依据。进一步细化可以将风险评估的主要作用归结为：（1）为制定食品安全标准提供科学依据。（2）为确定食品安全风险监测和管理优先内容提供科学依据。（3）用于评价食品安全管理是否成功。（4）风险交流的重要信息来源。这些作用是与食品安全风险分析框架中风险评估的定位是一致的。

世上没有包治百病的灵丹妙药。我们也不能寄望风险评估去解决或回答所有食品安全管理上的问题。风险评估在其所处风险管理框架下，也有其适用范围，它的产生是源于食品安全科学管理的需要，用以回答风险管理中需要了解的健康风险问题，但是风险管理还需要综合其他方面的风险信息，如政治风险、经济风险、法律风险等因素综合考虑。现有比较突出的几个问题是：（1）很多地方的管理者将综合性的风险研判等同于风险评估，完全交由纯技术部门去做，而技术部门的"风险结果"又很难让管理部门满意。（2）也有很多本不需要评估或不需等待评估结果就可以启动管理程序的问题（如经检测确定超过国家标准时），也要进行风险评估，反而影响了食品安全监管的效率。（3）对风险评估不确定性的认识不足，要求评估对所有问题给出明确结论。风险评估多数情况下是为解决某一现实问题，综合利用现有资源，形成"深加工产品"的过程，是帮助管理者和相关利益方从海量信息提炼出明确的、定性或定量的健康风险信息的过程。因此风险评估结果必然存在因为现有知识、数据不足无法准确回答的问题。不确定性是评估报告中重要的不可缺的部分，这也是风险评估科学性的重要体现，是需要明确告知管理者，并在做出管理决策时要考虑的问题。

三、信息公开、透明度不够

风险评估的基本原则之一就是公开、透明。风险评估的一个重要作用就是风险交流，用科学的声音引导舆论，指引公众，破除流言。因而，欧美等国家的风险评估结果都是很及时发布（方海，2006），但我国目前在食品安全风险评估信息和结果的发布和交流上仍受到很多限制，很多并不"严重"的信息也不能顺畅地交流。这一方面使风险评估降低了透明性，另一方面也影响风险评估人才的培养和评估工作的发展。而从权威的第三方及时发布的信息，可以让公众有一个正确的风险认识，减少感知风险与实际风险的差距。短期来看可能会把一些问题提前摆出来，但长远来看可以解决目前对食品安全问题极度敏感、产生捕风捉影式恐慌和焦虑的现象。

四、风险评估相关主体间的关系没有理顺

在评估工作中，国家与地方的关系、评估与标准的衔接、食品风险评估与初步农产品评估的衔接等均需要理顺和完善。我国目前初步建成的风险评估体系主要集中于国家层面，地方风险评估工作体系建设仍处于摸索状态，工作方向不十分明确。首先是因为法律基础缺失，食品安全法并未明确地方是否可以开展风险评估。因而在地方上如何开展风险评估，地方评估与国家评估的关系，地方风险评估结果如何发布和应用等诸多相关操作层面的问题上缺乏统一认识和系统研究。地方上一方面确实有进行风险评估的需求，另一方面又觉得风险评估是国家的事，没有明确的文件要求地方开展风险评估。所以目前有些地方技术部门想开展评估工作却没有政策、经费和编制的支持，有的不想做、没条件做却又被安排"风险评估"任务。

另外，风险评估与食品安全监管之间衔接机制不畅，食品安全标准制定修订工作对风险评估结果的利用程度不高。在国际上，国际食品法典委员会（CAC）与国际评估机构，如 FAO/WHO 食品添加剂和污染物联合专家委员会（JECFA）间有很好的分工合作。CAC 根据标准制定修订需要向 JECFA 提出评估建议，JECFA 开展相应的评估工作。CAC 原则上不为没有经过 JECFA 评估的物质制定标准。而我国现阶段离真正建立类似于联合国粮农组织（FAO）和世界卫生组织（WHO）的联合评估机制还有很大差距。国家食品安全标准审评委员会与国家食品安全风险评估专家委员会之间至今仍缺乏有效的协同工作机制，风险评估工作的导向性不明确，风险评估对食品安全标准的"科学支撑"作用没有充分显现。

除此之外，我国存在着两个分别独立运作的评估体系。除了由国务院卫生行政部门依照《食品安全法》组建的国家食品安全风险评估专家委员会并实施食品安全风险评估之处，农业部根据《农产品质量安全法》的规定，组建了农业部农产品质量安全风险评估专家委员会并实施农产品的风险评估工作。虽然《食品安全法》中明确规定，"对农药、肥料、生长调节剂、兽药、饲料和饲料添加剂等的安全性评估，应当有食品安全风险评估专家委员会的专家参加"，但是分别以两个专家委员会为核心的两个风险评估体系（网络）存在明显的部门痕迹，工作规划和年度计划依然从本部门需求和本部门利益出发，除极少量的意见征询和结果通报之外，在风险评估领域几乎没开展实质性合作，也缺乏常态化的信息交流。

五、国家对风险评估投入不足

风险评估内容涵盖基础研究和技术应用两方面。但无论是基础研究方面的科研投入还是技术应用方面的工作经费，都无法与其他科学领域和业务工作相比。由于风险评估起步较晚，我国尚无食品安全风险评估领域的国家自然科学基金重点项目，也无 863、973 项目或其他重大项目支持。现有的主要科技经费投入为卫生行业专项和国家科技支撑计划，共约 2 500 万元。其他小额、零散的科技资助分散在不同领域和部门，无法形成系统的技术研究方向，也无法培育"集成"优势，未解决风险评估所需的关键技术。据不完全统计，国家没有用于风险评估的专项工作经费，各方面投入到评估工作经费每年不足 500 万元。而国外先进国家在风险评估领域的投入巨大。以 BfR 为例，为了确保其经济、政治和社会的中立性，BfR 经费来自德国联邦政府、欧盟委员会和其他公共基金。2007 年 BfR 共投入经费 4 511 万欧元，其中 90.4% 为政府预算拨款，5.8% 为政府部门或机构委托（魏益民等，2009）。2011 年年度预算高达 6 千万欧元。我国对风险评估投入的严重不足已制约了风险评估的建设和发展。

第八章

加强我国风险评估工作的对策

今后一段时期，我国食品安全风险评估工作将主要面临来自两方面的压力：一是国内风险评估需求不断增加带来的繁重任务；二是国际风险评估快速发展带来的危机感。在国际方面，EFSA、BfR 等国外风险评估机构受国家（地区）政府重视程度以及总体经济的影响，其已经建设完成的工作网络与体系将进一步完善，机构内部设置将进一步合理，人员配备也将更加充足，其技术研发效率和作用效能将会将会取得跨越式飞跃，其在风险评估领域的国际权威地位和国际话语权愈发稳固。我国风险评估建设不到 5 年，目前仍处于夯实基础的起步阶段。国际风险评估技术发展和权威地位将进一步增加我国风险评估工作的危机感。在国内，虽然我国经济总量排在世界前位，但我国处于社会主义初级阶段的实际国情并未改变，地域发展不平衡、行业发展不平衡，农产品和食品行业的多、散、小的客观情况还将长期存在。受食品加工技术限制、标准规范等质量控制方法不健全以及环境污染等原因影响，食品生产和消费环节所存在的安全隐患不可能在短时间内解决，而且新工艺、新原料、新方法等的应用将带来新的未知风险食品安全问题。随着我国食品安全监管体制改革的不断深入，食品安全监管的科学化水平将进一步提升，对风险评估技术支撑的需求将会越来越大。因而加强我国风险评估体系，提高风险评估能力是当前一项迫切的任务。

第一节　继续完善风险评估制度和工作机制

以《食品安全法》和《食品安全风险评估管理办法》修订为契机，加强我国风险评估制度、体系的顶层设计，理顺各类风险评估部门和机构间的关系，逐渐明确地方评估角色定位。当然，人的认识不能离开实践，由于风险评估工作起步不久，很多问题的解决不可能一蹴而就，也会在工作中出现新的预想不到的问题。对于当前评估工作中经验不多、一时无法达成共识的东西，我们认为可以遵从认识论的规律，可以边干边学，而不是学好了再干，否则丧失评估工作的良好发展机会。例如地方开展评估工作的种种问题，不妨先顺应地方工作的需要，在设定一些基本原则（如仅限本区域范围内食品安全问题的评估等）的情况下，先从国家层面上明确允许地方开展风险评估。开始可以步子小一些，逐渐在实践中摸索、改进，再从制度上加以规范。当然这样也会有走弯路、走错路、造成资源浪费的风险，但是在把握好大方向的情况下，这种风险是可以控制的。国家对相关的探索也应该给予相对宽松的环境，给风险评估发展以充足的政治空间。

第二节　将风险评估基础能力建设作为当前工作的重点

在策略上，应当重点突出，以加强健康导向的评估能力为主，即围绕风险评估四个基本要素，提升危害识别能力、自主提出健康指导值或剂量—反应关系等危害特征描述能力、暴露评估能力和风险特征分析能力，这是评估的核心内容，是最基础的部分。在此基础上逐渐将能力延伸到为各个要素服务的外围技术，逐渐形成多层次的，满足多方面需求的风险评估技术体系。

在内容上，一是加强基础数据建设，提高数据共享水平，完善风险评估基础数据库。充分利用现有数据资源，重点针对当前比较薄弱的食物消费量信息不足问题，加强对已有的中国居民营养与健康状况调查、总膳食研究等消费量数据的利用，并针对风险评估的特殊需求开展补充性的专项调查，逐步完善我国的食物消费量数据库。当前食品安全风险监测和监督抽检工作已具备了较强的食品中危害物含量数据收集能力和收集系统，今后重点应加强监测方案设计的科学合理性，加强数据收集质量，提高数据分析能力，总体上提高数据收集效率；毒理学数据重点是一方面充分利用国际已有数据，建立国际危害识别数据查询数据库，提高新发风险识别能力，另一方面加强我国特有或有重要意义的危害物的毒理学研究。二是提高数据分析运用能力，建立适用我国人群的模型方法。大数据化时代，对数据的深层次整合、分析，形成二次产出已成为可能，并且也是当前国际热点和今后的趋势。例如毒理学关注阈值技术（TTC）即是对已有数据的二次运用产生的成果。而我们在这方面能力还十分欠缺，也缺乏足够的重视。三是提高风险评估结果向食品安全标准制修订等监管措施的转化能力，加强针对特定监管需求的评估技术研究。

在保障上，应当加强人员、经费保障，在政策上应有所倾斜，加大对风险评估能力建设的扶持力度，使得监测、标准、评估这三项为食品安全监管作支撑的三驾马车能够跑得一样快，不至于出现短板。特别是人才方面，应当建立激励机制，制定合理的人员晋升政策，鼓励评估人才的对外交流，一方面吸引高级人才和关键学科人才从事风险评估工作，另一方面为现有评估人才的能力提升提供良好的机制保障。

第三节　完善风险评估组织和专家治理模式

无论在国际上还是我国国内，风险评估都是以相关方面专家为核心的治理模式，这是风险评估本身的性质所决定的。专家在风险评估中起着重要的，不可替代的作用。但是，这种以专家意见和认知为基础的工作方式既存在其合理性，也存在一些弊端（彭飞荣，2009；戚建刚，2014），例如专家个人认识的主观性、个人利益影响中立性等。这也是各国在制度设计时所极力避免的。我国在组建第一届食品安全风险评估专家委员会时，在专家委员会章程中就明确了专家的权利义务，特别强调了专家的中立性和利益回避原则。当前，我国风险评估专家委员会存在的主要问题不是专家作用太大，而是专家委员会专家的作用在评估中未充分发挥。这跟当前我国风险评估任务的运转方式有关，专家在各个领域都承担重要职责，无暇承担更多风险评估的具体工作，并且承担风险评估工作缺乏专门经费，也不作为科研课题，因而缺失相应的鼓励机制。因此，一方面应当完善风险评估专家委员会的构成，细化专家结构，明确专家权责，增加有意愿承担具体评估工作的中青年骨干专家作为执行委员，而一些知名专家可以作为咨询委员承担更多咨询、指导工作。另一方面尽快为风险评估项目设立专项工作经费，为保证风险评估的中立性，客观上决定了评估经费的来源有限，需要由政府财政给予充分保证。同时要确立评估工作的专业属性（作为科研课题或同等地位等），将评估结果对社会的贡献与个人成就挂钩。

第四节　完善风险评估信息发布机制，加强风险评估信息的透明性

如前述，与公众更开放的交流既有利于解决食品安全问题，也有利于风险评估事业的发展，同时也可解决风险评估专家治理模式的不足之处，保证评估结果的科学、客观和公正。曾娜等（2011）研究认为，有必要使公众参与成为我国食品安全风险评估制度的组成部分，通过对其合理定位，发挥公众参与的积极作用。当然，在当前形势下，从社会风险控制和社会稳定的角度考虑，信息发布也存在一个发布时机问题，这就需要监管部门合理把握，合理平衡群众的知情权和社会风险，但是不宜久拖不发。在自媒体时代，一旦由非权威部门先释放出某食品安全问题，然后权威部门再去纠正、解释就会非常被动。风险评估报告是一个纯科学的技术文件，食品安全风险评估机构作为一个介于政府和公众之间的中立机构是个很好的发布平台。因此确立评估机构在群众中的权威性和可信任形象也十分关键，这有利于对不专业的食品安全舆论的控制和引导。

第五节　加强风险评估基本知识的宣传、普及

针对目前无论管理者还是公众均对风险评估缺乏正确的、科学的认识的情况，多开展一些评估基本知识的宣传和培训。针对公众主要是结合事件宣传评估的作用、意义和局限性，使公众能正确理解评估的结果。针对食品安全监管人员应进行更专业的培训，使其能与评估者形成顺畅的互动，能针对特定食品安全问题，向评估者提出合理、专业的风险评估问题。这些问题是开展适当的、符合管理者需求、能够有效帮助管理者做出决策的风险评估的前提。

第九章

加强风险交流工作的对策

"**民**以食为天",食品安全始终是政府和公众共同关注的话题。随着"治理餐桌污染"的不断深入,政府已经逐步意识到风险交流的严重滞后和缺位已经影响"社会共治"格局的构建和食品安全整体水平的提升。

但是风险交流的概念引入国内不久,尚未形成完整理论体系,多数人对这一问题的认识并不全面。食品安全风险交流涉及政府、科学家、企业、媒体、消费者等多个利益相关方,只有从整体水平通盘考虑才有可能从根本上解决当前的风险交流问题。

第一节　风险交流的现状与问题

目前我国政府机构的食品安全风险交流主要有五种方式和渠道。第一种是传统的信息发布,包括新闻发布会、新闻通稿、食品安全预警信息发布、食品监督抽检信息发布、食品安全事件的官方解读等。比如卫生部的例行发布会,国家食品安全风险评估中心的"炊具锰迁移对健康影响有关问题风险交流会",卫生部发布的织纹螺中毒预警等。第二种是通过投诉举报渠道和公开征求意见的方式收集食品安全线索和消费者诉求,比如最常见的12315投诉电话、各地方各监管部门的监督举报电话、食品安全国家标准制定过程中向社会征求意见等。第三种是提供信息咨询,比如全国卫生12320的电话咨询中有不少就是食品安全方面的。

第四种是健康教育活动，例如每年食品安全宣传周的宣教活动、"食品安全进农村、进社区、进校园"等活动。第五种是以新媒体为主的交流渠道，比如陈君石院士的博客和微博、食品安全国家标准审评委员会秘书处微博、全国12320微博等，12320有时还会通过短信平台向广泛的人群传播疾病预防知识。

我国的民间组织有参与食品安全风险交流的强烈意愿，但缺乏一个真正有实力的声音。果壳网、科学松鼠会等民间网站汇聚了来自不同专业的志愿者，在科普方面也有许多值得借鉴的举措，以云无心为代表的一批食品安全科普作者也具备很强的风险交流意识和能力，但由于缺乏政策扶植因此规模和影响力还很有限。食品伙伴网等民间网站已经形成一定规模和影响力，是可以利用的交流平台，但目前仍以资料和信息查询为主。民间组织的运作也有待规范，比如"国际食品包装协会"在利益驱动下，屡次发布不实信息或夸大宣传，对企业、行业、消费者和政府部门都带来很大冲击。

我国的食品企业、行业有参与风险交流的意愿，也拥有开展知识宣传的资金和动力，但它们主要是以提高销量、扩大市场份额等利益追求为目的，真正以公众健康为出发点的交流活动极少，比如各大品牌奶粉企业乐于宣传配方粉的优点却从来不提世界卫生组织"关于母乳喂养的十个事实"。除了对日常交流的忽视，在危机交流方面也存在明显短视。企业普遍重视危机公关而不是危机交流，它们宁可花大价钱雇网络水军、付封口费，也不愿意平心静气地坐下来与消费者对等交流。

我国食品安全风险交流面临的问题和挑战主要来自以下几个方面：

一、从食品安全风险自身的角度

随着社会经济的发展和科技水平的进步，我们探查世界的手段更加敏锐。分析化学、分子生物学、分子毒理和细胞毒理学、组学技术的发展使风险的"出镜率"大大提高，过去很多不为人知的风险也逐渐浮出水面。而风险信息的专业性也越来越强，无论对谁都是很大的挑战。

食品安全风险本身具有较强的激惹性。相对于吸烟的风险、交通意外的风险，食品安全风险更容易让公众反感。比如我们每个人都必须摄入食物，因此食品安全风险存在被动性。食品安全风险中的易感人群通常是婴幼儿、孕妇和老人等敏感群体，也更容易令公众不安。地沟油、塑化剂等违法添加行为令人深恶痛绝。另外，"特供食品"使食品安全风险存在"不公平性"和"歧视性"，这也是伦敦奥运备战期的热门话题之一。

新技术带来的不确定风险让人们疑虑重重，例如转基因技术、纳米技术、新材料新工艺在生产加工领域的应用等。正如人类历史上每一次重大技术革新都会遭遇巨大阻力，食品生产加工中的新技术也正面临各种质疑。最典型的例子就是转基因，尽管现在并没有特别明确的证据证明其对人类健康有危害，但国际上仍有很多人不接受该技术。

风险天然的不确定性使得科学界往往存在分歧，更加剧了公众对风险的担忧。每当媒体让某位专家就某一具体事件发表看法，很快就会有其他的专家提出反对意见。公说公有理，婆说婆有理的状况使得公众无所适从，降低了科学的权威性。这种争论让"权威声音"饱受争议，也是错误言论混淆其中的温床。

二、从政府和机构的角度

风险交流意识淡薄，缺乏交流技巧。政府和其他机构并未将公众视为食品安全管理的伙伴，既不了解媒体也不了解公众是普遍现象。具体体现在一些官员、专家学者、企业发言人面对媒体和公众不知道说什么和怎么说，在记者的穷追不舍和诱导下发表一些耸人听闻的言论，或无视公众信息需求的自说自话，或者采取回避、缄默态度。另外，多数人并没有从知情决定的伦理学角度理解风险交流的意义，而是将风险交流理解为健康教育性质的知识灌输。

对风险交流缺乏长远考虑和有力支持。现在不少人把风险交流简单理解为出了事情之后的危机管理和科普宣传，将风险交流的工作重点放在危机应对，将危机应对的重点放在应付媒体（危机公关）。将风险交流手段作为平息事态和安抚公众的工具，忽略了风险交流与日常工作的融合，这直接导致在风险交流问题上的短视。风险交流工作费时费力，却又很难有立竿见影的产出，因此很难得到持续的支持，人员、经费等保障条件也很难得到满足。

缺乏公开透明的工作机制。尽管政府在信息公开方面已取得很大进步，但还是不能满足风险交流工作的需要，以各种理由"不宜公开"的情况还比较常见。这一方面使风险交流者面临"无米下锅"的窘境，另一方面造成了公众在食品安全风险信息上的滞后和不对称，进一步损害了政府机构的信誉度和形象。

危机压力反应会束缚风险交流的开展。当面临威胁和压力的时候，我们的行为会变得保守和僵化，更倾向于采取自我保护措施。这种威胁或压力可能是上级部门的指示、媒体煽风点火、问责压力等等。在这种状况下，机构常常会召开紧急会议、严肃纪律、对风险信息和风险决策加强管控。看似"引起了高度重视"，但实际上对风险交流工作只会带来更多困难。有不少专家和官员也是因为这样的政治压力，不愿意站出来说话。

风险交流形式单一、渠道局限。目前公众与政府机构间的交流渠道主要是各种投诉举报电话，能够提供咨询服务的机构还很少。机构开设的网站也主要用于政策宣贯，虽然有些机构还开设微博渠道，但由于运营管理投入不够，因此是以信息发布为主，鲜有受众互动，尚不能形成有效的公众交流。

三、从社会的角度

政府、学术界、媒体、公众之间缺乏互信，这是风险交流最大的障碍。自SARS疫情暴发以来，政府的公信力一直遭受各种挑战，一些媒体、专家学者的浮躁态度和不负责任的言论也使得公众对他们心存疑虑，当今的中国面临着全方位的信用机制缺失和信任危机。信任需要通过长期一贯的行动慢慢建立，而一个小小的失误就可能使信任荡然无存。然而我们别无选择，没有信任，风险交流就几乎无法开展，因此重建信任是必由之路也是唯一出路。

社会发展的大背景。国际上认为人均 GDP 4 000～5 000 美元是经济社会发展的一道坎。我国 2010 年人均 GDP 已经超越 4 000 美元，正式进入"阵痛带"。各种突破道德底线的食品安全事件不断出现，不能简单地指责监管不力或政府不作为。食品安全只是各领域矛盾集中爆发的一个缩影，因此风险交流工作要从全社会的高度理解食品安全问题。

我国食品产业的现状必然导致食品安全事件频发多发。我国食品生产加工经营门槛低，小散乱的局面现阶段也很难解决。例如全国食品生产经营单位有超过1 000 万家且 80% 属于 10 人以下的小企业，美国养猪户有 7 万户而我国则有6 700 万户，因此监管难度很大。这很大程度上导致了食品安全事件的多发频发，风险交流者也不得不面对层出不穷的事件。

四、从公众的角度

公众食品安全意识的觉醒给风险交流提出了更高要求。随着国民经济的发展，人民已经基本满足温饱并出现更高的诉求，包括食品的营养与安全、环境安全等。公众参与公共事务管理的要求也愈发强烈，法律意识不断提高，他们不仅要求知情权也希望参与监督。例如在乳品新国标的舆论风波中，公众和媒体不仅质疑标准的科学性、合理性，还有标准制定过程的"暗箱操作"和"被企业绑架"。

公民科学素养偏低，缺乏独立思考能力。根据 2010 年 11 月公布的中国第八次公民科学素养调查结果显示，全国公民具备基本科学素养的比例仅为 3.27%。

公众食品安全认知水平较低，错误的食品安全观和片面的食品消费观已然形成。比如公众普遍不接受"风险的可接受水平"，很多人分不清合理合法使用食品添加剂、食品添加剂超量超范围使用（滥用食品添加剂）和违法添加物，导致现代食品工业的灵魂—食品添加剂被污名化。消费者不正确的消费观也是一些食品安全问题的诱因之一，例如片面追求食品品相促使不法分子用硫黄熏蒸银耳、瘦肉精饲喂牲畜、胡萝卜素喂养蛋鸡、苏丹红喂养蛋鸭等。

公众的负面情绪是风险交流的最大障碍。公众负面情绪越强烈，风险交流的困难越大。不幸的是，随着一系列重大事件的爆发，公众对食品安全问题的反感程度已经可以用愤怒来形容，因此交流难度极大。这有可能影响风险评估和风险交流偏离科学轨道。

五、从媒体的角度

媒体对食品安全风险的报道与公众对食品安全风险的关注产生了共鸣效应，公众的关注促使媒体积极挖掘这方面的新闻，媒体报道也促使公众更加关注食品安全，两者的共鸣放大了公众对食品安全风险的感知。公众的风险感知除了与媒体报道的密集程度正相关，还与事件的显著程度正相关。集中爆发的大事件，如地沟油、瘦肉精等，进一步加深了公众"食品不安全"的感知。

媒体的猎奇属性使得负面消息更容易进入公众视野，也就是我们常说的"好事不出门，坏事传千里"。在科学的声音缺失的大环境下，公众看到的基本上都是负面消息。尽管从各部门多年的抽检结果看，现在食品的合格率已经比过去有了很大提高，但人们通过各种渠道接受食品不安全的信息仍呈几何倍数增长。比如公众普遍认为现在食品安全问题很严重，几乎到了不知道该吃什么的地步。正因如此，每当有政府官员或权威专家声称中国食品安全状况总体向好，公众就会觉得他们一定是撒谎。

媒体从业人员的科学素养偏低。我国真正意义上的科学记者非常少，媒体从业人员绝大多数都是中文系、新闻传媒等文科专业，仅有少数几个高校开设有科学传播专业。因此当"外行的"媒体记者根据自身的理解转述专业信息时容易出现偏差，最终使公众的解读与专家的原意相差甚远。此外，记者行业的流动性太大，一线采访记者一般都是年轻人，年纪大一些的记者多数会转型做编辑或跳槽，因此很难培育出"懂行"的记者队伍。

以市场化为导向的媒体环境挤压了科学传播的空间。科学信息在整个媒体传播渠道中的份额和权重在最近一些年不升反降，这与传媒业的迅速扩张形成了鲜明对比。在经济杠杆的作用下，越来越多的科学杂志、科学频道或栏目正在萎缩或合并，使得微弱的科学的声音淹没在娱乐化的汪洋大海中。在市场化的环境下，科学记者薪酬在行业内偏低也是制约优秀人才从事科学传播的重要因素。

媒体从业人员的职业道德有待进一步提高。有一些记者为了追求新闻的"首发"，不做认真的调查访问，甚至根本不做任何访问和核实，仅凭一些道听途说的信息碎片拼凑新闻稿。还有一些记者法律意识淡薄，采取夸大其词、耸人听闻、断章取义、移花接木、冒用他人名义等各种手段制造所谓的"食品安全问题"。更有甚者，竟然有记者炮制了"纸馅包子"这种纯粹造假的新闻。虽然这些行为与媒体从业人员的竞争压力和绩效机制有关，但不可否认的是这些现象也反映出某些人职业道德的问题。

网络的崛起彻底改变了我们认识世界、了解世界的方式。网络的发展使得信息传播的速度越来越快，在要求"快速反应"的时代，我们政府和机构的传统工作方式陆续遭受了"滑铁卢"，由于应对不及时造成的媒体事件时有发生。行政问责制的出现导致各级领导对信息披露极为慎重，过度要求"万无一失"，使风险交流不及时的矛盾更加突出。同时，过去依靠强有力的行政手段控制舆论来平息事态的做法和效果已经大打折扣，无孔不入的网络信息可以轻易冲破各种行政屏障呈现在公众面前。网络的应用已经在给传统工作方式带来巨大挑战的同时也带来新的机遇。

新媒体促使传媒业发生了翻天覆地的变化，带来新的挑战。新媒体能更直接地与广大公众建立理性沟通和互动的桥梁，但碎片化传播也加快了负面信息的传播速度和影响范围。"把关人"的缺失使谣言和错误信息得到更广泛地传播等。当前舆论形势下，迫切的问题已不再是"是否使用新媒体"，而是如何趋利避害，尽早有策略地予以使用。

媒体大发展带来的信息过剩现象产生负面效应。信息量急剧增加，但人们获取和处理信息的时间总是有限的，这就不可避免地产生越来越明显的分众化现象。分众化在为风险交流者提供多种信息传播渠道的同时，也使我们很难通过单一的传播渠道获得较高的信息到达率。在快速信息时代，来自各渠道的大量信息扑面而来，人们根本来不及仔细分析和判断，因此容易被先入为主的错误信息所误导，例如福岛核事故后的抢盐现象。同时，正确的声音如果不够强大，负面信息还会继续在公众中传播。其表现就是当正反两方面信息同时出现的时候，并不能引起大多数公众的思考和判断，反而近乎独立的各自传播。

六、从风险交流学科的角度

风险交流本身就是一件十分困难的工作。正如英国贸易与工业大臣 2002 年在《独立报》刊登过的一句幽默却很写实的话："50% 的公众根本不明白，50%

是什么意思。" 当涉及复杂与不确定性的科学信息时，风险交流工作则更为困难。人们的认知能力是有限和有区别的，这也意味着受众成分越复杂，风险交流难度越大。而食品安全风险的普适性正好赋予我们全社会这个巨大的受众群体。

我国的风险交流工作起步较晚，学科建设比较滞后。目前我国的高等教育中没有专门的风险交流课程，也没有这样的专业设置。食品安全专业的课程设置也不够全面，国外食品相关学科包括食品政策、营养沟通学等跨学科教育。我国风险交流的技术支撑体系很不完善，风险认知研究薄弱，国家重大课题中也没有设置有关风险交流的项目。绝大多数机构中没有专门设置风险交流部门，也没有将风险交流纳入到机构职责中。

学科建设的滞后也导致了风险交流专业人才的匮乏。国外机构往往有一批跨专业的风险交流专家，而我国尚未开设相应的学科教育，因此实用型、复合型人才极为匮乏。目前我国几乎没有专门从事风险交流的人员，开展的工作也主要局限于健康教育、新闻发布（媒体应对）和危机管理（危机应对），缺乏系统性。从事这方面工作的人员大多也是半路出家，无论政府、企业、研究院所还是媒体都不太了解风险交流的基本理论、方法和技巧。

第二节　加强风险交流工作的对策

一、从政府的角度

加强风险交流制度建设。在现有法律法规和规范性文件的框架下，督促政府工作人员按照政务公开的原则依法行政。尤其是加快完善食品安全信息披露工作，增强及时性和充分性，使各利益相关方能够公平、方便地采集和使用政府的信息资源。除此之外，政府部门还应当建立覆盖风险交流的全套制度与机制，为日常风险信息交流、突发事件处理和回应热点关切提供制度保障。

完善各方协作机制。一方面要努力使风险交流工作与风险评估、风险管理、应急管理等工作形成有机结合的整体，加强过程交流，使风险分析框架真正发挥在食品安全体系中的基础作用。另一方面要充分发挥媒体、食品生产经营单位、行业协会和学会、消费者组织等利益相关方的作用，鼓励和引导他们参与风险交流活动。尤其要重视媒体在食品安全知识传播、食品安全隐患挖掘中的重要作用，与媒体建立富有成效的工作关系。

　　加强风险交流专业机构建设。欧洲食品安全局、日本食品安全委员会、英国食品标准局、德国联邦食品安全风险评估所等都在风险评估或管理机构内设有专门的风险交流部门（见表9-1），美国食品药品监督管理局还专门设立风险交流专家咨询委员会。风险交流人员在机构总编制中的占比一般在5%～10%，不少机构将风险交流人员分布在机构各职能部门中，风险交流部门只完成组织协调的工作。目前，国务院食品安全办公室已经成立了宣教和科技司，国家食品安全风险评估中心的职责中也包括了风险交流。建议在上述两个机构的组建过程中将风险交流部门作为重点来建设。

表9-1　　　　　　　　部分食品安全机构人员分布状况

国家或地区	总人数	风险评估人数	风险交流人数
英国食品标准局	1 900	30	30
德国联邦食品安全风险评估所	700	550	20
法国食品安全局	1 200	498	12
中国香港食物安全中心	542	19	33
爱尔兰食品安全局	80		8

　　资料来源：韩蓓璠：政府食品安全风险交流策略的研究，北京，中国疾病预防控制中心，2010。

　　大力扶植、培育民间交流平台。建立以政府为主导，以科学家为基础的食品安全风险交流平台，以权威科学信息压倒具有误导性的舆论。政府部门应尽快出台扶持性政策，鼓励和支持有资质的民间平台合法注册和运行，与政府风险交流部门相辅相成。民间平台可以消除专家个人面对媒体的顾虑，其第三方和公益身份更容易树立消费者心目中的公信力，可以成为各利益相关方之间的沟通桥梁。在国际上，此类机构早已存在，如国际食品信息中心、欧洲食品信息中心和亚洲食品信息中心等。尽管我国已经出现科学松鼠会等民间平台，但它们的影响力、覆盖面还很弱。

　　加强风险交流能力建设。要对各级官员、各种机构及有关专家开展风险交流技能和媒体应对技巧的培训，使他们能说、会说、善说。尤其要对风险交流者所犯的错误保持一定的宽容态度，鼓励他们勇敢地走出去，说出来。风险交流工作刚刚起步，技能技巧上的不足是难以避免的，如果我们不能容忍他们犯错，那么也就会形成无人发声的窘境。

　　建立健全舆情监测与反应机制。当前食品安全事件和舆论风波处于多发、频发态势，政府和机构的应对常常不够及时。应当建立灵敏、高效的舆情监测反应体系，争取做到早期发现、分级响应，及时为管理决策部门提供对策建议，使政府和机构在危急关头不慌乱，能有条不紊地按照预案开展相应风险交流工作，而不是靠删帖、屏蔽等方式被动处置。

大力培育以科学家为主体的"意见领袖"群体，发挥学界在食品安全舆论中的导向性。目前以陈君石院士为代表的，敢于在食品安全领域说真话、传播科学的正面声音屈指可数，还无法对抗负面信息。必须充分利用传统媒体和新媒体等各种传播渠道，鼓励和引导专业人员参与风险交流，形成在公众心目中有权威性、有信誉的意见领袖群体，使我们拥有与不实或不准确信息对抗的能力。

顺应媒体传播模式改变的趋势，根据新媒体的规律，形成新的工作方式。新媒体的使用注重实时性、系统性与融合性，需要建立能与现有风险交流工作体系有效衔接的新媒体发展规划与风险交流机制，使之与风险评估、风险管理和突发事件应急处理等相关工作结合从而发挥新媒体的效力。要加强新媒体研究与应用的投入，鼓励各级政府部门及科研单位参与新媒体传播，尽快在实践中培养出一支应用型人才队伍。

加强科研经费和工作经费保障。开展强有力和可持续的风险交流，经费保障不可或缺。首先要强化政府部门对风险交流重要性和必要性的认识，尤其是财政部门。从科研角度讲，重大科研项目的预算中应当有用于科学传播和风险交流的经费，国家重大专项研究要在立项时为风险交流单独列题。

二、从社会与公众的角度

加强科普知识宣传力度。按照食品安全宣传教育工作纲要（2011~2015年）的要求，开展多种形式的科普宣传。加强学校、超市、餐饮服务单位等与食品安全密切相关场所的宣传力度。加强对食品生产加工经营单位的食品安全教育，提高主体责任意识。力争提高全社会的食品安全基本知识知晓率。加工食品在我国居民消费中的比例较低，要重点加强家庭餐饮食品安全教育，比如推广WHO的"食品安全五要点"。

充分利用消费者的自我保护意识，引导社会力量参与食品安全监督。探索适应当前形势的食品安全信息反馈机制，及时了解公众诉求，解决公众反映强烈的"投诉无门"问题。要增加食品安全管理与决策的透明度，建立国家监督和社会监督相结合的监督体系，让公众真正了解和参与进来，而不仅仅是走过场。

三、从媒体的角度

尽快培育"懂行"的记者队伍。通过记者协会和相关行业组织，逐步实现媒体工作的专业化,使从业者能够接受到较系统的专业知识培训和风险交流技能培训。利用高校、科研院所的平台,加强现有媒体工作者的再培训。借鉴国外经验,开展"媒体－科学家角色互换"项目,使媒体人员拓宽知识面、提高科学认知水平,使科研人员了解媒体逻辑和基本媒体传播原理。

加强行业自律和从业人员道德约束。通过记者协会等行业组织,加强媒体从业人员职业道德方面的教育。杜绝以"吸引眼球"为目的的道听途说、不经核实、断章取义和肆意夸大等不负责任的报道。对有意误导甚至传播谣言的媒体或记者,要追究法律责任。在信息传播中,要求做到客观、科学和准确,正确引导消费者。同时要注意微观真实与宏观真实的把握,避免片面报道,使公众对食品安全总体局面产生错误的判断。

应当充分利用经济杠杆,鼓励媒体从业人员从事科学传播工作。科学传播的客观公正性和公益性质必然使它的商业价值受到很大限制,但它是改变社会的重要力量。政府要通过政策扶植、资金补助、法规保障等措施扩大科学传播在整个媒体渠道中的份额,提高科学传播者的物质回报,引导更多媒体人员从事这方面的工作,使媒体环境逐步回归科学理性。

四、从风险交流学科的角度

加快学科建设。首先要在现有的高等教育中增加科学传播课程的教学,不仅是传媒、中文、采编等将来可能从事媒体工作的专业,也应当在其他所有科学专业开设相应课程,使这些未来的科技工作者具备最基础的传播知识的能力。在此基础上应当逐步建立涵盖认知科学、传播学、社会心理学等交叉学科的教学体系,形成完整的风险交流专业。可以采取请进来、走出去等方式,迅速将国际上的先进理念引入国内。鉴于风险交流对人的综合素养要求较高,建议专业设置定位在研究生阶段。

制定人才发展规划,有计划地培养一批具有较高科学素养,并掌握风险交流技能的人才队伍。他们将分布在政府、企业、高校、研究院所、媒体和各种民间组织中,成为未来风险交流的骨干力量。风险交流人才的培养周期较长,对实践经验的积累要求较高。在学科尚未建立的现状下,当前应当加大对现有人员的选拔和培养,尤其是中青年骨干力量的进修、培训。

加强风险交流相关基础研究的投入。应当鼓励食品安全监管机构联合有实力、有经验的研究院所、高校和社会力量,开展风险认知和社会心理学方面的研究,为我国的食品安全风险交流探索出一整套适合国情、民情的方法和技巧。要紧跟时代步伐,学习和了解媒体发展趋势和传播规律,为风险交流提供最优化的传播渠道。要在建立健全舆情监测反应机制的基础上，进一步开发以语义分析和算法模型为核心的舆情信息深度分析技术，为舆情早期应对提供参考依据。

第三节　风险交流工作的实践案例

一、危机应对情境——"苏泊尔锰超标"事件

（一）事件背景

2012 年 2 月 16 日，中央电视台焦点访谈栏目播出"打破钢锅问到底"，揭露著名炊具品牌浙江苏泊尔股份有限公司多种不锈钢炊具为不合格产品，声称其锰含量高出国标近 4 倍。新闻主要采访了哈尔滨市工商部门以及部分协会专家的观点，同时引述了武警总医院营养科专家的观点，认为过量锰会导致不可逆的帕金森氏病症状。主持人最后问道："面对消费者的担心和忧虑，有关部门能否给个明确的说法呢？"

（二）舆情研判

1. 舆论反应

新闻播出后，借助焦点访谈的强大影响力，舆论迅速升温，主要媒体全部转载了该消息，至 17 日形成一波舆情高峰。苏泊尔于 17 日发布公告试图自证清白，但舆论并未停息，"苏泊尔"进入百度热搜榜的前十位。

网友的评论除了表达对企业的不满，主要是两方面的疑问：一个是苏泊尔炊具到底合不合格，还能不能用；另一个是，不锈钢炊具会不会导致帕金森氏病。

据媒体报道，有居民小区的垃圾箱里出现仍可使用的不锈钢炊具，显示公众存在一定的恐慌情绪。

有关苏泊尔的新闻报道在 2011 年 10 月曾经在央视出现过，通过回溯比较发现两次舆情的内容、采访信源、主要观点基本一致，主要区别在于本次舆情出现了"帕金森氏病"，引发公众普遍担忧。

2. 技术分析

该事件涉及两个标准、三个时间点的逻辑关系，因此标准的解读存在一定的

复杂性。它们分别是 1988 年、2007 年和 2011 年颁布的三个版本的《食品安全国家标准　不锈钢制品》（GB9684），2007 年发布的《不锈钢冷轧钢板和钢带》（GB/T3280－07），且 GB/T3280－07 引用了 GB9684。

新闻揭露的事实主要围绕不锈钢材质的"锰含量"，而涉及健康影响的描述是针对锰的摄入量，取决于材质中锰的"迁移量"，材质锰含量与迁移量并不存在新闻中说的成正比关系。武警总医院专家的采访有明显剪切痕迹，存在一定误导。

由于国内外基本上没有锰迁移量的限量标准，因此可参考的资料极为有限。同时我们并不掌握国内不锈钢制品锰迁移量的基础数据，无法对健康影响做出较为准确的估计。

关于不锈钢材质的应用状况，需行业人士提供专业支持；关于锰与帕金森氏病的关系，需医学专家提供技术支持。

3. 利益相关情况

该事件牵涉两个协会的利益，分别是上游的特钢协会和下游的五金制品协会，双方的观点明显对立。特钢协会倾向于媒体一方，五金制品协会倾向于企业一方。

该事件涉及行业龙头企业和监管者的矛盾，分别是苏泊尔和哈尔滨工商部门。新闻显示，哈尔滨工商部门与苏泊尔的纠葛从 2009 年就已初现端倪。

由于涉及多方利益，政府的舆情应对工作必须确保以科学为准绳、着眼公众健康、避免出现利益代言。

（三）开展的主要工作

（1）国家食品安全风险评估中心 16 日晚开始搜集相关背景信息，准备舆情应对。次日召集风险评估、风险监测、风险交流、食品安全标准等相关业务部门负责人磋商应对措施，确定了三项重点工作，分别是：立即组织实验室人员从市场上购买苏泊尔等品牌的不锈钢炊具，进行锰迁移量的检测，并根据检测得到的锰迁移量数据，结合膳食摄入量数据进行风险评估；立即着手汇总、分析相关标准信息；全程搜集、跟踪舆情变化，及时了解媒体的信息需求和公众关注点的变化。同时将上述情况上报原卫生部食品安全综合协调与卫生监督局。

（2）卫生部监督局 18 日召集各方磋商，分析研判形势并交换意见和看法，包括工信、工商、质检、卫生、食安办等多部门，以及食品安全、营养学、临床医学、公共卫生、不锈钢行业等方面的专家。会商认为，相关报道缺乏依据，应予以澄清。决定由国家食品安全风险评估中心继续开展相关工作，在掌握充分科学事实的前提下，组织开展对公众和媒体的风险交流。

（3）17 日，国家食品安全风险评估中心启动实验室准备工作，仪器和试剂耗材就位。18 日下午根据预先制定的应急检测计划，组织骨干力量开展市场上不锈钢炊具的采样检测，共检测不同品牌、不同类型、不同档次的不锈钢制品近40 份，为评估工作提供了重要的事实依据。

风险评估部门于 18 日开始对搜集到的文献资料开展评估，随后根据实验室提供的检测数据和既往膳食数据进行更科学、准确的评估。风险评估部门也全程与风险交流部门合作，组织编写科普知识与其他相关信息。

（四）风险交流措施

1. 跟踪舆情并制定风险交流方案

国家食品安全风险评估中心从 2 月 17 日开始密切跟踪舆情变化，关注舆论焦点。18 日制定了详细的风险交流实施方案，并向临床医学、职业病和材料科学的专家寻求技术支持。同时，按预定计划积极准备 2 月 24 日的媒体交流会。

2. 发布科普问答

根据风险评估、食品安全标准和风险监测部门提供的数据信息，撰写了题为"锰与健康的相关知识"的科普问答材料，于 21 日通过国家食品安全风险评估中心官方网站、人民网、新京报、北京青年报、搜狐等媒介发布。该科普问答重点解释了锰的来源、是否可能摄入过量、急慢性中毒及危害、安全摄入量、炊具迁移状况等，主要向外界传递了两个关键事实，即：炊具锰迁移造成健康危害可能性小；锰中毒限于职业暴露和肠外营养病人。

3. 召开媒体风险交流会

24 日下午，国家食品安全风险评估中心如期举行风险交流会。

会前国家食品安全风险评估中心与卫生部监督局、新闻办以及相关部委的领导和专家、临床、职业病和材料科学专家反复沟通与修改，统一了媒体口径并拟定了新闻稿。

根据网络舆情的关注点及各方反馈的意见认真准备了约 80 余个备答问题，并进行了事前预演。会议共招募了包括中央电视台、中央人民广播电台、北京青年报、人民网、搜狐网在内的约 30 家媒体参加活动。

会议现场通报了评估结果及不锈钢制品的检测数据，并将新闻稿电子版群发给到场记者。邀请了中国工程院陈君石院士以及食品安全标准、风险评估、临床医学及材料科学的一流专家与媒体现场互动。由于准备充分，现场记者提问几乎全部在备答问题范围内，使专家面对媒体时能应答如流。

会后邀请媒体记者参观了国家食品安全风险评估中心的理化、微生物和毒理学安全评价实验室，直观了解本次事件的应急检测与评估工作。同时，迅速整理会议速录稿并群发给记者。

（五）风险交流效果

（1）2月21日科普问答通过媒体发布后，尽管对社会关注的"帕金森氏病"和"锰迁移"做出了积极回应，但由于缺乏媒体的主动参与，也没有足够实验数据支撑，因此媒体覆盖面很有限，舆论反应也并不理想，公众依然期待权威部门的明确说法。苏泊尔将该问答转发在公司官网首页的行为实际上产生了副作用，导致不少公众怀疑国家食品安全风险评估中心"被公关"。

（2）风险交流会从媒体报道覆盖面和舆论反应看，达到了较好的传播效果。当晚6点30分的央广新闻即播发了相关报道，央视新闻频道当晚及次日早晨的新闻节目中也做了专题报道。包括人民网、新浪、搜狐、网易在内的主流网站当晚即在首页转载了相关新闻，百度搜索页面总计近300万个。民众对"帕金森"和"锰迁移"的担忧情绪得到很大的缓解，虽然仍有负面声音，但在公众对食品安全极度不信任的大环境下也可以理解，本次舆情也随之结束。

（六）小结

焦点访谈是中国最具影响力的媒体的最具影响力的栏目，因此该新闻播出后立即引起公众和管理部门的高度关注。在应对过程中，相关各方协调一致，保持频繁沟通，没有出现自说自话和互相打架的情况，这是成功应对的根本前提。从新闻播出到最终事件平息，采样、检测、评估、发布等工作在一周之内完成，显示出了国家食品安全风险评估中心极高的工作效率，这也是官方机构危机应对较快的一次。在媒体传播方面，积极主动地为记者提供服务，尽可能方便他们写稿、发稿，最终使得媒体的报道与口径高度一致。

尽管总体效果不错，但还有进一步提高的空间。比如信息释放的节奏还可以更频繁一些，将采样检测行动、文献评估结果、实验室检测的初步结果等陆续发布，更好地满足媒体和公众的信息需求和心理诉求；为避免企业利益的干扰，未能与企业直接沟通，导致企业采取了一些并不恰当的应对举措，有损官方渠道的说服力；科普问答发布后的媒体推送不及时，导致该信息未能得到有效传播等。

二、主动发布情境－反式脂肪评估报告发布

（一）案例背景

2010年多家主流媒体报道了反式脂肪酸存在很大的健康风险，称"反式脂

肪酸是餐桌上的定时炸弹"，引起业内和公众的极大震动和相关部门的很大关注。鉴于大量摄入反式脂肪酸可以增加心血管疾病的危险性，为了了解我国居民日常膳食摄入的状况，以便科学、准确的回应公众疑问，并为主管部门制定相应管理措施提供依据，国家食品安全风险评估专家委员会将"我国居民反式脂肪酸摄入水平及其风险评估"定为 2011 年优先评估项目。

在既往研究成果的基础上，国家食品安全风险评估中心历时两年，开展了我国 5 个大城市加工食品中反式脂肪酸含量调查以及北京、广州 3 岁及以上人群含反式脂肪酸食物消费状况调查，并以这些数据为基础，参照 WHO 提出的反式脂肪酸供能比小于 1% 的建议，开展了我国居民反式脂肪酸膳食摄入的风险评估。

评估结果显示，中国人通过膳食摄入的反式脂肪酸所提供的能量占膳食总能量的百分比仅为 0.16%，北京、广州这样的大城市居民也仅为 0.34%，远低于 WHO 建议的 1% 的限值，也显著低于西方发达国家居民的摄入量，但有约 0.4% 的城市居民摄入量超过 WHO 的建议值。加工食品是城市居民膳食反式脂肪酸的主要来源，占总摄入量的 71.2%，植物油的贡献占 49.8%，其他加工食品的贡献率较低，如糕点、饼干、面包等均不足 5%。该评估结果于 2013 年 3 月 18 日正式向社会公布。

（二）主要风险交流措施与效果

国家食品安全风险评估中心早在 2012 年初即为该评估项目制定了最初的风险交流方案及配套措施，随着项目的进展又多次对方案进行微调。2013 年 2 月，评估结果经原卫生部批准发布，原卫生部食品安全与卫生监督局、新闻宣传办和风险评估中心三方共同磋商定于 3 月 18 日以评估中心开放日的形式发布评估结果，并确定了最终风险交流方案及配套措施。评估中心组织风险评估、食品安全标准和风险交流专家共同撰写了新闻稿以及知识问答。开放日主题定为"反式脂肪酸的功过是非"，活动除安排评估项目专家解读评估结果还安排了充分的媒体互动交流。

1. 媒体招募

本次活动的媒体招募主要通过两个渠道，一是通过电话、传真、电子邮件和陈君石院士微博私信等渠道直接邀请已有合作关系或曾经有过良好互动的媒体，主要中央级媒体和主流门户网站均通过这一方式邀请。另一种是通过官方网站和微博渠道发布活动公告，请合作媒体和实名认证微博转发，广泛邀请媒体参加并进行舆论预热。两种方式共邀请到约 30 家媒体参与互动，涵盖了电视、广播、报纸、杂志、门户网、专业网站及论坛等多种形式的媒体。

2. 媒体传播策略

本次风险交流活动中我们采取了多层次的媒体传播策略。一是将主要评估结果、新闻通稿、相关知识问答先期发送给有密切合作关系的媒体，例如健康报、中国食品安全报等，征求他们的看法、意见和信息需求。二是将新闻通稿、知识问答提前发送给所有有合作关系的媒体，要求提前做好报道准备，并询问信息需求。三是提前向有实力的科普作者和第三方科普网站约稿，例如果壳网、科学松鼠会、食品与营养信息交流中心等，尽量争取第三方声音的协同。四是活动当天，将新闻通稿和知识问答通过电子邮件群发给到场媒体，以及无法到场但向我们提出了信息需求的媒体。我们还特别联系到中央电视台和北京电视台对活动进行视频报道，并且安排了专家接受专访。

3. 扩大宣传措施

第一，通过官方网站、官方微博等渠道发布新闻通稿和知识问答。第二，在活动全程进行微博图文直播互动。第三，通过官方微博、陈君石院士微博等渠道转发后续的媒体文字及视频报道，并邀请有合作关系的机构和个人对这些报道进行互评互转。

4. 传播效果

三大传统媒体平台均作出积极报道，例如中央电视台《新闻直播间》："调查显示：我国反式脂肪酸健康风险较低"，《北京晚报》整版报道：《反式脂肪酸成了餐桌上的"定时炸弹"？权威报告证实风险被夸大咱的摄入量远低于世卫标准》，央广新闻播出了专家访谈录音。

包括新浪、搜狐、腾讯、人民网在内的主流门户网站和媒体网站全部报道或转载了相关内容。通过腾讯和新浪微博转发的相关新闻，阅读量超过40万。舆论跟踪表明，媒体报道的口径与新闻稿、问答口径高度吻合，网民反应相对正面、积极，实现了对舆论的有效引导。

（三）有益经验

本次活动在传播效果上最大的亮点是媒体口径与我们提供的材料高度吻合。首先这得益于撰写的新闻稿和知识问答逻辑清晰、贴近生活、通俗易懂，能够回应公众的主要关切与疑问，因此符合媒体传播的需求。其次，我们采取的多层次媒体传播策略确保了官方声音首先出现在权威媒体和主流网站，进一步遏制了被歪曲报道的可能。再次，我们及时将官方口径电子版发送给媒体记者，他们仅需做少量修改即可发稿，最终使得新闻报道与口径高度吻合。

我们对活动对参与者还进行了问卷调查，结果表明绝大多数人赞赏这种开放、亲民的活动形式，对于专家直接与公众、媒体坦诚互动的姿态也持肯定态度。通过大量翔实数据的讲解，不少人对风险评估工作的专业性、严谨性有了全新的认识，对机构及专家群体树立良好的形象起到了正面作用。同时参与者也提出了不少有价值的意见和建议，为今后开展相关活动积累了经验。

（四）不足与建议

首先从风险交流的角度，和 2010 年造成的舆论风波相比，本次活动尽管准备充分，配套措施比较完善，但影响力仍明显不足，这充分体现了"造谣易，辟谣难"的典型科学传播困境。信息到达率偏低的情况下，建议通过反复多次传播扩大影响面。当前我国的食品安全舆论呈现明显的负面偏好，无论媒体还是公众都对负面新闻更感兴趣、更愿意传播。新媒体环境下，政府很难再用行政手段压制负面新闻，应该激励专业机构和专业人士主动发声，同时加强对民间科普力量的扶植，以补充正面声音不足的问题。

第二从风险评估的角度，风险交流的一个重要原则是要经常化、常态化。该评估项目历时两年，期间举行了多次专家研讨和国际交流活动，却鲜有风险交流实施，这很大程度上受制于风险评估的制度约束。虽然《食品安全风险评估管理规定（试行）》明确提出，卫生部应当依法向社会公布食品安全风险评估结果，但并无任何文件明确评估过程中涉及的部分数据和初步结果是否也视为评估结果而要由卫生部统一发布。同时《中华人民共和国食品安全法实施条例》还规定了风险评估结果要履行通报程序。为适应社会和舆论发展趋势，更好地树立政府权威和信誉，建议尽快理清风险评估中的信息发布权限，简化审批流程和通报程序，提高专业机构在风险评估中的自主权，强化风险评估中的科学独立性。通过不断的过程交流树立风险评估机构的权威性和信誉，主导舆论的方向。

第三从风险管理的角度，反式脂肪酸的风险评估与风险管理的结合还应当加强。风险评估应当作为风险管理的主要科学依据，风险评估的任务也往往产生于风险管理的需求。政府在控制反式脂肪酸方面的努力包括限制使用氢化植物油、实施食品营养标签标准、提出膳食指导意见并鼓励和支持食品工业界改进工艺，降低加工食品和烹调用油中反式脂肪酸含量等内容。其中一些措施正是在风险评估的过程中出台的，如能有效配合，则可以大大提高风险管理措施的科学说服力，也更能体现风险评估在食品安全管理中的基础性作用。

第三篇

农产品质量安全风险与防控研究

农产品是食品供应链的源头，加强农产品安全风险分析与防控，对保障一国和地区的食品安全具有重要意义。农产品安全风险主要指农产品生产、加工以及流通过程中所产生的风险，本篇主要研究食品安全供应链源头农产品种植、养殖环节的安全风险与防控问题。农产品安全包括数量安全和质量安全两大类型，本篇研究的是农产品质量安全风险与防控问题。

按照法律对农产品概念的表述，农产品指来源于农业的植物、动物、微生物及其产品，释义上的解释，是指农业生产活动中直接获得的以及经过分拣、去皮、剥壳、粉碎、清洗、切割、冷冻、打蜡、分级、包装等加工，但未改变其基本自然形态和化学性质的产品（武兆瑞，2009）。农产品既是直接的消费品，也是加工食品的原材料，其质量安全与否直接关系消费者的身体健康，也影响其加工产品的质量安全。

2015年4月修订的《中华人民共和国食品安全法》指出，供食用的源于农业的初级产品（以下称食用农产品）的质量安全管理，遵守《中华人民共和国农产品质量安全法》的规定。

从影响农产品安全风险因素分析，主要包括两大方面：一方面是来自农产品的产地环境的风险，包括农业土地污染程度、农业灌溉水污染、农业空气质量等；

另一方面是来自对农产品直接危害的因素。即危害发生的频率、影响和危害的函数评估。造成农产品危害的因素主要包括生物性危害、化学性危害和物理性危害。目前，风险评估的重点领域在于化学危害的风险评估和微生物的风险评估，评估的对象主要有种植产品、畜产品和水产品中的农药、重金属、兽药、有机污染物、化肥等化学危害风险评估和病原细菌、病原真菌、病毒和寄生虫等食源性病原生物危害。

第十章

风险预警系统与农产品安全风险防控

第一节 农产品安全风险预警系统与功能

一、风险预警系统的内容

农产品风险预警系统是农产品风险管理和防控的重要手段。一般认为，农产品安全风险预警是对风险隐患的监测识别、分析评估、通报预报和应对决策的过程。农产品质量安全风险预警系统涉及三方面的内容。即农产品质量安全监测、风险评估和应急预警体系。监测是发现农产品质量安全风险隐患的重要途径；风险评估则通过探索未知危害因子、分析评价已知危害因子为防范和预警农产品质量安全风险提供科学依据；预警和应急处置是避免和减少损失，防范重大农产品质量安全事件发生的关键，也是风险预警系统的核心（刘洋等，2012）。

二、风险预警系统的功能

农产品安全风险防控预警系统的主要任务是对已经识别的各种不安全现象进行成因分析和发展态势的描述，揭示其发展趋势中的波动和异常，发出相应的警

113

第十章　风险预警系统与农产品安全风险防控

示信号。具体讲，预警系统的主要功能包括：发布功能、沟通功能、预测功能和避险功能。

1. 发布功能

通过权威的信息传播媒介和渠道，向社会公众和产品采购商快速、准确、及时地发布各类产品安全信息，实现安全信息的迅速扩散，使消费者能够定期稳定获取充分的、有价值的农产品安全信息。

2. 沟通功能

农产品风险防控和管理，涉及食品供应链中的各个环节，离不开农产品生产者、加工企业、销售商和消费者之间信息的及时有效沟通。例如，农产品质量存在问题，将使食品加工企业采购的原料产品的质量得不到保证，从而影响加工食品的质量安全和消费者的利益和健康。

3. 预测功能

预警系统在大量收集和分析检测资料的基础上，寻找产品生产者生产过程中的不安全因子，对不安全现象可能引发的食源性疾病、疾病流行等进行预测。当出现食品安全突发事件时，将掌握的事件基本情况和预计产生的后果，及时准确地告知公众，并采取措施迅速控制局面，减少社会恐慌。

4. 避险功能

不安全农产品和食品不仅影响消费者健康，而且影响社会经济生活。预警功能的实现，使得决策者和管理者在有限的认知能力和行为能力条件下，科学地识别、判断和治理风险，从而使消费者能够及时规避风险。预警系统的正确运行，对于减低食源性疾病的危害和影响，保证消费者食品安全起着重要作用（刘洋等，2009）。

第二节 风险预警系统运行的保障机制

要保证农产品预警系统的顺利实施和有效运行，需要农产品生产、加工、流通和消费各个环节的沟通和密切配合，并建立相应的保障机制。包括：信息共享机制、成本分担机制和利益协调机制（胡春林，2012）。

一、信息共享机制

在农产品安全风险预警系统运行中，只有准确、充分获得信息才能对农产品和食品安全风险作出准确的评估，只有及时获得更新的动态信息，才能对食品安全风险作出科学有效的预警和预测，因此，信息共享机制在食品安全风险预警中尤为重要。例如，农作物生长的土壤、气候、水源等自然条件的数据，农药施用量等人为条件的数据，畜牧养殖过程中饲料和药物使用的数据信息等，都需要在农产品安全风险预警中得到共享。

二、成本分担机制

农产品安全风险预警系统的建立和运行需要投入一定的成本，而这些成本的投入需要食品供应链上下游企业的必要的分担。例如，农产品生产商在产品上贴上有机或绿色产品的标签，而其食品加工企业就可以从标签中获得产品的详细信息，从而提高加工企业的原料采购成本，提高生产效率。但食品加工企业却没有对农产品生产者支付成本。这就是说，农产品生产者的质量标签投入成本带有很大的外部性，如果不加以补偿将会挫伤农产品生产者的积极性，这就是外部性的负面效应。因此，实行适当的成本分担机制对于实施风险预警机制是必要的。

三、利益协调机制

农产品安全风险预警系统的建立还需要实施相应的利益协调机制，以使新增利益在食品供应链上下游企业之间进行合理分配。否则，企业往往以自身利益的最大化来进行决策，而忽视产业链整体利益的最大化。例如，从双汇瘦肉精事件可以看出，由于产业链整体利益在不同环节企业间分配的严重失衡，导致食品加工企业为了节约成本而忽视了产业链低端的养殖环节产品的质量，进而影响了企业的信誉。建立产业链企业间利益共享、风险共担协调机制，就会使农产品和食品安全风险预警体系更加完善和取得预期效果。

第三节　国外风险预警系统的建立与实践

国外发达国家及地区在农产品质量安全风险管理中，一般都建立了以预防为主的农产品质量安全风险预警体系。

一、美国风险预警系统

美国 1997 年，发布的"总统食品安全计划"首次把防治生物性污染提上日程，并鼓励开发预测性模型和其他工具方法（汪禄祥等，2006）。同时，美国还运用风险分析和关键点控制（HACCP）体系来进行食品安全风险预警管理。HACCP 是美国进行食品安全风险管理的重要工具，它能使管理者清醒地识别可能发生的食品安全风险，并制定综合有效的计划来阻止和控制潜在的危害。

危害分析和关键点控制系统（HAPPC）是美国创建的一种行之有效而全面的食品安全预防体系。被认为是目前控制食源性疾病的最有效的方法。该技术对原料、关键生产工序及影响产品安全的人为因素危害风险进行科学的鉴定、评估、确定加工过程中的关键环节，从而建立改进关于食品的监控程序与标准，进而采取和制定一系列解决措施，有效预防食品安全事件的发生，节约治理成本，保障食品安全。

二、欧盟风险预警系统

欧盟在 2002 年，鉴于严峻的食品安全形势，发布了 178/2002 号食品安全基本法，并据此建立了"食品和饲料快速预警系统（RASFF）"。它是一个连接欧盟委员会、欧盟食品安全管理局以及各成员国食品与饲料安全主管机构的网络系统。该系统明确要求，各成员国相关机构必须将本国有关食品或饲料对人类健康所造成的直接或间接风险以及为限制某种产品出售所采取措施的任何信息都通报给欧盟快速报警体系。该预警系统主要是针对成员国内不符合食品安全质量要求而引起的食品安全风险，一旦成员国发现与食品和饲料有关的风险问题，就会及时通过该系统通知欧盟委员，欧盟委员在经过相关机构的核查和评估后会在第一时间将这一信息通报给其他成员国，当来自成员国或者第三方国家的食品与饲料可能会对人体健康产生危害，而该国又没有能力完全控制风险时，欧盟委员会将启动紧急控制措施。这一庞大网络，使信息可以迅速上传下达，实现农产品和食品安全风险信息的充分交流，进而有效降低和防范食品安全风险。RASFF 是使消费者规避风险的安全保障系统（赵学刚，周游，2010）。

三、日本、韩国风险预警系统

日本、韩国建有自己的食品安全预警体系，实现了食品安全风险管理的"事后控制"到"事前预防"的转变。通过收集农产品质量安全预警信息，制定科学的农产品质量安全检测计划，开展农产品质量安全监测及分析评估工作，及时获取危险性评估资料，对构成农产品质量安全的潜在风险加以防范，对可能出现的农产品和食品安全事件及时预报和处置，有效防范农产品安全风险。

第四节　中国风险预警系统的建立与完善

一、中国风险预警系统建设

以 2001 年全国"无公害食品行动计划"实施为标志，农产品质量安全工作全面展开，特别是自 2008 年农业部农产品质量安全监管局组建以来，各级农业部门全面加强农产品质量安全监管，从源头入手，标本兼治，使我国农产品质量安全风险防范预警体系建设具有了良好的基础和条件。

1. 农产品监测

从 1999 年起，农业部已经连续 13 年在全国建立范围内开展农产品质量安全监测工作。目前，已经形成了农产品质量安全普查、例行监测、监督抽查以及农药残留监控、水产品药残监控、饲料及饲料添加剂监控等组成的监测体系形成了覆盖全国主要城市，涉及主要农产品的检测网络。

2. 风险评估

组建了农业部农产品质量安全专家组和国家农产品质量安全风险评估专家委员会，各省级农业部门组建了本地区的农产品质量安全专家队伍。规划认定了首批 65 个部级农产品质量安全风险评估实验室建设，并且启动了对蔬菜、水果、茶叶、畜产品、水产品等 8 大类农产品质量安全风险隐患摸底排查评估工作。

3. 风险预警和应急体系

农业部相关机构对无公害农产品、绿色食品的风险预警和应急管理都做出了规定，并制定了应急预案，举办了应急培训班，建立了舆情监测和分析队伍，强化了信息通报和全国联动机制，各省也都明确了应急工作联络员制度，制定或修订了农产品质量安全应急预案。

二、构建风险预警系统面临的问题

尽管我国在监管体系、制度规范等方面已经具备了一定的基础，但由于风险管理起步较晚，农产品安全风险预警体系建设还存在一些问题。

1. 风险防控预警的技术支撑相对薄弱

监测方面。当前各类农产品质量安全监测计划和实施还比较分散，监测产品和检测参数存在一定的交叉重复，由于经费不足，与发达国家相比抽查品种及数量明显偏少，没有实现真正的抽检分离，影响到检测结果的代表性和风险的发现。与发达国家相比，我国的风险评估技术水平还存在很大差距，符合我国特点的风险指数评价方法和指标体系还有待开发。风险预警和应急方面。国家对认证和获证后的无公害农产品、绿色食品已有预警应急规范，但对未认证、分散经营的农产品的风险预警和应急处置规范缺乏。地方上的预警制度和应急预案较完备，但并未真正启动和应用，主要原因是机构和人员落实不到位，经费和技术设备不足（刘洋等，2012）。

2. 缺乏风险防控预警系统有效运行机制

当前，我国农产品安全风险防控预警系统还未建立起有效的运行机制，风险防控预警职能定位和具体的内容还不明确，在信息共享、成本分担、利益协调等方面未形成完整系统的运行机制，进而影响农产品安全风险的及时发现、科学评估和有效防控。

3. 风险防控预警缺乏公众的广泛参与

一是缺乏相关法规。目前我国食品安全相关法规中没有赋予公众参与监管的权力；二是公众缺乏参与监管和防范意识。公众即使发现农产品和食品安全风险隐患，也不向有关部门反映。三是缺乏社会团体、群众组织和志愿者的参与和协助。

三、风险预警系统的完善措施

鉴于我国农产品安全风险预警体系的状况和问题，应采取积极的完善措施。

1. 加强规划设计，明确预警系统责任分工

农产品安全风险预警体系是一个系统工程，需要精心的规划设计，建立起管理科学，责任明确的安全风险预警系统。根据我国的农产品监管体制，应在国家食品安全委员会的综合协调下由农业部具体负责实施，食品安全其他监管部门把在各自监管环节中发现的农产品质量安全风险信息及时通报给农业部。地方政府对本地区农产品质量安全风险防范预警工作负总责，各级农业部门负责实施。相关部门负责本环节的风险信息通报和风险消除工作。新闻媒体、社会组织、社区和村民委员会、社会公众、生产者等是农产品质量安全风险防范与预警系统的重要组成部分，有责任发现其风险并反映给相关部门。农民专业合作社、农业龙头企业、农户等农产品生产者有责任防范风险发生。

2. 建立有效的风险预警系统运行机制

建立有效的运行机制对于实施农产品安全风险预警管理和防控是至关重要的。应在相关法律和制度健全的基础上，遵循及时、全面、高效和创新的原则，形成完善的信息共享、成本分担和利益协调机制。同时在预警管理机制方面应加快建设几个系统：信息源系统、预警分析系统和快速反应系统。信息源系统对农产品安全风险产生的各种原因、发生的形态和现状、监控成效等信息进行收集、整理、鉴别等，并形成预警信息传送给预警分析系统；预警分析系统甄别有效的信息，对可能触发危机的信息，及时发出预危机警报，反映系统做出迅速反映，政府机构和相关组织适时启动预警措施，严密监控危机的发生和蔓延，并及时评估实施对策所产生的效果，反馈到政府危机预警信息系统和评价系统，对其进行动态的修正和完善。

3. 加强农产品安全风险预警机制运行的队伍建设

一是风险信息的研究和侦查队伍，职责是在公众和社会组织的协助下及时发现农产品质量安全存在的风险和隐患，并报送相关评价分析部门；二是风险评估专家队伍，职责是对各种渠道发现的和潜在的风险和隐患进行风险等级和危害评估；三是风险预警管理队伍，职责是在评估队伍的技术支持下进行风险等级和信息发布，并在风险消除后解除风险警报。另外，在风险预警发布后，还需要应急队伍联合执法监管等部门迅速出击、及时处置、才能达到预警与防范的目的。

4. 加强资金和技术支持，提高预警能力

在农产品质量安全预警系统建设中，建议扩大相关财政专项规模，设立农产品质量安全风险预警和应急处置财政专项资金，用于对风险预警系统建设的技术研发和应用的支持，完善和提高风险监测、评估和预警能力。监测方面，逐步建立起独立的、覆盖全国的抽样网络，扩大监测产品、抽样范围和数量，提高检测能力；预警方面，应尽快搭建起农产品质量安全风险信息管理预警平台，整合监测评估、部门反馈、执法发现以及公众反映的各种风险信息，为风险评估和预警提供基础技术支持。

第十一章

法律法规与农产品安全风险防控

第一节　国外农产品安全风险防控法律法规

在农产品安全风险管理中，以风险防范为目的的法律法规制定和实施是一项行之有效的措施，历来得到世界各国政府的高度重视。

一、农产品种植业法律法规制定与实施

美国对农产品产地环境安全管理的主要机构是：美国环境保护署（EPA），主要负责饮用水、新的杀虫剂及毒物、垃圾等方面的安全，制定农药、环境化学物的残留限量和有关法规。目前，美国涉及食品安全的联邦法规有 30 多部。其中涉及农产品产地环境安全的有《食品质量保护法》（FQPA）、《联邦食品、药品和化妆品法》（FFDCA）、《联邦杀虫剂、杀菌剂和杀鼠剂法》（FIFRA）和《植物保护法》等，主要制定农药、环境污染物残留限量标准及安全使用方法，并对农药和食品中的农药残留进行调整和管理（李应仁，2001）。

为使相应法律法规有效实施，美国环境保护署于 1998 年实施了农药重新评估和注册计划。按照新修订的《联邦杀虫剂、杀菌剂和杀鼠剂法》规定，对已取得注册的农药要实行再注册，即重新评价已经注册的农药对人类健康和环境的影

响，以决定是否继续使用。同时规定，2002 年以后取得注册的农药产品，在 15 年内应有计划地进行再注册评估，以保证现有的农药能够满足当前科学和法规标准发展的需要。到 2006 年 8 月，完成了对现有的 9 721 个农药最大残留限量的再评估。另外，还强制实行的国家残留监控计划，其中"农药残留监控计划"（FDA Pesticide Program Residue Monitoring，简称 PPRM）从 1987 年开始实施，其计划制定和组织实施的部门为食品药品管理局（FDA），监督对象是国内和进口农产品和饲料中的农药残留，监控的农产品主要是谷物及制品、蔬菜、水果、带壳的禽蛋、奶制品、水产品及其他非农业部食品安全监督管理服务局（FSIS）监管的农产品（王敏，2006）。

2011 年 1 月 4 日，美国签署的最新《食品安全现代法案》是美国食品安全和药物监督局（FDA）自 1938 年以来最重要的一次修订，其主要目的是"拟将建立一个基于事前预防而不是事后处理的安全食品供应链，以此杜绝相关食品疾病的突然暴发"。

欧盟于 2000 年 1 月正式发表了"食品安全白皮书"，并逐步建立了以"食品安全白皮书"为核心，法律、法令、指令等为一体的食品安全新框架体系。根据欧盟"食品安全白皮书"的要求，欧盟分别在农产品农药残留和污染、食品标签、食品接触材料、转基因产品等方面制定了专门的法规和具体要求，对农产品产地环境进行有效监管（欧盟食品安全白皮书，2000）。

德国 2002 年以来，按照欧洲《有机法案》的要求，通过了《有机标志法》、《有机标志条例》和《有机农业法》，在法律上对农产品产地环境保护、生态农业发展做出明确规定（朱彧等，2005）。法国在 1960 年颁布的《农村指导法》对农产品质量安全标签制度做出了明确规定。1998 年修订的《消费法》、1999 年颁布了《农村法》，对农产品生产过程每一环节的监管目标和内容进行了严格的规定（朱彧等，20015）。

丹麦 2001 年 8 月颁布的《环境保护法》，目的是限制对农产品产地环境的污染和破坏，保护自然与环境。主要内容包括：保护土地和地下水，保护地表水，限制污染活动和行为，实施废弃物规范管理，推行清洁循环生产技术。2004 年 6 月修订的《农业法》目的是保护农业用地，保证农业的可持续发展和环境质量。主要内容包括：保护农业用地的正当使用；户有收集包括农产品生产、化肥农业使用等信息的责任等（金发忠，钱永忠，2009）。

日本有关农产品产地环境监管的法规主要包括《食品安全基本法》、《农药管理法》、《植物防疫法》和《食品卫生法》等。《食品安全基本法》规定了不同农产品农药残留标准的制定和使用方法的管理等。《农药管理法》主要规定所有农药（包括进口的）在日本使用或销售前，必须依据该法进行登记注册，在农药注册之前农林水产省就农药的理化和作用等进行充分研究，以确保登记注册的合理。《植物防疫法》适用于进口植物检疫，保障食品产地环境安全（王敏，2006）。

韩国政府颁布的《亲环境农业培育法》，其中对亲环境农产品认证的类型、标志、申请、批准、违法处罚、政府职能、财政支持等方面都进行了明确规定。

二、农业养殖业卫生、防疫法律法规制定与实施

美国农业部（USDA），主要负责肉类和家禽食品安全，并被授权监督执行联邦食用动物产品安全法规；美国食品和药品管理局（FDA），主要负责国内和进口的食品安全，制定畜产品中兽药残留最高限量法规和标准。涉及养殖业卫生、防疫环境的法律法规主要是《联邦肉类检查法》，内容包括猪、牛、羊、马等牲畜肉类的安全、卫生和正确标示；《禽类产品检查法》，内容包括家禽（鸡、鸭、鹅、火鸡、珍珠鸡等）产品的安全、卫生和正确标示；《蛋类产品检查法》内容包括蛋类及加工产品的安全、卫生和正确标示。

美国农业部下属的食品安全监督管理服务局（FSIS）的"国家残留计划"（FSIS National Residue Program，简称NRP）始于1976年，为年度计划，监管对象为国内生产和进口的肉、禽和蛋制品中的农药、兽药、环境污染物残留。目标是：监督不合格动物的屠宰和禽蛋制品的生产，获得化学残留物的风险评估、风险管理和风险交流的支持数据等（王敏，2006）。

2004年4月，欧盟公布了4个"食品卫生系列措施"，其中第853/2004号法规"动物源性食品具体卫生规定"；第854/2004号法规"供人类消费的动物源性食品的官方控制组织细则"；第882/2004号法规"确保符合饲料和食品法、动物健康和动物福利规定的官方控制"，对养殖农产品卫生和防疫安全等进行严格规定。

澳大利亚残留监控的主体法律包括：《国家残留监控管理法1992》、《国家残留监控（国税）征收法1998》和《国家残留监控（关税）征收法1998》、《国家残留物调查管理法》、《农药兽药管理法》以及《最大残留限量》（No.1.4.2）、《食品安全项目》（No.3.2.1）等两个技术标准，涉及国家残留监控税收、管理，农药和兽药的管理，规定了残留监控的依据、资金来源和运作模式等（周云龙，2009）。

德国1879年颁布的《食品法》，制定了植物保护、动物健康、善待动物的饲养方法以及各种卫生及兽医条款等。2002年颁布了《畜肉卫生法》、《鱼卫生管理条例》、《蛋管理条例》以及《奶管理条例》等，对养殖卫生、防疫和产品加工环境等条件、标准等进行明确规定，例如，德国规定肉类食品的生产和流通必须处于冷冻状态，保障肉类食品的新鲜和质量安全。

　　丹麦 1991 年 6 月通过《动物保护法》，1994 年 12 月通过《屠宰法》，主要规定了养殖动物的条件、饲养方法、运输要求、屠宰方法以及程序等。丹麦兽医食品局下属的兽医部门主要负责动物疾病的应急处理，包括消灭畜禽疾病与传染病、保护动物福利和规范动物药品的使用等。

　　日本除了《食品安全基本法》，政府还颁布了《食品卫生法》、《农药管理法》、《植物防疫法》、《家畜传染病预防法》、《屠宰场法》和《家禽屠宰商业控制和家禽检查法》等，《家禽传染病预防法》适用于进口动物检疫，包括动物活体和加工产品；《屠宰法》适用于屠宰场的运作以及食用牲畜的加工；《家禽屠宰商业控制和家禽检查法》规定了家禽的检查制度等。为农产品风险管理奠定了法律基础（王敏，2006）。

第二节　中国农产品安全风险防控法律法规

　　2006 年我国出台了《农产品质量安全法》，2009 年制定颁布《中华人民共和国食品安全法》和《食品安全风险评估管理规定（试行）》，同时还制定了《生猪屠宰管理条例》、《兽药管理条例》等法律法规，对农产品质量安全风险监管提供了法律依据，但我国关于农产品质量安全风险监管的专项法律法规还是明显缺位，加大了监管的难度。目前，我国农产品质量安全风险防范预防法律法规不健全，《农产品质量安全法》对生产各环节的规定比较原则，不够具体，没有覆盖所有可能发生农产品质量安全风险的环节。例如农产品初加工、运输、储存等环节还缺乏详细的规定。保障农产品质量安全风险监测、评估预警有效实施的规章制度还不健全。具体表现在以下方面：

　　1.《农产品安全预防法》和《食品安全预防法》等缺位

　　基本法是法律体系的基石，没有预防基本法做统领的食品安全法律体系就失去了根基，同时，预防法律制度的地位也难以保证。从具体条文看，虽然《食品安全法》试图将预防的内容写入其中，并规定了一些相应的制度，但其中 10 章，共 104 条，没有预防的条文。其他相关规范中也采用了"责任—义务—处罚"的立法模式，而没有将预防的内容纳入到法律体系与条文中去。

　　2. 预防制裁措施缺失

　　按照现行法律制度的设计，制裁都是在事件发生之后并通常是造成一定后果甚至是严重后果的情况下，才会承担相应的法律责任，受到相应的制裁，而对没有按照相应的规范进行操作、没有履行法定程序、没有采取相应的预防措施等违反预防制度的行为，则没有制裁措施。事前预防制裁的缺失使得行为人刻意逃避危害后果的责任，而无心采取积极的预防措施。

3. 尚未明确预防责任

预防责任指虽没有造成现实损害却存在造成侵害的危险时承担的一种责任，其目的是预防损害的继续，或者损害的发生。在现行责任体系下，我国法律是一种后果或称结果责任。我国法律尚未对预防责任做出明确的规定，无法对可能给他人造成伤害的行为进行制裁，难以对生产和销售危害公众身体健康的行为追究责任。

第三节　建立和完善农产品安全预防法律制度

一、建立预防法律的必要性

对于我国而言，预防法律制度的建立，有助于将目前食品安全监管上消极、被动的状态转变为积极、主动的局面，形成防患于未然的良性机制。

1. 农产品安全问题的特殊性决定必须建立预防法律制度

农产品和食品不同于一般商品，与公众生命健康紧密相关，这种特殊性决定了必须用预防的法律制度进行保护，才能从根本上解决食品安全问题，达到食品质量安全的目的。

2. 市场经济的秩序性对建立预防法律制度提出内在要求

良好的市场秩序是市场经济发展的必然要求，农产品和食品安全问题的不断出现是市场秩序混乱的表现。适应市场经济发展秩序性的内在要求，我国农产品和食品安全制度也在不断完善之中，从主要以制裁惩治为主的监管法律制度，到将责任和义务引入其中，要求市场主体在进入市场之前就严格按照法律规范尽到自己应尽的责任和义务。与制裁制度比较，预防法律制度更适应市场经济的发展的需要，以事后弥补为导向的制裁制度只能迎合公众对现实不满的心理，不能达到根治违法行为，营造良好食品安全环境的目的。

3. 经济学成本理论对预防法律制度的建立提供规律性指导

英国古典经济学家 D. 李嘉图的比较成本理论揭示，当两种成本相比较存在不同的优势效果时，应该各自发挥自己的优势以实现各自的最佳效果，最终共同受益。农产品和食品安全预防法律制度与法律惩罚制度都对农产品和食品质量安全产生作用，但预防制度显然成本更低，因为当风险发生时，企业就已经伤害了消费者和企业本身，导致"双输"的结果。事后治理所需要的成本往往很高，而企业风险预防远比应对危机经济得多。预防的目的在于防患于未然，是以较小的成本获得最大的效益（隋洪明，2013）。由此可见，建立预防法律制度是经济成本理论在农产品和食品质量安全实践中运用的必然要求。

二、预防法律建立的主要内容

（一）经营者预防制度

经营者是食品安全的第一责任人，在农产品和食品安全链条中是至关重要的一环，经营者对自己生产和销售的食品质量安全状况最了解，经营者必须切实履行预防义务。（1）生产前预防。生产前环节是食品产业链条的首要环节，产前预防不足和不预防，即使后面其他环节做得再好，问题也无法避免。因此，企业在投产期对自己生产的农产品和加工食品进行风险评估，并提出预防或减轻对消费者不良影响的对策和措施，并对可能造成的影响进行跟踪监测。我国的《食品安全法》只从全局的角度对政府监管部门的食品安全风险和评估作了规定，但忽略了企业个体的规范，没有把预防作为生产企业的重要法律义务。因此，经营者预防制度是预防法律制度的重要内容。（2）生产环节预防。在生产过程中，企业必须严格执行相应的法律法规，加强农业企业产品生产管理、卫生质量控制、现场品管理等环节的预防与控制，推行良好农业规范（GAP）标准体系和认证。（3）销售环节的预防。销售环节是农产品和食品交付消费者的最后环节，销售经营者必须对产品进行严格的检查验收，妥善保管，承担严格的控制责任：一方面，对生产者的违规行为进行制约；另一方面，成为消费者的食品安全的屏障，防止不安全食品进入消费市场。

（二）管理机构预防制度

农产品和食品安全监管机构应通过建立事前审查、事中监督和事后处罚的预防体系，积极从传统的事中监管转变到事前预防的监管模式，并建立相应的法律预防制度。

1. 市场准入制度

市场准入制度是食品安全监管中首要环节，监管部门应将工作的重点放在市场准入的控制上，制定严格的市场准入条件，实行严格的市场准入审查，对于申请从事农产品生产的企业和食品加工企业，实行严格的生产许可制度，并对其风险作出科学的评估，提出具有说服力的证据，规范农产品以及加工食品经营主体的经营行为。

2. 主体审查制度

农产品和食品安全的特殊性决定必须对食品经营者主体进行严格的资格限制，提高行业的进入门槛，政府部门应严格按照法律规定对经营者的生产条件、质量保证制度、从业人员的从业资格等进行严格审查，确保符合法律规定的主体依法经营，并将不合格的主体排除在经营领域之外。

3. 信息公开制度

在食品安全信息不公开的情况下，消费者无法对不安全食品可能造成的伤害进行有效预防。政府监管部门有责任承担起食品安全信息收集、分析、公布的责任，防范食品安全风险对消费者造成伤害。

4. 风险评估和检测制度

监管部门应将原有的日常常规检查向风险评估和监测转变，变被动的食品安全事件事后处理方式，为源头治理、预防为主的新方式，建立与完善农产品及其加工食品风险评估和监测制度。

5. 消费者预防制度

一是抵制假冒伪劣食品。作为消费者要对自己的健康负责，也要对社会食品安全消费环境尽义务，对于危害身体健康的农产品和食品必须坚决抵制和消费，使违法经营者无获利空间，维护自身的合法消费权益。二是积极参与预防监控。消费者既是不安全食品的受害者，也是食品生产不法行为的监督者，只有消费者积极主动参与农产品和食品安全风险管理和监督，主动向监管部门提供有价值的信息，才能借助公权利打击不法行为，从而形成健全的消费者权益救济机制（隋洪明，2013）。因此，尽快构建和完善农产品和食品安全的预防法律制度，是农产品安全风险监管的重大任务和历史使命。同时，应根据我国农产品质量安全监管的需要，在有序开展农产品产地环境养殖业卫生防疫环境和农产品质量安全风险分析的基础上，制定与我国《食品安全法》、《农产品质量安全法》和《环境保护法》等综合性法规相配套的农产品产地环境管理、农业投入品管理、肉类产品管理、禽类产品管理、蛋类产品管理以及农产品质量安全风险分析和防控等方面的专项法规。例如，《农产品质量安全速测认定管理办法》、《农产品质量安全风险评估管理办法》、《农产品质量安全风险预警管理办法》等，抓紧出台《国家农产品质量安全事故应急预案》，以规范行为，明确责任，指导风险监测、评估、预警和应急工作的有效运行（夏黑讯，2010）。还要，研究制定公众参与农产品质量安全风险防范预警的规章制度，加强对社会舆论监督的引导规范。并加强相关技术法规体系建设，逐步建立起完善协调的法律法规体系。

第十二章

认证体系发展与农产品安全风险防控

对农产品质量安全水平及其生产过程中控制能力实施认证评价，在欧洲、北美以及澳大利亚、日本、韩国等国家和地区已经有相当长的历史，而且，认证在农产品安全风险管理、农产品生产过程控制、农产品出口和有效控制进口等方面发挥了极其重要的作用。进入 21 世纪以来，全球性农产品质量安全问题日益严重，积极推进农产品认证成为国家从食品生产源头上防控食品安全风险，规范市场行为，保障消费者健康的重要举措。

第一节　国外农产品认证体系的发展

一、种子认证试点示范时期

国外农产品认证从起步到较完善发展，大体经历了 3 个发展时期。

20 世纪 30 年代，美国政府开始关注种子和农作物品种质量。随后美国各州陆续成立了农作物改良协会和农作物种子认证机构，将通过认证的农作物新品种、新种子提供给农民使用。到 20 世纪 50 年代，种子认证逐步发展成为国际化的双边和多边认证，开始区域化和国际化认证。加拿大、新西兰、澳大利亚、英国等国相继建立了本国的种子认证制度。

127

二、产品认证快速发展时期

从 1945 年第二次世界大战结束到 20 世纪 90 年代是产品认证快速发展时期。从第二次世界大战结束到 20 世纪 70 年代是有机食品认证的探索阶段。英国土壤协会 1967 年制定了协会的有机农业标准，是世界上第一个有机标准。1973 年成立的美国加州有机农民协会（CCOF）同期也制定了有机食品标准，开始推行有机农业和有机农产品生产，到 20 世纪 70 年代，德国、日本、澳大利亚等国家相继开展有机农业和有机农产品生产，农产品认证步入正规发展轨道。70～80 年代开始品质认证阶段。在这一阶段，除了有机认证外，还出现了一些农产品品质资格认证，最典型的是日本的 JAS 认证，即日本对农林水产品品质规格进行的一种自愿性的纯官方认证。20 世纪 80 年代后期开始为官方标识标志认证阶段。20 世纪 80 年代后期，欧、美、日、澳等国家和地区纷纷对农产品认证立法，制定标准，设立政府监管机构，规范农产品认证及标签标识，推行政府官方标识标志认证。最典型的有法国的农产品标签标识认证制度和英国的"小红拖拉机"（APS）标识标志认证。

三、体系认证逐步兴起时期

进入 21 世纪，人们对农产品质量安全的关注，开始从要求最终产品的合格，转移到要求种植养殖环节风险的防控，积极推崇和推行农产品质量安全从"农场到餐桌"的全过程控制。随之在农产品生产过程中出现了良好农业规范（GAP）、良好生产规范（GMS）、危害分析和关键点控制体系（HACCP）、食品质量安全体系（SQF）、田间食品安全体系（On-Farm）等生产管理和控制体系及相应的体系认证（金发忠，2006）。目前，根据农产品生产、加工各环节的不同特点，国际上普遍应用的农产品认证方式主要针对种植、养殖环节的有机农产品认证、良好农业规范（GAP）认证，针对农产品加工环节的危害分析和关键点控制体系（HACCP）认证。

第二节　良好农业规范（GAP）的概念和内容

与农业种养殖业质量安全风险防控直接相关的是良好农业规范（Good Agricultural Practice，简称 GAP）认证体系的推行和发展（金发忠，2006）。GAP 是由美国联邦食品与药品管理局（FDA）和美国农业部（USDA）于 1998 年联合发布《关于降低新鲜水果蔬菜中微生物危害的企业指南》时首次以官方形式正式提出的，该规范主要针对出售给消费者或加工企业的未经加工或经简单加工的（生的）大多数果蔬的种植、采收、清洗、摆放、包装和运输过程中常见的微生物危害进行控制，包含从农田到餐桌整个食品链的所有步骤。近年来，GAP 的概念不断变化、延伸，根据联合国粮农组织的定义，GAP 是指在农产品生产和产后过程中运用现有知识来保持环境，经济和社会的可持续性，从而获得安全、健康的食用和非食用农产品。

GAP 作为国际通行的农产品质量安全全程管理体系，已经愈来愈受到世界各国官方管理机构和民间组织的重视。但是由于不同国家的社会经济状况和农业生态环境的特点不同，GAP 在各国的内涵并不完全一致。比如，澳大利亚关注微生物、化学和物理危害，而美国则侧重于关注微生物污染。在推行实施 GAP 方面，各国政府、非政府组织、民间社会组织和私营部门正在积极发展 GAP 的应用方式，各国推行 GAP 的情况各不相同。

亚太各国 GAP 实施情况和特点。根据推行 GAP 实施的主体，亚太各国 GAP 的实施大致可以分为两种类型。

一、零售商发起型

为了消除消费者对食品安全的疑虑，降低自身承担的风险，澳大利亚等国家的零售商规定供应商必须经过第三方认证才能上市，其中包括 GAP 认证，通过第三方合格评定的方式推广实施 GAP。在澳大利亚，被零售商认可的良好农业操作规范有欧盟的 Eurep GAP 和澳大利亚的 Freshcare。欧洲良好农业规范（EUREP Good Agricultural Practice，简称 Eurep GAP）是由"欧洲零售商协会"和农场主代表制定的一套准则和程序。Eurep GAP 包括《Eurep GAP 水果和蔬菜总则》等五个标准，内容涉及食品安全、环境保护和社会责任等方面，是目前国际上最为广泛认可的 GAP 标准体系。

"澳大利亚鲜活农产品安全计划"（Freshcare Australia）是针对园艺作物实施的良好农业操作规范（GAP）。包括生产管理（生产记录、培训等）、投入品管理（使用、存放等）、食品安全（选址、个人卫生等）和环境保护（空气、废弃物处理等）4 个方面。

二、政府推动型

许多国家政府或出于保障国内食品消费安全的考虑，或为了提高本国农产品在国外市场的准入程度，在推动 GAP 实施方面做了大量的工作。例如，新加坡的 GAP - VF、智利的 Chile GAP 以及马来西亚的 SLAM 体系等，这些国家在推行 GAP 方面取得了一定的成效，并呈现以下特点：

1. 政府推动力度大

政府在推行 GAP 实施上不仅投入大量的资金，而且成立了专门的机构负责组织实施。例如，在菲律宾农业部下属的不同部门共同组建了 GAP 认证委员会，专门从事 GAP 标准的制修订、认证和标志监管等工作；智利农业部于 1991 年 3 月成立了全国 GAP 指导委员会，负责制定 GAP 通则，提出 GAP 实施的政策性建议。

2. 标准体系的完善

依据 Eurep GAP 和本国农业生产标准制定了蔬菜、水果、经济作物等高附加值品种的 GAP 总则、协议书、控制点和遵循准则、检查表等。控制点和遵循准则包括主要必须项、次要必须项和推荐项，涵盖了食品质量和消费者安全，环境的可持续发展，生产管理，员工卫生与健康，生产记录，可追溯性和召回 5 方面的内容。

3. 认证体系健全

认证体系体现了自愿性原则，建立了比较健全的 GAP 认证程序以及配套的 GAP 标志使用，认证后监管和换证办法等。认证流程包括："申请—实施良好操作规范—认证机构指派审核员—审核员审核—综合评估—颁发证书—获证后年度监督审核—证书有效期截止前复评" 等环节。GAP 检查涉及农产选址、生产记录保持等多项关键内容。

4. GAP 认证效力显著

通过加强国际间的合作，实现了 GAP 认证的双边或多边互认。例如，Chile GAP 在 2004 年取得了与 Eurep GAP 具有同等效力的资格。目前，智利的生产者只需经过一次审核就可以获得被欧盟市场所认可的认证，降低了 GAP 实施成本；在亚洲，马来西亚、菲律宾、新加坡和泰国等东盟国家正在建立并实施一套区域性的良好农业操作规范（东盟良好农业规范，ASEANGAP），通过对蔬菜和水果生产进行全程质量控制，降低生产风险，促进区域间农产品贸易（牟少飞等，2007）。

第三节　国外农产品认证的经验

一、法律法规健全完善

最通行的立法主要有两种形式。其一综合立法。通过在国家综合性法律中对
农产品产地环境、农业投入品、生产过程、质量安全和包装标识作出明确规定，
直接或间接地对农产品质量安全和认证实施法制监管，如英国的《食品安全法》，
美国的《联邦食品、药品和化妆品法》，加拿大的《食品好和药品法》，对食品
安全标示标准、禁止生产、销售不符合消费安全要求的食品以及官方实施的质量
安全认证行为等作出了明确的规定。其二专门性立法。政府通过专门立法对农产
品质量安全认证认可和标识标志问题作出规定。如日本的 JAS 法（《农林物资品
质规格正确标识法》），对农林水产品的认证种类、认证方式、认证办法、认证标
准、标准管理、违规处罚和监督检查等作出了明确详细的规定。

二、技术体系配套和实用性好

农产品质量安全认证，是以认证机构为主体，认证培训和咨询机构为基础，
标准体系、检验检测体系等相关技术体系为支撑，对农产品质量安全及生产过程
质量保证能力进行合格评定的技术性活动。世界上大多数国家特别是美国、加拿
大、德国、法国、澳大利亚等农业发达国家，为了提高农产品质量规格和保障农
产品消费安全，制定了一系列农产品质量安全标准，并不断修订和完善。

三、实行农产品质量安全全程监管

国外的农产品质量安全管理坚持以科学为基础，以风险分析结果为依据，对
农产品和食品质量安全实施全程控制管理。从某种意义上讲，农产品质量安全管
理的核心就是管理农产品质量安全风险。特别是随着新技术在农产品生产中的不
断应用，农产品质量安全不可控和不可预见性的风险不断加大，很多农产品质量
安全风险实质上就是科学技术应用所伴随的风险，其风险评估和管理业只能通过

科学的手段才能有效地加以识别和控制。许多国家十分重视科学研究在农产品质量安全管理和认证工作中的地位和作用，对农产品质量安全控制的关键点和认证的关键环节深入研究，准确把握，控制措施得当，取得了预期效果。

第四节　我国农产品认证体系及其实践

一、我国农产品认证体系的内容

认证制度是市场经济的产物，主要为满足市场交易活动，建立信用和节约交易成本的需要。当专业化分工越来越普遍和市场范围越来越大，且产品供需双方信息不对称以及缺乏信任时，就需要借助介于供需双方的第三方力量，确认所交易产品的品质，因此，产生认证制度。认证是由认证机构证明产品、服务和管理体系符合相关技术规范的强制性要求或者标准的合格评定活动。

农产品认证是食品安全认证的重要组成部分，揭示农产品在生产、储藏、加工以及流通全过程链中的所有信息。农产品认证主要针对的是初级农产品及其延伸的粗加工制品，其中包含了对生产过程的质量体系分析和控制，但这种过程认知主要是服务于对最终产品质量要求的认证，所以我国目前推行的农产品认证主要是产品认证而不是体系认证。二是农产品认证的要求。由于农产品生产和消费的基础性，以及政府公共管理的成本约束和可操作性，目前农产品认证还只是一种激励行为，而不是一种强制性行为。经过认证的农产品可能得到更多的市场优势和超额利润，但并不影响普通农产品的市场机会，即农产品认证是自愿性而非强制性认证（王晓霞，2005）。

二、我国农产品认证状况和面临的问题

（一）我国农产品认证制度

我国农产品认证制度推行开始于 20 世纪 90 年代初，认证主要以无公害农产品认证、绿色农产品认证和有机农产品认证为主，此外还尝试性的进行了 ISO22000 认证，GAP 认证、饲料产品认证、GMP 认证、HACCP 认证等。农产品三品认证方式

的渊源和发展历程各不相同，适用标准和认证规范程度也有一定的差别。总的来说，无公害农产品处于农产品安全的基准线，绿色农产品是保障我国食品安全的优质农产品，有机农产品是国际上公认的安全、环保、健康的农产品。

1. 无公害农产品认证

无公害农产品是指其产地环境、生产过程、产品质量符合国家有关标准和规范的要求，经认证合格获得认证证书并允许使用无公害农产品标志未经加工或初加工的食用农产品。无公害农产品认证是为了适应我国当前农产品质量安全需要，由各级农业监督主管部门组织开展的一项重要的农产品质量安全工作。无公害农产品认证工作始于 2001 年，当年全国部分省、市，农业部门开始实验性地开展这项工作，2002 年国家政府部门开始制定相关法规和统一标准，2003 年成立农业部农产品质量安全中心，该中心下属种植业、畜牧业、渔业产品三个分中心，经国家认监委核准，负责全国无公害农产品认证工作。无公害农产品认证采取"政府推动，并实行产地认证和产品认证"的方式，不收取任何费用。

2. 绿色农产品认证

绿色农产品认证是遵循可持续发展原则，按照特定生产方式生产经专门机构认证许可使用绿色农产品标志的无污染的安全、优质、营养类农产品。绿色农产品分为 A 级和 AA 级。我国 AA 级绿色农产品在标准上采取国际有机农业联盟（IFOAM）的有机农产品标准。我国绿色农产品认证始于 20 世纪 90 年代初期，为顺应"高产、优质、高效"农业发展的要求而开展的一项农产品认证工作，采取的是"政府推进，市场运作"的方式，即政府统一制定管理规范、技术标准、建立专门机构，实行质量认证与证明商标使用许可相结合的自愿认证制度。具体认证管理工作由中国绿色食品发展中心负责。

3. 有机农产品认证

有机农产品是英文 Organic Food 的直译名，根据 IFOAM 的定义，有机农产品是根据有机农业和有机农产品生产、加工标准而生产、加工，供人们食用的农产品。有机农产品认证始于 20 世纪 90 年代中期，为能够因地制宜地发挥部分地区生态环境良好、人力资源充足的劳动密集型农业的优势和针对国外部分特别消费群体的消费需求而开展的认证。采取完全的市场运作方式，借鉴国外认证机构的标准和规范，进行经营性认证，是国际通行的认证方式。目前，国环有机认证中心（OFDC）、中绿华夏有机农产品认证中心等认证机构已经获得最大的有机农业国际性组织—国际有机农业运动联盟（IFOAM）的认可或成为其成员（张利国，2006）。

无公害农产品认证、绿色农产品认证和有机农产品认证构成了我国现阶段农产品认证体系的主要内容。各自执行的标准不同，认证机构不同对生产过程的要求和对最终农产品的目标要求也不同（王晓霞，2005）。见表 12-1。

表 12 – 1 农产品三品认证差异比较

项目	安全性农产品认证		
	无公害农产品认证	绿色农产品认证	有机农产品认证
认证性质	生产符合消费者健康基本要求的产品。	利用无污染的生态环境生产农产品。	改造和保护环境，建立种养结合、循环再生的完整体系。
起始时间	2001	1990	1994
生产要点	按照农业标准使用化学品，保证农产品的基本安全性，重点突出安全指标；要求对生产过程进行控制；注重生产环境和产品的检测结果。	允许使用化肥和使用高效低毒的化学农药，要求限量使用；绿色农产品标准中安全指标一般为常规农产品标准的 1/2 或 1/4；要求对生产、加工、储藏以及运输进行控制。	禁止使用农药、化肥、生长调节剂等化学合成物质。土地需经过 1～3 年的转换才能进行有机生产；生产的全过程要具备有机完整性，强调生产全过程的管理。
产品质量	产品中农药、兽药等有毒物质残留不超标，保证消费者的食用安全。	产品中农药、兽药等有毒物质低于国家标准，对部分产品有非安全性质量要求，质量高于国内普通的同类产品。	产品中无农药、兽药等有毒物质残留；安全性最高；有机产品与常规产品不能进行非安全质量比较。

　　2003 年，国家认证委等九部委下发《关于建立农产品认证认可工作体系实施意见》（以下简称《意见》），提出了"我国将建立统一、规范的农产品认证认可体系的总体构想"。并提出，"在今后的一段时间里，我国建立农产品认证认可工作体系的重点，是建立统一、规范的农产品认证认可体系，借鉴和引入工业产品认证认可的经验和做法，统一认可制度，统一认可机构，统一认可标准和认可程序"。国家认证认可监督委员会（CNCA）是我国认证认可工作的主管部门，统一执行认证认可和监督管理。

　　目前，我国农产品认证企业和我国认证机构颁发的认证书数量已居世界第一，截至 2014 年底，我国共颁发有效无公害农产品认证书 7 万多个，颁发有效绿色农产品证书 2 万多个，颁发有机农产品证书 1.2 万多个（陶运来等，2015）。

（二）我国农产品认证存在的问题

　　与国外发达国家比较，我国农产品认证体系的发展还处于初期阶段，虽然已经建立了相应的认证体系及检验体系，但未能完全与国际标准接轨，而且各认证机构相互独立，认证标准和检测标准不统一，降低了我国农产品的国际竞争力，造成农产品出口受阻和农产品品牌战略的实施。农产品认证推进中面临的问题主要表现在以下方面。

1. 认证体系不完善

完整的农产品认证体系除认证机构外，还应包括认证咨询机构和认证培训机构。认证咨询机构和培训机构是认证机构高效运行的基础，也有利于保持国家认证机构的权威性。目前我国只有认证机构，缺少认证咨询和培训机构，缺乏对申请认证农业企业和农户在标准化生产、科学化管理、规范化申报等方面的培训和指导。因此，使得很多需要认证的农业企业和农户无法获得农产品认证，进而影响企业市场竞争优势的发挥。

2. 认证过程不规范

由于目前我国认证机构内部监管体制不健全，缺乏有效的监管制度，进而造成认证过程不规范。例如，认证机构对认证产品需要检验的项目和标准执行不到位，认证机构的检查项目不能全面反映被认证企业的实际情况；有些认证机构没有及时将检查结果反馈给企业，不能使企业采取针对性改进措施；有些认证机构和检验机构在认证产品抽样中没能严格执行样品抽样标准，抽取的样品数量和采样点分布不均衡，使样品不具代表性，不能对认证产品做出客观、公正的评价。

3. 认证后监管不到位

农产品认证的认证后监督一般由发证部门和政府职能部门进行监管，认证机构和政府职能部门一般每年分别对获证企业进行抽查，频次较低，过程简单，出现问题后处罚力度不够。同时，抽查往往局限于产品质量和标志方面，没有注重对获证企业产品质量管理方面的符合性检查，监管效果甚微。由于认证后监管不力，致使有些企业非法伪造，冒用认证标志，超范围使用认证标志，超期使用认证标志的情况经常发生。

4. 与国际认证制度接轨程度低

受我国认证体制、技术和认证人才的约束，目前我国农产品认证水平较低，认证方式、认证标准以及认证结果没能完全与国际接轨，从而导致在国内认证结果不能得到国际认可，影响农产品出口贸易，降低了农产品国际市场竞争力（陶运来等，2015）。

5. 认证的基本制度条件有待完善

从理论上讲，农产品认证之所以有效，关键在于农业标准化的制定和信用机制的发展，也是农产品认证制度有效实施的基本制度条件。标准化是认证的基础和依据。认证活动就是要建立标准、贯彻标准、传递标准信息、简化标准内涵。

农产品认证制度的另一基础是信用机制。信用机制保证了农产品认证制度的有效性。从目前我国农业标准化和信用机制的建设情况看，还存在一些亟待解决的问题，还有待进一步健全和完善。

第五节　推进我国农产品认证发展的建议

积极推行农产品认证，既符合国际通行法，防范农产品质量安全风险，也符合中国国情和当前农产品质量安全监管的实情。鉴于中国农产品质量安全管理的阶段性和特殊性，应在借鉴国外经验的基础上，做好农产品质量安全认证工作。

一、改革与完善农产品认证制度

农产品认证体系的改革与完善要着手做好以下工作。一是积极推进认证机构改革。按照《中华人民共和国认证认可条例》规定："认证活动应遵循客观独立、公开公正、诚实信用的原则"，积极推进农产品认证机构改革，将认证机构改造成为真正独立的第三方机构。各级政府应为该项改革创造统一、公平、竞争的认证机构市场环境，营造良好的市场秩序，积极引导和规范认证行为。二是完善认证体系。在完善认证机构的同时，积极培育组建认证咨询机构和培训机构。实行统一的农产品认证机构、认证咨询机构和认证培训机构的国家认可制度，按照《关于建立农产品认证认可体系的实施意见》确定工作目标和任务，使农产品认证工作有序开展。三是加强对认证机构的监督和管理。为保证认证机构检查与认证的公正性和真实性，政府主管机构应该加强对认证机构的审核与认可。所有层次的控制和管理应该保证所有检查者和认证者都受到评估和认可。

二、建立我国农产品认证评价体系

在完善农业标准化和社会信用机制农业标准化建设（参见本书第一篇和第三篇第十四章相关内容）的基础上，建立我国农产品认证有效性的评价体系，对于建设良好的农产品认证市场秩序，提高我国农产品认证的有效性和国际国内信任度具有积极的意义。一是建立我国农产品认证有效性评价指标体系。通过采取多层次指标，综合运用量化测评技术依据，定期对认证机构和获证企业进行测评；二是依据测评结果对认证机构和获证企业的资信状况进行标记，实施分类管理，建立诚信档案，从而提高农产品认证的有效性；三是建立全国农产品认证有效性实时监控监测网络体系，对农产品认证有效性测评结果，进行信息公开，从而达到完善农产品认证体系，规范认证过程，严格认证监管，提高认证的国内外信任度。

三、完善农产品认证相关法律法规

对农产品认证，农业发达国家和国际社会已基本形成通行规则和规范的运作方式。我国农产品认证应当以与国际标准相对接的国家标准、行业标准为基础，在《中华人民共和国农产品质量安全法》中，应当对农产品认证及质量安全标识标志作出明确的具体的规定，制定专门的农产品认证及农产品安全标识标志管理办法，完善农产品产地认证、产品认证、标识管理、执法监督等各个环节的程序文件和技术规范，加强农产品产地产品认证、现场检查、标志管理、执法监督人员的培训、注册和工作行为的约束，真正使农产品认证和农产品质量安全标识标志管理工作达到制度健全、程序规范、实现标准与国际接轨、程序与国际一致、证书与国际互认。

四、加强认证的国际合作与互认

我国是农产品生产大国，积极推进农产品认证的国际化，为农产品出口创造条件，是认证发展的一项基础性工作。我国农产品认证机构应该积极参与国际农产品认证交流的各项活动，及时收集、整理和分析国际农产品认证的各类信息。加强对农产品国际认证发展动态及趋势的研究，不断加强农产品认证的国际合作，与主要贸易国和相关认证机构建立起长效合作机制，保证认证结果的相互认可，为我国农产品出口，占领国际市场和获得竞争优势创造有利条件。

五、立足国情稳步推进认证发展

我国的农业和农产品生产与欧美、加拿大等国家及地区相比，有其特殊性。主要是农业集约化和规模化水平不高，大型农业企业和农业生产大户所占比重还相对较小，因此，通过市场竞争推动农产品质量安全认证的潜力有限。在我国，目前农产品认证还不是一种完全的市场行为和产品质量评定过程，更多的是一种农产品质量安全政府管理行为和官方推进措施。目的是要通过认证的手段，指导和推动农产品生产的标准化和规范化管理。鉴于我国国情，对于我国农产品认证定性定位应把握以下三个方面。（1）坚持政府推动为主，因地制宜发展。（2）坚持公益性性质，以服务农民和指导农民为主。（3）坚持以产业发展为基础，以标志管理为重点，以执法监督为保障。整个农产品认证制度的设定和实施要有利于保护消费者、促进贸易和推动生产，防范安全风险和提高农产品质量安全水平。

六、坚持产品认证为主　体系认证为辅的思路

从国际社会农产品认证的分类看，主要分为产品认证和体系认证两大类。从发展规律看，大多是先推行产品认证，着重解决农产品的市场准入和品质规格品牌问题；随着产品质量安全问题的解决和生产过程质量安全问题的暴露，人们对农产品的消费不仅要求最终产品质量要安全，而且还要求生产过程也是安全可靠的，由此以生产过程质量控制为主的体系认证应运而生。从目前中国农产品生产的特殊方式和质量安全风险防控的关键因素看，应坚持以产品认证为主，体系认证为辅的发展思路。在产品认证中，最主要的是要大力发展无公害产品，加快发展绿色农产品，科学引导发展有机农产品。在产品认证发展到一定程度和规模后，可以适当探索推行体系认证和体系管理（金发忠，2006）。

在众多管理体系中，较为符合中国农业和农产品实际的有三个基本类型。一是 GAP，适合生产过程简单、质量安全风险影响因子较少的种植业。二是 GMP（Good Manufacture Practice），即指良好工艺措施，是在食品生产过程中保证食品具有高度安全性的良好生产管理系统。这种认证体系比较符合生产条件相对封闭的兽药和农产品加工企业。三是 HAPPC（Hazard Analysis Critical Control Point），称危害分析和关键控制点。其概念分为危害分析和关键控制点两部分。指分析事物制造过程中各个步骤之危害因素及危害程度，依危害分析结果设定关键控制点及其控制的方法，这种认证体系比较适合生产链条长、质量安全风险影响因子多的畜禽水产养殖业及其加工业。在中国农业和农产品质量安全管理中推行这三种体系认证，应当充分依托依靠各级农业行政管理部门和农业技术推广机构，作为管理技术和方法加以推广和普及。对规模化的农产品生产基地（企业、产销协会），省级以上农业部门可以对其开展官方注册，经确认符合规范要求的可以颁发 GAP、GMP、HACCP 官方注册证书。通过在推行农产品产品认证的过程中积极推广 GAP、GMP、HACCP 体系认证，加强农产品质量安全风险防控，保障农产品质量安全。

第十三章

农产品产地环境风险与防控

第一节　农产品产地环境风险概述

农产品产地环境的风险主要包括农业耕地土壤污染、灌溉水污染以及农业生产空气污染等。而农业耕地土壤的污染，直接关系到农产品的质量安全。因此，深入了解我国农产品产地土壤环境质量，探究土壤环境存在的风险和问题，依据农产品质量源头控制原则，进而制定科学合理的监管防控措施，是保证农产品质量安全的重要途径。

一、我国耕地土壤污染状况及其成因

（一）我国农业耕地土壤污染状况

近年来，随着农业集约化、工业化和城市化进程的快速发展带来了严重的土壤环境问题。据中国水稻研究所与农业部稻米及制品质量监督检验测试中心 2010 年公布的《我国水稻质量安全现状及发展对策研究》称，我国有 20% 的耕地受到金属污染（应兴华等，2012）。据 2011 年 10 月 25 日环保部调查数据，中国土壤环境污染状况较为严重，约有 1.5 亿亩耕地被污染，约占全国耕地面积的

8.3%，且大多数集中在经济发达地区。2013年12月30日，在国务院新闻办的发布会上，国土资源部在提到第二次全国土地调查主要数据时称，全国中重度污染耕地大体在5 000万亩左右，已不适合耕种。据2014年4月环境保护部和国土资源部公布的《全国土壤污染状况调查公报》显示：全国土壤环境总体不容乐观，部分地区土壤污染较重，耕地土壤环境质量堪忧，工矿业废弃地土壤环境问题突出。全国土壤总的点位超标率（点位超标率是指土壤超标点位的数量占调查点位总数量的比例）为16%。

（二）农业耕地土壤污染的成因

1. 化肥的不科学施用

据有关部门调查，我国农业化肥的使用量较高，但利用率较低，一般利用率为30%~40%，约有60%~70%的化肥被残留于农田中，由于化肥使用的不合理，尤其是氮肥的大量使用，使硝酸盐累积，土壤板结，地力下降，对土壤造成严重破坏，影响农作物产品质量和安全。

2. 农药的不合理使用

农药对耕地土壤的污染主要源于农药的不合理使用。具体表现为过量或不合理使用农药造成农药利用率低，使农药残留于土壤，造成土壤的污染。

3. 农用地膜的大量使用

据调查分析，我国农用地膜残留率高达42%以上。农用地膜碎片长期残留在土壤耕作层中，其土壤孔隙会连续性受到影响甚至被切断，从而影响土壤的通透性、吸湿性、水分和养分的运移。当土壤中地膜残留量累积到一定数量，土壤污染会持续增加。

4. 耕地的污水灌溉

利用污染水源对农地进行浇灌，必将严重污染土壤。一是大量生活污水排入水体，引起水体富营养化，造成污染。二是一些集约化的养殖场排放大量的粪尿、废水，以及没有被回收利用的农作物秸秆等被排入水体，成为污染水体和破坏农业生态环境的污染源。三是工业"三废"中的有机物和重金属等对水体的污染严重。常年用污水灌溉农田，污水中一部分的有机污染物会残留在土壤中，造成土壤中的Hg、Pb、Cu等含量超标，对土壤的自然属性造成不可逆转的破坏（赵娜，2014）。

5. 农村生活和工业固体废弃物的造成的污染

农村生活中产生的固体垃圾以及农村工厂、矿山产生的工业垃圾的随意处理，不当处置都会直接污染土壤，进而导致土壤有害物质的超标。

6. 工业废气中污染物的排放

工业废气污染物通过气流运动或随降水向农区扩散，致使酸雨发生率频频增大，造成农业耕地土壤环境污染。同时，大气可能造成农产品污染，如汽车排放的尾气可导致水稻等农产品铅污染。

根据以上对土壤污染成因类别分析，结合相关调查数据，得出的结论是：污染物类型复杂，包括化学污染、生物污染、物理污染以及放射性污染。按时间划分既包括持久性污染，也包括非持久性污染，其中持久性污染由于其影响严重、潜伏期长、消除困难等特征逐步成为关注和研究的焦点；污染物进入的形式多元化，属于投入品、灌溉水、固体废弃物、空气等全方位的污染；污染来源广泛既有来自农业内部的污染，也有来自工业企业和城市污染的转移。因此，农业耕地土壤污染的防治既需要注重科学技术的研发与应用，同时更需要结合我国国情建立完善的综合治理体系。

二、我国耕地土壤污染治理与问题分析

（一）我国农业耕地土壤污染治理

面对进入 21 世纪以来我国土壤污染的严峻形势，有关部门和各级地方政府采取了一系列措施治理土壤污染。我国《国民经济和社会发展第十一个五年计划纲要》中明确要求，"开展全国土壤污染状况调查，综合治理土壤污染"。国家环保局 2006 年已经启动了全国土地污染状况调查。2013 年初，国务院办公厅发布《近期土壤环境保护和综合治理工作安排》（以下简称《工作安排》），提出未来 5 年土壤污染治理的主要目标、任务。并提出到 2015 年，全面摸清我国土壤环境状况，建立严格的耕地和集中式饮用水水源地土壤环境保护制度，初步遏制土壤污染上升势头，确保全国耕地土壤环境质量调查点位达标率不低于 80%，并且提出在 2014 年底前，各省级人民政府要明确本行政区域内优先区域的范围和面积，并在土壤环境质量评估和污染源排查的基础上，划分土壤环境质量等级，建立相关数据库。

在 2012 年 3 月，我国农业部和财政部联合下发了《农产品产地土壤重金属污染防治实施方案》。财政部向农业部拨款 8.27 亿元，由农业部用 5 年的时间对全国农产品产地的金属污染状况进行调查。此前，农业部曾两次对全国灌溉区重金属污染进行调查。

按照农产品产地土壤重金属污染防治专家组 2013 年 4 月制定的《全国农产品产地土壤重金属污染防治》普查技术方案，农业部的这次调查将在 2016 年结

束，普查结果要明晰农产品产地土壤重金属污染状况、分布、特征等基础信息，开展农产品产地安全区划，对土壤重金属污染修复示范区，全面准确掌握污染状况，为制定污染修复方案，选择修复技术、方法、措施、材料等提供依据，同时为评估污染修复效果提供背景资料。2013 年这个技术方案已经下发到各省市，地方开始调研和数据采集工作（张金善，2013）。

（二）我国农业耕地土壤污染治理中的主要问题

1. 缺乏耕地土壤污染治理的专项法律法规

我国目前没有针对土地污染防治的专门立法。我国自 1979 年《环境保护法（试行）》和 1989 年《环境保护法》颁布以来，大气、水、海洋等环境要素的污染已得到重视。1995 年出台的《土壤环境质量标准》为土地建立了三个等级标准。2014 年修订的《环境保护法》明确提出"加强对土壤的保护"，"防治土壤污染"。总体来说，我国土地污染防治的内容分散在相关法律条款中，对预防和治理土地污染起到积极作用。但是目前我国在立法层面上尚无针对土壤污染预防和治理的专门法律法规，对污染土地的调查评估、责任主体认定、资金来源治理规范以及环境补偿等均未做具体规定。

2. 相关政策规定过于笼统针对性不强

近年来，我国出台了一些与土地污染防治的相关政策，但政策多见于有关部门阶段性出台的一些专门的规定或指导意见，如《水污染防治法》规定："利用工业废水和城镇污水进行灌溉，应当防止污染土壤、地下水和农产品"。《农产品质量安全法》规定了农产品生产者对化肥农药等的合理使用。然而针对于目前的土地污染控制、修复与可持续利用等实际问题这些法规政策的约束力远远不够，实践中缺乏具有针对性的政策措施。

3. 土壤污染防治的相关规范和标准不完善

我国目前尚未出台土地污染评估标准、修复规范等指导性文件，在农业耕地土壤污染评估过程中关于污染物的范围、污染物的评价标准和污染治理标准等一系列的执行标准方面还不健全，例如目前尚未建立农用地膜使用和土壤残留标准。

4. 土壤污染主体责任认定不明确

我国目前环境污染防治主要遵循"污染者付费"原则，但由于土地污染具有隐蔽性、复杂性、滞后性、累积性和不可逆转性等特点，加之我国土地利用管理体制和机制的不完善，使得土壤污染主体责任认定困难，"谁污染，谁治理"的原则无法落实，需要依据我国国情建立起相应机制，进行污染者责任认定和追溯。

5. 尚未建立起完善的土壤污染监测体系

目前我国尚未建立土壤污染数据库，土壤污染信息无法共享，致使土壤污染监测体系不完善和发挥其功效，从而使耕地土壤污染因缺乏监测数据而不能及时，有效地得到防控和治理。

6. 土壤污染管理部门多监管职能分散

目前我国土壤管理的职能分散在环境保护部、国土资源部、水利部、农业部以及矿产资源管理和建设等部门。根据相关的职能规定，环保部负责土壤污染总体控制和污染监测。国土资源部统一负责全国土地的管理和监督工作。农业部负责土壤改良，农产品产地土壤安全管理、农田土壤监测和农药、肥料、土壤调理剂等对土壤的安全管理等。水利部负责防治水土流失和土壤侵蚀监测。矿山资源管理部门负责矿产资源开发所在地土地规划、矿山开采后土壤修复、土地复垦。对土壤的多头管理导致土壤环境监管职能分散、交叉，权责不明，并使各部门之间协调联动缺乏制度保障和约束机制，不利于土壤污染的预防与治理。

7. 土壤污染防治资金缺乏

据有关数据显示，我国受重金属污染的农田有 2 000 万公顷，即使采取成本较低的植物修复法，其修复成本也需要 6 万亿元的资金，需要修复的废弃矿山需要 1 400 多万亿元，而我国"十二五"期间中央财政资金用于全国污染土壤修复资金为 300 亿元，资金缺口巨大（韩冬梅，金书秦，2014）。

第二节　耕地土壤污染治理的经验

为了防治耕地土壤污染，保证农产品质量安全，促进土地资源的可持续利用，国外许多发达国家采取积极措施，并取得较好的效果，研究和总结其经验对于我国耕地土壤污染的防治和修复利用有一定的借鉴意义。

一、成立相应的管理与协调机构

为了加强对污染土地实施有效管理，英国在环境部门内部设立了污染土地科，隶属于污染与废物管理司地方环境质量处。但是，由于污染土地的管理、整治与持续开发利用是一项复杂的工作，仅依靠环境部污染土地科室是难以胜任的。为此，英国在 1976 年成立了部际之间的"土地再开发委员会"。其职责是负责各部以及有关部门之间的协调；参与政策制定；组织制定有关标准；为政府部门和民间提供指导和咨询。该委员会隶属于环境部。

二、制定相关法律治理污染土壤

美国联邦法中没有土地污染治理的专门法律，而是通过制定对污染源的控制等相关法律进行土地污染的有效控制。1980年，美国国会制定了对由于有害废物和有害物质引起的损害向公众赔偿的法规《综合环境影响、赔偿和责任认定法案》，也称《超级基金法》。该法在1986年和1996年两次进行了修订。该法的实施有效地治理了土壤污染。

日本在20世纪70年代初，在《公害基本法》中增加了有关土地污染防治及治理的相关条文。随后出台了《农用地土壤污染防治法》。1978年、1993年和1999年又进行了修订。1989年至2003年日本相继颁布了《水质污浊防治法》、《二噁英类对策特别措施法》、《土壤污染对策法》等法律法规。相关法规的制定与实施对土壤污染防治起到重要作用（陈平，2014）。

三、制定土壤污染的相关标准

日本土壤环境质量标准制定始发于农田土壤环境质量标准，1968年日本官方首次承认痛病源于金属镉污染，1970年为解决因金属镉污染土壤，引发的农产品质量安全问题，1970年在制定的《农用地土壤污染防治法》中规定了大米中镉、铜、砷等元素的标准。制定了农田土壤环境质量标准和标准限值。同时在日本土壤环境质量标准体系中还对有毒有害化学物质和土壤中放射性物质规定了标准和标准限值。土壤环境质量标准的制定与实施为农用土壤污染的治理和防控奠定了基础。

四、坚持土壤监测技术规范和准则

日本在制定土壤环境质量标准后，为有效开展规范的监测工作，环境省根据法律法规的要求制订、发布了一系列的监测方法、技术规范和分析方法等技术文件。其监测规范和方法包括，调查方法、测定手册、报告要点等类型。具体内容包括：农田土壤常规监测准则、土壤中有毒有害物质常规监测规范、土壤中放射性物质监测规范、土壤中油污染对策指南等（陈平，2014）。

五、对受污染土壤进行有效识别

对受污染土壤进行有效识别是土壤污染治理的基础条件。英国在 1990 年制订的《环境保护法》中对地方授权机构规定了不时地检查其辖区内土地以识别污染土地的要求。在具体识别过程中，地方授权机构必须作出相关的认定才能确定某块地属于污染土地。有关认定一旦作出，地方授权机构就必须将其记录在案。所要记录的内容包括：特别明显的污染关联、对证据的综述、对证据相关评估的综述以及对授权机构的识别行为的综述（吴宇，2007）。

六、加强与土壤污染治理有关的科技研究

为了有效防治土壤污染，促进土地的管理和可持续开发利用，英国政府采取积极措施加强有关科技的研究。包括土壤中石棉纤维的分析技术、填埋场气体的危害及监测方法与技术、污染土地整治技术、有毒废物的管理、废弃物的回收与再利用、污染土壤的改造与修复利用、污染土地风险评估与防控、污染土地整治监测与评价等（吴宇，2007）。

第三节　农产品产地环境安全风险防控对策

一、制定土壤污染防治专项法律和完善政策体系

面对农业耕地污染的严峻形势，要解决耕地污染问题，防控农产品产地环境安全风险，需要完善相关立法，制定农产品产地土壤污染防治专项法律，制定一部全国统一的《土壤污染防治法》。因此，需要开展立法调研、加强立法研究。该法律应包括的内容有：农产品产地土壤污染防治管理主体及其职权的划分、农产品产地土壤污染治理对策的地区划定、土壤环境质量控制、土壤污染风险评估、农产品产地土壤污染防治的预防和管理制度，其具体包括，农产品产地土壤污染预防和保护制度、污染控制和清洁生产制度、农产品产地环境污染应急制度（王伟等，2010）。

同时，加强各项相关政策间的协调与整合，完善土壤环境保护政策体系，避免矛盾和冲突，以《土壤污染防治法》为核心，相关标准和法规的有效配合，构成全方位、系统的和综合的土壤污染防治政策体系。明确相关部门的职能分工，环保部门应作为土壤污染防治相关政策制定、监测核查和信息发布的主要部门，其他部门在其职责范围内对土壤水土保持、土地利用及开发等进行管理，加强部门间工作的协调与配合。

二、建立国家和地方土壤污染筛选和清洁标准

我国地域辽阔，土壤类型多样，土壤性质高度分异，所含元素背景浓度高低不均，而这些因素都是影响土壤筛选或修复标准制定的重要因素。从世界发达国家的情况看，美国、加拿大，不仅在国家层面建立了土壤污染筛选和清洁标准，而且在各地区层面也建立了相应的更为具体的操作性更强的标准。我国《土壤环境质量标准》GB15618-1995 实施已久，其标准已经不能满足现实需要。因此，有必要在国家层面制定既能有效保护生态环境，又有利于土地资源的开发和持续利用完善科学的土壤环境质量标准。同时，依据不同地区土壤的类型和性质等因素，制定适应区域土壤污染防治的筛选和清洁标准。制定国家与地方不同层面的土壤污染防治标准，对于推动和规范土壤污染环境评价及土地污染管理具有积极的意义。

同时加强土壤污染和修复标准的实施。我国 2001 年制定的无公害农产品质量标准体系中对无公害农产品产地环境制定了一系列标准，包括农田灌溉水的质量、畜禽饮用水质量、畜禽加工水质量、土壤环境质量以及大气质量等都作出明确的定量指标，而强制性实施和执行农产品环境安全标准，是防控农产品产地环境安全风险的重要措施，因此，各地方农业和农产品质量安全监管部门和相关检测机构，要加大其执行和实施力度，防控农产品产地环境安全风险。

三、开展土壤环境质量调查与评价

产地环境是农产品质量安全的基础，其风险防控是保障农产品质量安全的重要措施。根据 2012 年浙江省"农业地质环境与农产品安全研究"报告，对省内粮油、茶、蔬菜和果品 4 类农产品的 44 个县（市、区），907 个点，砷（AS）、汞（Hg）、铅（Pb）、镉（Cd）、铬（Cr）、铜（Cu）、锌（Zn）、镍（Ni）8 个重金属元素进行调研发现，稻米和蔬菜中重金属超标情况不容乐观。因此建议以在县为单位，开展耕地环境安全普查，摸清土地环境质量，明确划分禁止生产区

域，保证产地环境的质量安全。

全面开展土壤环境质量调查与评价，建立长期性的土壤环境质量监测网络。当前土壤环境污染尚未得到有效控制和修复，有关土壤污染的调查研究相对滞后，应逐步、分区、分阶段地深入开展基于农产品质量安全的全国性耕地土壤环境质量调查与评价工作，并建立长期的动态监测网络系统（陈义群，朱元华，2008）。

制定土壤质量修复和保护规划。利用土壤环境质量调查与评价结果，制定土壤质量修复和保护规划，包括农产品质量安全发展生产基地布局、结构调整、污染防治、污染土壤修复、农业清洁生产规划等，加强污染土地治理与修复的资金投入。

四、推进生态循环农业工程建设

为有效治理耕地土壤污染和土地的可持续利用。我国必须走生态循环农业发展的道路。各地要根据生态循环农业发展要求和技术特征，制定适合本地实情的农业技术战略、实施企业为主，政府支持的生态循环农业技术创新体系，重点研究开发无污染、无公害以及节水、节地、节能的农业技术和农业面源污染治理技术等，积极推进生态循环农业工程建设，实现清洁生产和生态良性循环，保障农产品质量安全和农业可持续发展。

同时，还要强化动植物疫病、产地环境和农业投入品的监管。国家农产品质量安全监管部门和各地方农产品质量安全监管部门，应加强对农产品产地环境的监管，防止废水、废气和固体废弃物中有毒有害物质以及病原微生物等对农业环境和产品的污染，从源头把好农产品质量安全关。

五、实行农业污染耕地的综合整治

农业耕地土壤污染综合整治是一项复杂的系统工程，包括耕地污染防治预警机制的建立、整治资金的来源及使用、部门间综合协调决策机制的建立及其作用的有效发挥以及耕地环境质量评估和监测等。因此，进行农业耕地土壤污染综合整治具体应做好以下工作：一是建立土壤污染监测预警制度。土壤污染防治中应把"防"作为主要手段。建立土壤污染监测预警制度，把握和分析土壤污染物质时空中的变化规律，准确确定土壤污染源，利用土壤污染预警系统对土壤污染突发事件进行实时跟踪与防控。二是完善土壤污染防治的资金机制。遵循"污染者付费"原则，对于企业导致的土壤污染，建立土壤污染赔偿问责机制。农村生活和生产导致的土壤污染，可借鉴国外经验，建立相关的土壤污染防治与修复基金。同时，建立及完善土壤修复的市场化机制，增加土壤修复相关产业资金的投入。三是完善我国土壤环境质量评估制度。包括明确土壤环境质量评估主体、规范土壤环境质量评估程序以及落实土壤环境质量评估责任等。四是建立部门间综合协调决策机制。农业耕地污染的综合整治涉及国土、环保、农业、工业等多个部门，因此，需要建立综合协调决策机制，使各部门在耕地污染综合整治中明确方向和目标，明晰职责和权限，提高耕地污染综合治理机构的综合协调和管理水平，把耕地污染综合整治的各项任务落到实处。

六、加强污染土壤防治技术的研究与推广

农产品产地土壤污染防治技术包括农业土壤环境的保护和新型化肥、农药、饲料添加剂的开发和创新，实施农业投入品的环保化、精准化和程序化。

1. 加强工业"三废"利用和治理技术的研究

据有关部门对吉林省农业水资源的调查显示，工业废水中的有机物和重金属对农业灌溉水造成严重污染，利用这样的水进行灌溉农田，造成对农地土壤环境的破坏。因此，应加强工业"三废"利用和治理技术的研究。例如，对于农业水污染的治理，可以采取农业区域自然河流（环形流道）的技术治理措施，可以达到预防和治理农业水环境，保护农业灌溉水及其利用的目的（翟代明，2005）。

2. 重点实施土壤重金属污染的综合防治

重金属在土壤中不易分解，具有明显的生物富集作用，其治理不仅见效慢、费用高，而且受到多种因素的制约。应进一步加快土壤重金属污染综合防治技术的研究和整合，重点开展基于农艺措施、生物措施和工程治理等的土壤重金属污染治理实验示范（顾继光等，2003）。

3. 加强新型无公害替代化肥、农药的开发创新

一是实施环保缓释肥料、生态型有机－无机复混肥、环保型生物肥料的研制和产业化。二是实施新型生物源农药、新型替代高效、低毒、低残留农药及高效安全农药喷洒机具的研发。三是加快研制新型生物饲料添加剂，研究饲料添加剂生产的新型工艺，减少生产环节的污染。

4. 加速农产品生产过程中安全控制技术的实施

针对传统农业大量用水、施肥、用药导致的资源浪费和产品污染状况，在生产技术上，强调谨慎选择组合传统技术和现代技术，尤其是传统农业的优秀农艺技术和高新技术适度配合，大力发展精准农业，对农产品生产过程中如施肥、施药、播种、水分管理等环节进行全程管理和控制。

5. 加快优质专用农作物新品种的选育、引进和推广

在挖掘现有资源潜力的基础上，加快引进已经研究成熟的技术，同时加大改良、创新和利用研究力度。加强生物技术等新技术与常规技术结合，重点选育和推广具抗污染、地残留、高品质的农产品品种（朱有为，2012）。由于目前在世界范围内关于转基因农产品对人体健康的影响及其危害问题尚存在较大争议，对转基因技术的研究与应用应采取科学和谨慎的原则。

第十四章

企业诚信体系建设与农产品安全风险防控

诚信是指诚实守信的道德规范，运用于经济范畴指的是人们在从事生产经营中要严格遵守"诚信"这一道德规范，并以此来约束其不良行为，以保证企业产品质量和企业良好的信誉。可以说，诚实守信是市场经济的基础，诚信体系的建立已经成为维护正常经济秩序的重要条件。农产品既是直接的消费品，也是加工食品的主要原材料，农产品质量的安全风险防控，有赖于农业企业诚信体系的建立与完善。

第一节　国外农业企业诚信体系建设模式与经验

一、企业诚信体系建设模式

从发达国家来看，由于各国经济、文化和历史发展的不同，不同国家形成了不同的发展模式。目前发达国家企业诚信体系建设大致有三种：

1. 以美国为代表的市场主导型企业诚信体系

该模式以私营征信服务为特征。从征信运营主体看，经过 100 多年市场经济的发展，美国信用服务行业已经形成少数几个市场化运作主体。目前从事信用服务的企业高度集中，主要有三大类：其一资本市场上的信用评估机构；其二商业市场上的信用评估机构；其三对消费者信用评估机构。从法律体系来看，在 20

150

世纪 60～80 年代，美国信用管理相关法案陆续出台，逐步形成了一个较为完整的信用管理法律框架体系。

2. 以欧盟为代表的政府主导型企业诚信体系

从征信模式来看。欧盟主要国家的社会信用体系以公共征信系统为主，私营信用服务为辅。从法律体系来看，欧盟制定了在所有成员国内都有效的相关法律法规，其制定信用交易法律的初衷是在力图保护消费者权利的同时，最大限度地赋予征信公司获得征信数据的权利（廖勇刚，2009）。

3. 以日本为代表的会员制企业诚信体系

该模式以行业协会征信服务为特征。从征信机构来看，由行业协会牵头建立以该行业会员为主的会员制机构，机构的设立主要由会员共同出资建设，产权归全体会员所有。机构主要职能是收集行业会员的信用信息并在会员之间进行交换、共享，其征信的范围包括个人征信和企业征信。机构的信用信息原则上只对会员开放，同时各会员单位有义务向机构提供其掌握的信用信息。

二、企业诚信体系建设的经验

（一）以法律保障企业诚信的自觉性

企业诚信体系建设需要法律的保障，美国相应法律的建立和完善，提升了企业诚信体系建设的自觉性。一是企业是法律制定的参与人之一。美国任何法律的制定都有各方代表参加，包括政府、消费者、科学界、企业代表等，作为参与人之一的企业，有遵守法律的自觉性。二是法律出台要经过多方听证与论证，因此，相关法律规定具有合理性和可操作性。三是法律实施过程为企业留有适应期，充分考虑了该法律在企业实施的可行性。

（二）可追溯和召回制度成为企业诚信的根本

2002 年欧盟《一般食品法》颁布，奠定了欧盟食品安全规制的基础，明确食品安全问题的处理程序。其规制的特点表现在三方面：一是建立从"田间到餐桌"的食品安全完整责任与执行体系；二是建立现代的监管与信息交流机制以实现食品安全问题的快速行动；三是保证风险分析的客观性，最终实现保证公众健康和消费者对食品安全的相关诉求。在美国，对农业和食品加工企业实行产品召回制度。政府可以强制召回问题食品。为维护企业声誉和保证消费者信誉，企业主动选择自愿召回而非政府强制。

在日本，对于食用农产品，农业协会实施可追溯管理制度，即规定：协会下属的各地农户，在生产经营中必须记录农产品的生产者、农田所在地、使用的农药和化肥、使用次数、收获和出售日期等相关信息，为每一种农产品配一个"身份证"，整理成数据库并开设网页供消费者查询。

（三）食品源头控制制度成为企业诚信的约束

香港与食品进口国及进口地区相关部门进行合作沟通，并就食品生产地的农场、食品加工厂等源头进行审核和产品质量安全检测。基于公共卫生的原因，政府对进口食品制定明确的规定：某些高危进口食品，例如牛奶、奶类制品、冰冻甜食、野味、肉类等均受到《公共卫生及市政条例》（香港法例第 132 章）的附属法例所监管等。要求蔬菜样本在食品管制办事处进行检验残留农药。畜产品也需要在相关部门接受检查和检验。

（四）公众参与成为企业诚信的社会动力

在日本，消费者的维权行动推动了企业的诚信经营。1956 年，日本消费者协会正式成立；1957 年 2 月"全国消费者团体联络会"在东京召集主办了"全国消费者大会"，并发表了《消费者宣言》；20 世纪 60 年代开始，为解决环境污染问题、食品安全问题，日本还开展各种社会实践活动，如"有机农业实践"、"消费者与生产经济合作运动"等，公众参与的力量对企业诚信体系的建立发挥了一定的作用。同时，美国的食品安全信息透明、公开，企业一旦失信，美国的食品安全监管机构就会及时发布消费警示，以提示消费者，这使企业不敢轻易失信，而要始终坚持和维护企业的信誉（上海交通大学课题组，2013）。

第二节　中国农业企业诚信体系建设状况

2009 年我国在《食品工业企业诚信体系建设工作指导意见》中指出，"诚实守信是市场经济的基础，是完善社会主义市场经济和构建社会主义和谐社会的客观要求，诚信建体系建设已经成为维护社会正常经济秩序的重要条件"。农产品是食品加工的原材料和消费者的直接食用品，其产品质量关系到整个食品产业链的产品质量安全和消费者身体健康，因此，维护食品安全是农业和食品加工企业的社会责任，遵守法律、履行承诺、承担社会责任是企业诚信的标志，建立企业诚信管理体系是防控农产品和食品质量安全风险的治本之策。

近年来，在各级政府的大力推进下，我国农业企业诚信体系建设具备了一定的基础，取得了一定的成效。但是，由于我国农业企业（包括各种经营形式的企业和农户）生产经营规模相对较小，集约化水平低，经营分散，企业和农户诚信体系建设还面临诸多问题，总体看主要存在以下方面：

第一，缺乏整体规划和指导。在各地农业企业诚信体系建设中，缺乏政府有关部门的规划和引导，影响企业诚信体系建设的积极性。

第二，相关法律法规制度不完善。目前，我国已经针对食品工业企业诚信体系建设颁布了一系列法规制度，如2009年6月施行的《食品安全法》、《食品安全法实施条例》、《食品工业企业诚信体系建设工作实施方案》等，而针对农业企业诚信体系建立的法律法规以及相应的制度尚不完善。

第三，风险来源的多样性加大建设难度。农业是食品产业链中的重要环节，也是具有特殊性的产业，其生产过程要受到自然因素、产地环境以及人为因素等各种因素的影响，因此，农产品风险来源的多样性增加了诚信体系建设的难度。

第四，企业对诚信的认知度有待提升。企业诚信是一个道德的范畴，其内涵非常丰富，且随着时间的推移和企业文化理念的变化，其内容也在不断更新。目前，企业对诚信的概念和内涵的认知度还比较肤浅，有待进一步提升，以便使企业能够真正建立起适应时代发展要求和市场经济发展的诚信体系。

第五，诚信体系建设的机制尚未形成。目前，农业企业诚信体系建设的激励机制、长效保证机制、企业自律机制、失信惩戒和守信受益的奖惩机制等尚未建立，致使企业诚信体系建设难以推进，需要进一步完善。

第六，诚信体系建设的外部信用服务机构不完善。企业诚信体系建设除了需要根据不同行业企业，建立企业诚信评价体系和实施方案等，还需要有完善和规范信用服务机构参与。目前，我国为企业诚信体系建设服务的社会信用服务机构建设还相对薄弱，同时，在诚信信息的征集、诚信信息的加工与共享、诚信信息的使用等平台建设方面还不完善和规范，制约了企业诚信体系建设（王永等，2012）。

第三节　农业企业诚信体系建设的思路与对策

一、企业诚信体系建设的思路

鉴于我国目前的经济环境、市场环境以及相关法律环境等特点，企业诚信体系的建设还不能采取完全的市场化模式和依靠市场的激励与淘汰机制，最终实现企业经营者的诚信；也不能完全采取政府主导型模式，即完全依靠政府监管惩治达到企业诚信的目标，而是要综合考虑我国农业发展的现实状况和国情，采取适宜我国农业企业诚信体系建设的模式。

根据我国目前农业企业产品质量安全的目标和诚信体系建设的需要，借鉴发达国家及地区的相关经验，提出我国农业企业诚信体系建设的基本思路。即，在政府推进、市场运作、企业实行的基本原则框架下，进一步完善相关法律法规、标准和制度，使企业诚信体系建设有标准、有依据、有约束；加强企业诚信教育，提升企业的诚信意识和认知度；通过采取各种措施加快建设企业诚信体系，使企业真正成为承担社会责任、遵纪守法，履行承诺，信誉度高的生产经营者，以保障农产品的质量安全。

二、企业诚信体系建设的对策

（一）加强农业部的组织领导

建立统一高效的部门协调机制。国家农业部和食药局等部门，要指导农业企业的诚信体系建设工作，设立专门的机构指导和督促企业建立诚信管理制度体系，检查企业诚信制度的实施。各地各级农村农业合作组织负责开展诚信培训，指导企业建立诚信制度、实施国家标准、组织企业参与诚信评价活动，加强质量诚信的宣传。

（二）构建诚信法律体系和相关规章、标准

完善的法律法规是企业诚信体系建设和信用管理的重要保障。目前需要加快《食品安全法》和《农产品质量安全法》的配套法规、规章和制度性文件的制定和修订，促进法律法规的有效衔接，进一步完善农产品质量安全诚信方面的行政法规和规章的制订和修订。例如，企业诚信体系的标准评价、诚信信息的采集和诚信信息的使用，以及守信和失信企业的奖惩等方面需要制订和完善。严格依法征信、披露和使用诚信信息，维护国家经济安全和社会公共利益，维护企业和消费者的合法权益。各地农业企业监管部门要对企业实施分类监管，依法对失信企业实行惩治措施。

（三）建立企业诚信体系建设的保障机制

一是市场激励机制。实行这一机制一方面可以通过博弈过程中的市场选择实

行；另一方面还可以通过引入社会诚信识别保证体系实现。就市场选择而言，目前主要是要通过社会各方面的共同参与，加强市场对诚信企业及其品牌的真实信息的宣传和传播。并对诚信记录好的企业，实现企业产品优质优价，使企业获得诚信收益效应。就政府主导的社会诚信识别保证体系方面，可以通过建立和完善完整的信用评价体系及信用库加以实现。二是诚信惩戒机制。企业诚信体系建设是一个综合的系统工程，完整的企业诚信体系其内容除了包括征信、诚信评价外，还包括失信惩戒等，对失信企业进行惩戒是提高企业诚信水平的重要措施之一。因此，目前要建立于完善失信的法律惩戒机制，加强政府的监管处罚力度，并对主要责任人进行失信档案记录，并与其个人在融资相关社会福利申请等方面相联系，提高惩戒的威慑力。

（四）诚信评价和服务机构的建立和完善

一是诚信评价机构的建立和完善。企业在制定诚信体系建设方案，并在内部实施的基础上，需要引进相对独立的第三方，对企业诚信体系建设状况进行评估和认定。该评价机构应该是既不从属于政府，也不附属于企业，而是独立于政府和企业之间，具有一定资质和信誉的中介服务组织。该机构可以是社会新成立的相应机构，也可以从农业合作组织中培育并独立出来。二是诚信服务机构的建立和完善。诚信服务机构是合法的对企业进行征信、信息加工、与出具企业诚信评估报告的机构。目前，我国这类机构还较少，不适应企业诚信体系建设的需要。鉴于此，应加快建立和完善相应的企业诚信服务机构，打造企业诚信公共信息平台，并通过采用各种方式和渠道使服务机构能够及时进行企业诚信信息的征集、诚信信息的加工和共享以及诚信信息的使用，以便消费者、公众和相关企业能够及时了解企业经营者的诚信状况，规避和防范不安全产品质量风险。

（五）制定企业产品信息可追溯和产品召回制度

建立农业企业产品信息可追溯制度是农产品质量安全管理的重要手段，也是企业诚信体系建设的重要内容。目前，农产品和食品信息可追溯越来越受到发达国家的关注和采用，并获得良好的效果。在我国，2007年，上海开始实施"档案农业"，要求生产者对生产过程建立档案。一旦出现质量问题，可追溯至生产中的问题环节。2006年，天津开始采取蔬菜质量可追溯系统，陆续实现无公害蔬菜质量可追踪。湖南省南田农场，于2004～2005年正式进行"农垦无公害农产品质量追溯系统"的试点，收到良好效果。由此可见，企业诚信体系的建立和运行，有赖于产品质量安全可追溯制度的建立与应用。农产品的身份标识与责任追溯，不安全和劣质产品召回，是企业自律的重要措施，可以帮助企业将生产和

155

销售不安全产品的可能性降低到最小，以维护企业声誉。

（六）增强企业诚信意识和道德水平

我国一些农业企业和农户还存在法制观念不强，责任意识薄弱，诚信认知度低等问题，为追求经济利益而不能保障产品质量安全，致使企业信誉普遍较差。因此，针对农业企业的诚信意识、社会责任意识和企业道德意识的宣传教育仍需加强。应通过各种形式加强法律法规、产品标准方面的教育培训；经常开展质量诚信宣传，诚信自查自纠、企业诚信自律等方面的活动，增强和提高企业责任意识和诚信意识；通过开展经常性的职业道德教育和学习，提升企业的社会道德标准和水平（陈涛，程景民，2012）。

第十五章

农产品安全监管体制与风险防控

第一节　农产品安全监管体制的国际比较

农产品和食品安全监管体制是指建立在食品安全监管制度基础上的组织机构、职责划分、监管方式等共同组成的管理系统。农产品和食品安全监管的行政组织是监管的主体，其权力划分、结构设置以及监管方式的选择，直接影响监管的效果。其中中央和地方的集权与分权（立法权、执法权和监管权）是监管权力和职能的纵向分配，也是监管体制构建的核心；而监管权力和职能在同级监管部门间的横向分配是管理结构设置的基础。从国外农产品和食品安全监管体制的发展演进看，大致分为以下三种类型。

一、相对分权式监管体制

（一）美国农产品和食品安全监管体制

美国属于典型的联邦制国家，在农产品和食品安全监管体制上实行的是相对分权式管理体制，即联邦和省两级政府机构均有相应的立法权、执法权和管理监督权。美国食品安全法律由国会制定并经总统签署，在不违反联邦法律的前提下，联邦政府机构有权制定和执行国际贸易与跨州（省）贸易产品的食品质量安全法律、法规与标准。

美国州（省）一级的农产品和食品安全机构管辖范围覆盖其辖区内的所有食品类别，并与联邦机构合作贯彻执行农产品和食品安全法律法规，同时有权限在不与联邦法律冲突的条件下，结合本州（省）实际，对本区域内进行的贸易或餐饮所涉及的食品制定和执行本州的法规和质量安全标准（王芳等，2010）。

美国建有联邦、州和地方政府既相互独立又相互协作食品安全监管体系，采取联邦、州和地方政府联合监管的方式（王兆华，雷家骕，2004）。两级政府在农产品和食品安全监管的主要合作方式是：建立执行合作小组（CFISIG）或签署合同和备忘录等食品安全合作协议。

在管理结构设置上，美国联邦政府的主要机构包括健康与人类服务部（DHHS）下属的食品药品管理局（FDA）、农业部（USDA）下属的食品安全检验局（FSIS）和动植物健康检验局（APHIS）以及美国国家环境保护总署（EPA）。FDA负责保护消费者免受不安全和虚假标签的食品危害，负责除农业部监管的3大类农产品以外的其他产品的质量安全监管。同时还负责对兽药（含兽药新产品的上市审批）和饲料的监管；FSIS负责对全国国内生产和进口的肉类、禽类和蛋制品实施从生产到加工以及标示上市全过程监管，APHIS主要负责开展动植物疫情的诊断、防治、控制，保护和改善动植物及其产品的健康、和质量。EPA主要负责饮用水、新的杀虫剂及毒物、垃圾等方面的安全，制定农药、环境化学物的残留限量和有关法规（苏方宁，2006）。另外，州和地方设有与联邦机构相应的监管机构。如美国食品安全检验局有地方运行办公室。

（二）加拿大农产品和食品安全监管体制

加拿大联邦一级对农产品和食品安全的管理由卫生部和农业部下属的食品检验署（CFIA）实施。CFIA有权制定食品安全法律、法规并对有关法规和标准的执行情况进行监督。省一级政府有权结合本州（省）的实际，对辖区内进行的贸易或所涉及的食品安全制定和执行质量安全法规和标准（张守文，2008）。

加拿大农产品和食品安全监管采取的是联邦、省和市政当局"分级管理、相互合作、广泛参与"的方式。CFIA集中负责农产品和食品安全监管工作，包括管理联邦一级注册、产品跨省或在国际市场销售的食品企业，同时，负责所有食品的法定检测、动物疫病防治任务，并向加拿大农业部报告食品安全情况。该机构在全国设有 18 个地区级直属机构，是加拿大联邦最大的部委之一。

省（州）政府提供在自己管辖范围内、产品在本地销售的农产品和食品企业的检验情况。如安大略省卫生部负责餐饮、熟食、食品摊贩的监管。市政当局负责向经营最终食品的饭店提供公共健康的标准，并对其进行监督。

二、相对集权式监管体制

（一）法国农产品和食品安全监管体制

法国的农产品和食品安全法律法规由中央政府制定颁发。早在 1905 年 8 月就颁布了有关食品安全的法律，20 世纪 70 年代以来，法国主要基于欧盟食品安全规章条例，不断修订现有的法律法规。地方政府食品安全监管机构没有立法权，并要严格按照国家的相关法律法规进行监管。

法国农产品和食品安全采取中央政府和地方政府两级监管。中央一级政府的监管机构有农业和渔业部下属的食品总局（DGAL），经济、金融和工业部下属的消费、竞争和稽查局（DGCCRF），社会事务、劳动和团结部下属的健康总局（DGS）3 个部门负责，其中，DGAL 是负责农产品和食品质量安全管理的核心部门。地方一级由 22 个大区 100 个省市的兽医服务省分局，消费、竞争和稽查省分局以及社会事务和卫生事务省分局负责。农产品和食品安全风险评估由食品卫生安全署（AFSSA）独立承担（朱彧等，2005）。同时，国家卫生监督所（In-VS）和法国健康产品卫生安全局（AFSSPS）负责对食品卫生安全进行监督。国家卫生安全委员会负责总体协调。

（二）日本农产品和食品安全监管体制

日本是农产品自给率较低的国家，日本食品安全监管的重点是进口食品。日本食品安全法律、法规和标准由内阁府制定，各级管理部门按照相关法律进行严格监管。日本的农产品和食品安全管理机构涉及农业、卫生、环境和商业等多个部门，但多年来，一直以厚生劳动省和农林水产省为主要管理部门。2003 年 7 月成立了食品安全委员会，由其统一负责食品安全事务的管理和风险评估工作。该委员会由内阁府直接领导，是对食品安全性进行鉴定评估，并向内阁的有关立法机构提供科学依据的独立机构。

农林水产省负责食品安全管理的主要机构是消费安全局。主要管理职能是负责制定和监督执行农产品类食品商品的产品标准；采取物价对策保障食品安全；

农林水产品生产阶段的风险管理（农药、肥料、饲料、动物等）；防止土壤污染；促进消费者和生产者的安全信息交流。厚生劳动省的主要职能是实施风险管理。其下属医药食品安全局的食品安全部是日本食品安全监管的主要机构，主要职能是执行《食品卫生法》保护国民健康；制定食品添加剂以及药物残留等标准；执行对食品加工设施的卫生管理；监视并指导包括进口食品的食品流通过程的安全管理；听取国民对食品安全管理各项政策及其实施措施的意见。

地方政府主要负责3方面的工作：第一，制定本辖区的农产品和食品卫生检验和指导计划；第二，对本辖区内与农产品、食品相关的商业设施进行安全卫生检查并对其提供有关的指导性建议；第三，颁发或撤销与农产品、食品相关的经营许可证。并进行农产品、食品检验，由当地的保健所或肉品检验所等食品检验机构对其相应权限范围内的产品进行检验（王敏，2006），同时负责对地方销售的进口食品的检验。

三、集权与分权结合式监管体制

澳大利亚农产品和食品安全监管实行的是联邦和州两级管理，集权与分权相结合式的监管体制。20世纪80年代以前，澳大利亚农产品和食品安全管理实行的是相对分权式体制。20世纪80年代中期，通过联邦与州/区政府间协议，将食品安全立法权限过渡给联邦政府，引导食品安全统一立法。根据《食品法规协议》，澳大利亚成立了澳新食品法规部级理事会，负责制定农产品和食品安全法律法规、政策等。理事会下设常务委员会负责法规和政策的协调，各州不能在不与联邦法律发生冲突的条件下结合本州情况制定相关法律和标准，但各州/区在执法过程中可以依据联邦的法律法规框架制定相应的法规。如各州/根据联邦《模范食品法》制定了相应州/区《食品法》、《健康法》等。

澳大利亚联邦政府负责农产品和食品安全的主要机构包括卫生和老龄化部、农渔林业部、澳新食品标准局。其中，进出口食品贸易及食品检验检疫由农渔林业部下属的澳大利亚检验检疫局负责，肉、蛋、奶、水产品、园艺产品、动物饲养等由农渔林业部下属的专门部门负责，澳新食品标准局（FSANZ）负责食品标准制定。各州/区食品管理机构各有不同，如新南威尔士设立了食品局统一食品安全监管，维多利亚州由健康事务局、奶品局、农渔产品安全局及地方政府委员会共同管理，有的州由卫生部门管理（肖平辉，2007）。

第二节　农产品安全监管体制的特点与发展趋势

一、以法律形式明确监管部门的权力和责任

无论是实行分权还是集权式监管体制，国外许多国家在农产品和食品安全监管中都非常注重通过法律的形式明确规定相关监管部门的权力、义务和责任，使各级监管主体在法律赋予的监管权力范围之内发挥职能作用。同时，一旦发生监管者越权或渎职情况将通过法律手段予以纠正或处罚，加强监管者责任。

二、集权与分权结合式监管体制将成为主导

解决好中央和地方之间监管权限的划分和联合协调监管是各国不断努力的方向。从国外食品安全监管体制发展演进看，集权式或分权式监管体制都存在一定弊端。监管权力高度集中在中央政府将一定程度影响地方政府监管的积极性，从而不能按照地方辖区的特点实行灵活针对性监管；反之，地方政府监管权力过大，也不能有效发挥中央政府宏观综合监管和整体协调的作用，影响监管效果。因此，集权与分权相结合式的农产品和食品安全监管体制将成为大多国家改革的方向。

三、管理结构向集中联合监管方向发展

从国外农产品和食品安全管理结构的变化看，出现了由分散化向集中化发展的趋势。即由原先的多部门分散管理或单一部门管理，向"一个部门监管为主，多个部门为辅"的合作管理结构演变。例如，美国20世纪90年代食品安全管理机构过于分散和庞大，监管效果不佳。为此，1998年设立了"总统食品安全管理委员会"，以农业、商业、卫生、科技部长为成员，并突出农业部和健康与人类服务部的职责，构成食品安全管理的核心。实践中，部门之间既相互合作，又充分发挥各自的职能作用，保证监管成效。

四、实行按品种种类全程监管体制和模式

在农产品和食品安全监管中，许多国家采取的是按产品种类"从农田到消费"的全程监管体制和实现模式。例如，美国按照肉、蛋、禽、奶、海产品等分别规定了不同的监管机构，又如，丹麦实行按品种监管的食品安全监管体制。分别由丹麦兽类食品监管部门、植物食品监管部门及渔业监管部门实行分类监管，实现从"农田（海洋）到消费"的食品安全全程有效监管。

五、监管重点从最终食品检测到风险防控

随着国外农产品和食品安全监管体制改革的不断深化，食品安全监管的重点从对农产品和食品生产的卫生检查、最终产品质量安全检测，转变为对食品供应链的全程风险分析和防控，即采取以预防为主的风险管理型监管模式。例如，1996年8月美国出台的《食品质量保护法》，确立了食品安全风险评估、分析和管理在农产品和食品安全监管中的地位和作用（Johnson SL，Bailey JE，1999）。又如，2002年德国联邦消费者保护署、食品与农业部成立的下属机构联邦风险评估研究所专门负责风险评估和风险交流工作，联邦消费者保护局与食品安全局负责风险管理工作。

六、公众广泛参与监管趋向明显

农产品和食品安全监管仅仅依靠政府的力量是不够的，需要引入市场和政府之外的第三方力量，即社会公众参与食品安全监管。如美国有关程序性立法明文规定了公众对食品安全政策的知情权和参与权。加拿大消费者协会成立了"食品安全教育组织"，公众通过互联网向消费者协会等组织和管理部门及时反映食品安全方面的问题，监督农产品和食品质量安全。社会公众参与农产品和食品安全监管的作用在于：一是直接为政府监管部门提供食品安全信息；二是监督食品安全行政监管部门执法的公正性；三是督促立法机构强化食品安全立法；四是强化食品安全司法监管（谢伟，2010）。

第三节　改革和完善我国农产品安全监管体制的建议

一、推进"按品种种类全程监管"体制改革

我国目前实行的"分段监管为主，品种监管为辅"监管体制和运作模式，其最大弊端是，各监管部门之间各自为政，彼此分离，多头执法，监管职能交叉重叠。一旦发生食品安全事故，难以追究责任（赵学刚，2012）。因此，应逐步推进按品种种类的全程监管体制改革。即对农产品不同种类，实行"从农场到餐桌"的全程监管模式。应在深化国家农产品和食品安全监管体制改革，并成立相关的管理机构基础上，在农业规模化、集约化和产业化程度较高的农业省、自治区和城市开展按品种监管为主的全程监管体制改革试点，可以将农业种植业和养殖业实行分别监管，各行业再按照产品大类进行划分并监管，如按照粮食、蔬菜，禽类、蛋类、奶类等划分，在试点取得经验的基础上，逐渐在其他地区和全国推广。

二、实行集权与分权相结合的监管体制

目前，我国在农产品和食品安全监管权力和职能的纵向划分上，实行的是相对集权的监管体制。即国家政府监管机构具有农产品和食品安全法律法规的制定和颁布权力，地方政府依据国家相关法律法规实行监管。随着我国农产品和食品安全监管体制实质性改革的推进，应根据地方政府管辖的范围和监管的品种，赋予地方政府一定的法律权限，即地方政府应有权依据国家相关法律制定地方法规，以适应地方农产品质量安全监管的特点和需要的，最大限度地发挥地方政府农产品质量安全监管的作用。

据有关部门调查，目前，我国农产品质量安全监管存在国家监管部门高度重视，督促各地推进农产品质量安全监管，而县和县以下政府及其相关部门对监管不够重视，从而导致农产品质量安全源头监管不到位，监管措施难以落实。因此，建议将农产品质量安全监管的重心和重点下移到县一级，并通过立法的形式，明确县级监管部门对农产品质量安全监管的地位和职责。同时，要将行业管理、监督和执法部门的职责分开，使其各负其责，各司其职；要建立各种奖惩制

度和开展农产品质量安全示范县建设等，把农产品质量安全监管和风险防控措施
落到实处。

三、促进管理结构向集中联合监管发展

2009 年 6 月 1 日开始实行的《中华人民共和国食品安全法》进一步明确了
中国食品安全监管体制，同时将各部委的分工进行界定，并提议设立国务院食品
安全委员会进行总体协调。中国食品安全监管体制主要职责分工，见表 15 - 1。

表 15 - 1　　　中国农产品与食品安全监管体制主要职责分工

部门	监管职责
国务院食品安全委员会	由国务院规定。
卫生部	负责食品安全综合协调、风险评估、标准制定、信息公布、食品检验机构的资质认定条件和检验规范的制定，组织查处食品安全重大事故。
农业部	负责食用农产品的监管。
国家质量监督检验检疫总局	负责生产加工领域的食品安全监管。
国家工商行政管理总局	负责流通领域的食品安全监管。
国家食品药品监督管理局（属卫生部管理）	负责餐饮服务领域的食品安全监管。
国务院工业和信息化、商务等部门	制定食品行业的发展规划和产业政策，推进产业结构优化，加强对食品行业诚信体系建设的指导。
县以上地方人民政府	负责领导组织，协调本行政区域的食品安全监督管理工作，建立健全工作机制；统一领导、指挥食品安全突发事件应对工作；完善、落实责任制，对食品安全监督管理部门进行评议、考核。依照食品安全法和国务院的规定确定本级卫生行政、农业行政、质量监督、工商行政管理、食品药品监督管理部门的食品安全监督管理职责。

资料来源：根据 2009 年 6 月 1 日颁布并实行的《中华人民共和国食品安全法》等整理。

目前，我国在国家层面实行国务院食品安全委员会及其办公室指挥协调下的
分段监管和综合协调相结合体制。地方层面实行地方政府总负责下的部门分段监
管和综合协调相结合体制。这种体制管理结构分散化明显，多部门监管导致职能
缺位、错位、越位，管理成本高，效率低。近年来，国家有关部门一直酝酿减少

监管机构，调整职能分工。目前，已经将国家质量监督检验检疫总局、国家工商行政管理总局的监管职能划分到国家食品药品监督管理局（属卫生部管理），积极建立严格的全过程监管制度，一些地方也正在进行改革试点。但总体上看，仍未改变"多部门、分段监管为主"的大格局。因此，应借鉴国外的经验，从根本上改革现行的监管体制。以国务院食品安全委员会及其办公室为统一领导和协调机构，按照"一家或几家管理"为主，相关方参与"的原则，按产品监管的种类重新划分国家监管部门的职能和分工，地方政府按国家机构的改革建立相应的监管机构，在国家和地方逐步建立起分工明确、责权一致、协调高效的联合监管体制和运行机制。

四、以法律形式明确监管主体的职责和权力

2004 年《国务院关于进一步加强食品安全工作的决定》和 2009 年 6 月出台和实施的《中华人民共和国食品安全法》，明确了食品安全监管体制和各食品安全部门的监管权力和职责。但在实践中，出现食品安全监管部门各自为政，多头执法，职能交叉等诸多问题。因此，应随着我国食品安全监管体制向"按品种种类全程监管"体制改革的推进，不断完善和修改农产品和食品安全监管法律法规，重新明确监管主体的职能分工，职责和权力。并加大执法力度，保障相关法律法规的有效实施。

五、提倡社会公众的广泛参与

社会公众包括行业协会、各级各类消费者权益保护组织、消费者个人以及其他社会团体等。一是提高公众农产品和食品安全意识和参与的主动性，并通过法律赋予其信息知情权、诉讼参与权等，引导公众参与农产品和食品安全风险管理和监督。二是发挥行业协会和消费者协会的作用，这类组织为了捍卫自身的利益和避免行业受损，可以利用投诉、诉讼或行业规则制止不安全农产品和食品生产，加大违法行为的机会成本。同时，还将通过组织开展"农产品和食品安全知识"、"农产品和食品安全检测技能"等行业培训，引导企业更好地贯彻执行食品安全法律法规，提高企业重合同、守信誉、依法经营的自觉性，并通过建立执行协会章程和行规行约，实行行业自律，维护行业的整体声誉，提高农产品和食品质量安全。

六、加强农产品安全风险分析和防控监管

1. 加强制度创新

尽快制定《农产品质量安全风险评估管理办法》，明确农产品质量安全风险评估的目的、机构和职责，规定相应的程序和要求等，使农产品质量安全风险评估工作有章可循。

2. 加快机构建设

在农产品质量安全监管部门中设立专门的风险管理和预警机构。其职责是对农产品生产过程中的风险进行综合分析、评价、管理和防控。

3. 加强风险分析和评估技术的研究

主要是形成有效解决风险分析评估技术研发的管理平台，实现资源和智力共享；制定发展规划，确定农产品质量安全风险评估和防控的优先领域、发展重点和开展具体的风险评估技术探索和研究等。

4. 建立和完善农产品质量安全风险交流预警机制

开发建设农产品质量安全风险信息集成系统和综合监测信息网，实现动态监测和及时预警（夏黑讯，2010）；制定科学的风险管理政策和防控措施。

第四篇

供应链视角下
食品安全风险
防控

第十六章

供应链视角下食品安全风险现状分析与评价

随着社会的发展和科技的进步，食品供应链在不断发展，供应链各环节存在的风险因素以及总体的食品安全风险水平都在不断发生变化。本章首先对食品供应链现状及各个环节的参与主体进行分析，进而探讨农产品生产、食品加工、食品流通和消费过程中存在的各种食品安全风险因素，最后通过熵权模糊物元模型，以相关统计数据为依据对我国 2003～2012 年的食品安全风险水平进行了评价。

第一节　食品供应链参与主体分析

食品供应链涉及环节众多，本研究主要划分为四个环节：农产品生产环节、食品加工环节、食品流通环节、食品消费环节。就单一一类食品而言，从生产到被消费可能经过所有环节或其中的若干个环节，每个环节又存在众多不同的参与主体，这些参与主体都对食品安全起着至关重要的作用。

一、农产品生产环节参与主体

农产品生产环节是指初级农产品的种植/养殖过程。我国初级农产品生产环节的参与主体主要是家庭为单位的分散农户。近些年随着农业产业化、规模化的不断发展，开始出现了一些新兴的组织形式，包括农业合作组织和生产基地等。

（一）农户

分散化、数以亿计的小农户是我国农产品生产的基本单元，也是食品供应链的主要源头。目前我国有 2.6 亿农户，户均耕地不到 7.5 亩①。由于其规模微小，在与其他交易对手（如加工企业、批发商、连锁超市等）进行合作时，无法以对等的地位参与到交易过程的价格谈判中，使得农户这一主体的利润空间被压缩，整体利益得不到有效的保障，从而缺乏对保障农产品质量安全进行投入的动力，甚至可能产生危害农产品质量安全的行为。另外我国农户大部分受教育程度偏低，农产品安全生产知识较为欠缺，生产技能水平也比较低下，保障农产品质量安全的能力相对较弱，这些都是导致农产品质量安全风险产生的重要原因。

（二）农业合作组织

农业合作组织是在个体农户生产的基础上、通过自愿加入的方式组成的经济合作组织。合作组织将一定地域内的农户组织到一起，按照利益共享、风险共担的原则，在组织内部实现成员之间的生产互助、技能学习交流，提高农户的能力和竞争力，以发挥协同优势和规模优势，提高规模效益。近些年农业合作组织的实践也证明，农业合作社是提高农业组织化、规模化的有效途径，不仅能促进高新、实用农业技术的应用，提高农产品市场竞争力，同时也是一种农户内部监督机制，合作社成员为了共同的利益组织到一起，会自觉按照合作社制定的生产标准和规程统一生产，并互相监督和促进，更有效的发挥内部监督的功能，提升农产品质量安全水平。

截至 2013 年 12 月底，全国依法登记注册的专业合作、股份合作等农民合作社已达 98.24 万家，实有入社成员达 7 412 万户，约占农户总数的 28.5%②。各级政府也在积极推进农业适度规模化经营，支持农业合作组织的成立。但大部分合作组织成立的时间较短，村镇领导、种植大户、农业龙头企业等往往是合作组织的发起人，农业合作社还缺乏完善的运行机制和制度规范，规范化运作的专业合作组织还比较少。

（三）农产品生产基地

生产基地一般是农产品生产加工企业的组成部分，具有特定的农产品品种和

---

① 数据来源于农业部部长韩长赋在全国农业厅局长座谈会上的讲话。
② 数据来源于农业部新闻办公室。

先进的生产方式，是更加有组织、更先进的农产品生产整合形式。生产基地作为农产品生产环节的主体，近几年在我国呈现快速增加的趋势。"十一五"期间，我国农产品加工业产值的年均增长 20% 以上，比"十一五"规划中的年均增长 12% 的预期高出 8%，2010 年全国已经建立各类农业产业化经营组织 22.4 万个，以公司加农户、龙头带基地等多种形式，建设了一大批规模化、标准化、专业化的农产品生产基地，辐射带动 1 亿多农户①。在目前的农业生产主体中，这类主体的组织化程度和规模化程度比较高，发展速度较快，与农户和农民专业合作社相比，企业的生产基地更注重专业化的种植/养殖和先进的科学技术，生产管理也更加科学，生产效率更高。

二、食品加工环节参与主体

食品加工环节是供应链上最为复杂的环节，各种食品加工主体遍布全国各地区范围，呈现多种业态模式。从销售网络覆盖全国乃至出口的大型食品加工企业，到以家庭为单位的小食品加工作坊，各主体的规模组织形态差别较大，食品安全管理水平的差异也较大。

目前我国的食品企业中，大规模企业相对欠缺，小型、微型企业和小作坊占到了 93% 左右②。这类企业经营规模和资金规模都比较小，技术、资源运用能力都相对较弱，大多数设施简陋、工艺落后、内部管理和技术创新水平低，难以有效保障食品安全。另外由于行业进入门槛较低，企业数量众多，导致了行业内部同质化恶性竞争现象严重。部分企业在激烈的竞争中为了获取经济利益，只能想方设法地通过各种手段降低生产成本，这些企业成为了食品安全问题的多发地带，难以适应现代食品工业的发展需要。

随着我国现代食品工业的快速发展，食品加工企业的规模组织形态也在不断发生变化，产生了一批以大型化、现代化、集约化、集团化为特征的大中型企业。2012 年，全年完成主营业务收入超过百亿元的食品工业企业有 54 家，不计烟草制品业，食品工业主营业务收入百亿元以上企业有 33 家，规模以上大中型食品企业共计 4 740 家，占食品工业企业数的 14.1%，一些重点行业如乳制品、

---

① 数据来源于农业部发布的《农产品加工业"十二五"发展规划》（农企发〔2011〕6 号），2011 - 5 - 17。

② 数据来源于国家发展改革委委员会、国家工业和信息化部发布的《食品工业"十二五"发展规划》（发改产业〔2011〕3229 号），2011 - 12 - 31。

肉制品等行业的生产集中度水平不断提高①。

表 16 – 1 是 2013 年中国食品企业在全国 500 家大企业集团中的排名情况，从收入、利润、资产规模等企业主要经济数据看，2013 年大中型食品企业在中国企业中的排名均不靠前，部分企业排名均较 2012 年有所滑落，即便是提出打造食品全产业链的中粮集团，也仅排名 69 位。这说明我国大中型食品企业发展速度与其他行业企业相比相对滞后。

表 16 – 1 　　　　　　　　2013 年中国企业 500 强上榜食品企业名单

2013 年排名	2012 年排名	公司名称	收入（百万元）	净利润（百万元）
69	72	中国粮油控股有限公司	74 200	1 028
71	65	新希望六和股份有限公司	73 238	1 707
119	128	内蒙古伊利实业集团股份有限公司	41 991	1 717
128	125	河南双汇投资发展股份有限公司	39 705	2 885
134	143	连云港如意集团股份有限公司	36 308	16
137	129	中国蒙牛乳业有限公司	36 120	1 444
178	202	宜宾五粮液股份有限公司	27 201	9 935
184	219	贵州茅台酒股份有限公司	26 455	13 308
187	183	青岛啤酒股份有限公司	25 782	1 759
193	187	中国食品有限公司	25 132	652
210	196	中国雨润食品集团有限公司	21 763	241
255	285	江苏洋河酒厂股份有限公司	17 270	6 154
301	306	光明乳业股份有限公司	13 775	311
309	311	通威股份有限公司	13 491	96
319	296	北京燕京啤酒股份有限公司	13 033	616
347	397	泸州老窖股份有限公司	11 556	4 390
440	426	北京顺鑫农业股份有限公司	8 324	126

资料来源：财富中文网：2013 年中国 500 强排行榜，所依据数据为上市公司在各证券交易所正式披露信息。

---

① 数据来源于中国食品工业协会发布的《2012 年食品工业经济运行情况》，中国食品安全报，2013 – 4 – 13。

三、食品流通环节参与主体

食品流通销售环节主体复杂多样，主要包括连锁超市、批发市场和农贸市场、食杂店和便利店等。随着人们对食品品质要求的逐步提高，超市得到了迅速发展，由于其经营环境、管理水平和秩序相对较好，正逐步成为城市居民购买食品的重要渠道。目前，我国绝大多数连锁超市都有较为完善的管理制度规范，在食品检测技术和管理水平上领先于其他主体。批发市场和农贸市场是指在城乡设立的可以进行自由买卖农副产品的市场，所经营的范围主要包括粮油、生鲜肉、腌腊制品、干货、水果蔬菜等。批发市场是农产品流通体系的中心环节，发挥着集散商品、形成价格、提供服务、传递信息等功能，是我国农产品市场体系建设的重点。有部分较大的批发市场采用了先进的信息技术手段，拥有较高的管理水平，如上海农产品中心批发市场，配有高低温冷库、仓库、停车场甚至连接全国各大批发市场的信息管理中心。一部分实力较强的大型食品企业还设有自己的专卖店，由于其直接归属企业管理，硬件水平和管理水平往往较高，食品安全也能够得到有效的保障，但这种经营业态在我国的食品销售中所占比例仍然较少。

通过2013年1~4月对北京市大洋路批发市场、京客隆超市、绿叶子超市以及食杂店等多种食品流通主体进行实地调研获取资料，并进行归纳整理得到主要的食品流通销售主体的特点如表16-2所示。从表中可以看出，连锁超市、便利店等对于食品质量的把控较为严格，对供应商要进行严格的资质审核，对进店食品也要进行严格检测。大型批发市场是生鲜食品的集散地，政府和批发市场在食品安全监测和质量风险防控上都投入了大量精力和财力。相比之下，农贸市场的资源比较缺乏，食品安全风险防控能力较弱，无法杜绝某些商家为了追求不正当利益而售卖问题食品，因此缺乏投入、疏于质量安全管控是农贸市场最大的食品安全隐患。

表16-2   **流通主体特点总结**

流通主体	批发市场/ 农贸市场	连锁超市	食杂店	便利店
流通主体特点	批发/零售	零售	零售	零售
消费者特点	经销商批发 机关、食堂、餐饮批发 居民零售购买	附近居民大量采购	附近居民少量购买	附近居民少量购买

续表

流通主体	批发市场/农贸市场	连锁超市	食杂店	便利店
食品种类	初级农产品占比较大	食品种类较齐全	初级农产品占比小，大部分为加工食品	初级农产品占比小，大部分为加工食品
食品来源	大多来自产地直供、品牌直供	自建基地 品牌直供 个别来自批发市场	品牌直供	品牌直供 集团统一配送
食品安全管理	按批次抽样自检 配合监管部门定期抽样 检测技术水平较低	具自检能力，且定期送检 具严格的食品检查制度	无自检能力，依靠国家抽样结果 一般根据保质期、食品感官等判断是否下架	集团统一监测 与超市相同的检查制度
不合格食品流向	清出市场，具体流向不清楚	部分自行销毁 并修改供应商评级，进行处罚 部分退回供应商	问题食品下架，退给供应商 过期食品下架销毁	问题食品下架，退给供应商 过期食品下架销毁

四、食品消费环节参与主体

位于食品供应链末端的是消费者。由于食品安全信息的不透明性，消费者对食品生产流通过程的监督能力比较薄弱，主要是因为食品生产加工所采用的一些配方、工艺流程等信息，属于企业保持竞争优势的商业秘密，企业一般不愿对外公布相关的详细信息，消费者对于企业的食品质量信息也很难通过感观直接判断，即企业与消费者信息交流存在障碍，消费者很难深入了解食品生产、流通、经营过程中企业的具体行为表现；另外由于我国的相关法律法规还不够健全，在消费者受到食品安全问题侵害时，应承担责任的责任主体和相关责任义务的明确性还不够。

由于关注程度的提高、信息的不对称再加上食品安全责任的不明确等多种原因，使得消费者许多时候会夸大自身面临的风险，尤其近几年"三聚氰胺"、"瘦肉精"、"塑化剂"等重大食品安全事件的发生，使得消费者的食品安全信心从根本上被动摇。消费者对食品安全问题的敏感程度越来越高，食品安全恐慌不时侵袭整个社会，抑制了食品市场的健康发展并累及无辜企业，给食品行业和政府部门都造成了巨大损失。因此，采用科学有效的风险交流方式对消费者食品安全风险认知的导向进行干预和引导，使消费者在提高食品安全意识的同时，消除或降低恐慌心理，应该是食品安全风险管理工作的一项重要内容。

第二节　供应链视角下食品安全风险现状分析

一、农产品生产环节风险

20 世纪末，我国农业发展在继续强调数量安全的同时，开始关注质量安全，提出了发展高产、优质、高效、生态、安全农业的目标。为进一步确保农产品质量安全，2006 年颁布了《农产品质量安全法》，2009 年又颁布了《食品安全法》，建立并在逐步完善农产品质量安全监管的法律保障体系。农业部从 2001 年开始建立了农产品质量安全例行监测制度，首次是将北京、天津、上海、深圳四个城市作为试点开展蔬菜农药残留、畜产品瘦肉精残留的监测，2002 年监测扩展到畜产品磺胺类药物残留，2004 年监测的对象中增加了水产品，对水产品中氯霉素污染开展定期监测，2006 年又增加了水产品中孔雀石绿的监测。经过不断地调整和完善，农产品质量安全例行监测的监测范围、监测品种和参数都显著增加，2012 年实施的《农产品质量安全监测管理办法》又对例行监测的类型范围等做了进一步的明确，2013 年监测范围已经覆盖了全国 31 个省（区、市）的153 个大中城市，监测对象也已经扩大到包括蔬菜、水果、茶叶、畜禽产品和水产品的 103 个品种。图 16 - 1 是我国近 5 年的例行监测结果。

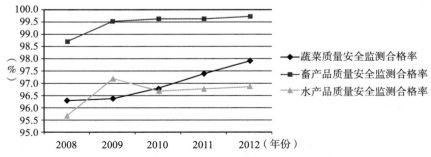

图 16 - 1　2008 ~ 2012 年农产品质量安全例行监测合格率

资料来源：农业部关于农产品质量安全例行监测结果的有关公报、通报等。

从图 16 - 1 中可以看出，蔬菜质量安全总体合格率持续上升，近 5 年连续保持在 96% 水平以上，2012 年蔬菜产品检测合格率达到 97.9%；畜产品质量安全总体合格率稳定中呈上升态势，基本保持在 98% 的高位水平上稳定上行，2012 年畜禽产品监测合格率达到了 99.7%；水产品例行监测结果表明，虽然水产品合格率在 2009 年和 2010 年间略有起伏，但总体上基本保持"稳中向好"态势，水产品质量安全总体合格率逐步提升。

农产品质量安全总体水平虽然近些年有了很大改善，但总体水平的稳定与进一步提升仍然面临很多突出且复杂的问题，农产品质量安全隐患和制约因素仍比较多，主要体现在以下几个方面：

1. 产地环境污染

近年来我国城市化、工业化快速发展，经济持续快速增长，资源被高强度开发利用，人们的生活方式也在不断发生变化，种种因素导致了大量的未经妥善处理的污水、固体废弃物、废气尾气等被任意的排放或丢弃，使得部分地区的农产品生产环境被大幅破坏，这是造成许多重大农产品质量安全事件的重要原因。

产地环境污染主要包括水污染、空气污染和土壤污染等几个方面，工业废水、生活废水的大量排放以及化肥、农药的超量使用，使得很多农产品产地水质受到污染；大气污染主要是烟尘、二氧化硫等，另外还有氧化物、氟化物等，都可能对农产品质量安全产生影响；土壤污染最为严重的就是重金属污染，主要是镉、铅、汞、铬、砷等，土壤的重金属污染给农作物生长和农产品质量安全造成了巨大的影响，导致了如"镉大米"等一系列重大农产品质量安全事件，更为严重的是，重金属所带来的污染是长期的甚至不可逆的，对农产品质量安全和农业可持续发展已经构成了严重而又长期的威胁。

2. 农业投入品污染

随着农业集约化程度不断提高，大量的化肥、农药、兽药等农用化学品被投入到农业生产中，在推动农产品产量高速增加的同时，也对农业产地环境和农产品质量安全性产生了一系列的负面影响，主要体现在以下几个方面：

我国农业生产中化肥的施用强度呈现逐年递增的趋势，2003 年化肥施用量 4 411.6 万吨，到 2012 年增加到了 5 838.8 万吨，10 年间增加了 32%。化肥的过量施用以及低效利用，对农业生态环境造成了很大的破坏，使得土壤结构变差，导致农产品中有害物质如硝酸盐、亚硝酸盐、重金属等残留超标，严重危害了农产品质量安全，降低了农业可持续发展的能力。

农产品生产过程中农药的施用量也在逐年增加，使用禁用农药和违禁农药的现象屡禁不止，不执行农药安全使用标准和合理使用规则而滥用农药的现象仍较为普遍，使得农产品药物残留事件接连不断，山东的"毒生姜"和"毒韭菜"、海南的"毒豇豆"等化学农药滥用和残留问题的出现，使人们对农产品质量安全越来越失去信心。

在动物性食品养殖过程中，需要用到兽药、渔药和饲料添加剂等，兽药、渔药的目的是为了预防或治疗畜禽、水产品的疫病，饲料添加剂是为了使动物、水产品加速生长繁殖，提高农业生产效率。这些兽药、渔药和饲料添加剂对提高畜牧业、水产养殖业产量有突出贡献，但同时也带来了一些药物残留、药物污染等问题。一般来说，造成药物残留的原因可能是擅自加大药物用量、不严格执行休药期、用药方法错误、使用违规违禁添加剂和药物等。

二、食品加工环节风险

消费者生活水平的提高和生活方式的改变，不断促进着食品工业的快速发展，产生了越来越多的加工食品，甚至包括一些原本不用加工处理的食品（比如生鲜食品），现在也做一些简单的包装清洗等处理后再进行销售，使得食品加工环节的食品安全管理控制变得越来越重要。近几年的食品质量国家监督抽查结果反映了我国食品质量总体水平在稳步提高（如图 16 - 2 所示）。食品质量的国家监督抽查是政府对食品通过抽样检验的方式进行质量监督的一种制度性安排，基本反映了我国近年食品安全总体水平的变化情况。从图中可以看出，2006 年全国食品监督抽查的合格率为 80.8%，2012 年则上升到了 95.4%，6 年间提高了18.1%，整体水平持续稳定提高。

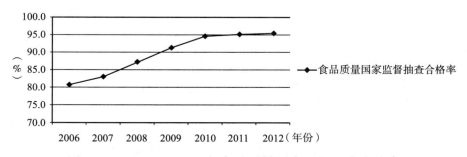

图 16 - 2　2006 ~ 2012 年食品质量国家监督抽查合格率

资料来源：根据中国统计年鉴（2007 ~ 2013），整理得到。

从食品监督抽查的情况来看，存在的问题主要是微生物超标，如雪糕、月饼、肉制品等菌落总数超标等现象较为普遍；另外是添加剂不合格，一种情况是含有对人体有害的非食用物质，如苏丹红、瘦肉精等，另外一种情况是添加剂的含量不合格，主要存在于腌腊肉制品、果脯蜜饯、酱卤类肉制品等，不合格项目主要是二氧化硫、色素、甜蜜素、防腐剂等含量超标。通过分析食品加工环节问题产生的原因，发现食品加工环节风险因素更多也更为复杂，主要有以下几点：

第一，食品生产加工条件不合格。不合格的原因主要有两个：一是企业生产条件落后。食品加工企业多数规模较小，生产能力较弱，缺乏安全食品的生产和检测能力，部分企业的生产车间或加工场所卫生环境差，除了饮料等对生产环境要求比较严格的食品外，很多食品都是在简陋的加工场所完成，缺乏严格的卫生管理规范和保障措施；二是企业管理水平低下，食品安全意识较为薄弱。食品行业很多生产经营单位"小"而"散"，业主和从业人员食品安全意识淡薄，普遍缺乏维护食品安全的先进技术和观念，对工艺流程的控制许多都是依靠个人的经验和感觉，企业的内部管理也不够规范，缺少员工管理和培训或对设备维护不足，操作人员操作不规范或加工程序不当等现象时有发生，这些都是食品安全问题产生的重要原因。

第二，食品添加剂滥用现象严重。食品添加剂是食品工业必不可少的原料，目的是为了改善食品的色、香、味以及加工工艺的需要，但其使用是有着严格的限制和使用标准的。联合国粮食与农业组织（FAO）、联合国世界卫生组织（WHO）以及食品添加剂联合专家委员会（JECFA）等都对食品添加剂的安全性做出过规定或评价。科学合理的使用食品添加剂是没有危害的，但随意使用违禁添加剂、超量或超范围使用受限的添加剂等都会对食品安全和人体健康产生影响，如在肉制品加工过程中，有的食品生产厂家为了使肉色更为鲜艳，过量添加亚硝酸钠、硝酸钾等发色剂，还有为了延长食品保质期超量使用防腐剂等，都会危害肉制品的质量安全。

第三，违法违规行为多种多样。在食品市场失灵加上政府监管不力的背景下，出于对经济利益的追求，一些违法违规行为就会产生，主要包括为了降低成本购买和使用廉价不合格的食品原料，制造假冒伪劣食品；采用废料回收再利用，如对过期的月饼、元宵、牛奶等产品进行重新加工，或用陈化粮、病死猪肉作为原料加工食品，用甲醇勾兑白酒等；使用违禁添加剂或其他有毒有害的物质，如用甲醛（福尔马林）浸泡水产品、用苏丹红对辣椒制品染色等。违规违法生产加工行为等人源性因素是引发恶性食品安全事件的最主要因素。

三、食品流通环节风险

食品流通环节主要包括仓储运输和经营销售两部分，以下分别从这两个方面分析食品流通过程中存在的食品安全风险。

（一） 仓储运输过程中食品安全风险

食品行业由于产品价值普遍较低，所能够承受的物流成本有限，但其对质量安全的要求又较高，在仓储运输过程中容易遭受污染，因此对物流的要求也就比较高。我国食品物流目前主要的形式是企业自主物流，第三方物流较少，由于不是专业的物流运营公司，加上资金等方面的限制，先进技术如 RFID、GPS、低温制冷技术、智能化仓储和配送技术等的普及程度比较低，管理水平和运作效率也比较低下，严重影响了我国食品供应链总体运作水平。不少食品因为物流不及时而腐烂变质，也有很多食品因为仓储运输过程中环境不适宜、操作不规范等造成食品的二次污染。

食品供应链不同环节对物流的要求不同，所产生的问题也有所不同，主要表现在以下几方面：

1. 生鲜农产品物流主要问题

生鲜农产品物流主要是指从农田到加工企业之间或直接到市场的物流，主要对象是生鲜食品，首要的要求的保鲜，但目前我国农产品流通多数是通过商贩收购并运输，商贩数量多、规模小、资金能力欠缺，无法承担冷链的高昂成本，所以很少有冷链运输；其次是卫生问题，由于大多数商贩没有专门的卫生保障措施，对卫生环境要求较高的农产品如牛奶等，经常出现卫生不达标的问题；另外由于生鲜食品存在市场需求波动较大、市场信息不及时等，往往造成食品的积压，微生物污染情况较为严重。

2. 食品加工企业到销售场所之间的物流存在的问题

随着食品销售区域的不断扩大，食品加工企业到销售场所之间的距离也越来越远，虽然加工和包装技术越来越先进，使得食品保质期在延长，但易腐食品的腐败变质现象仍屡有发生。在物流运输过程中的人员操作不规范、设备不卫生、环境温度不适当等原因都可能引起食品的污染，造成食品安全问题，因此物流运输管理是食品企业面临的一大重要难题，物流能力和管理水平低下会给企业带来巨大的损失。

（二） 食品销售过程中食品安全风险

超市是目前城市食品销售的主要场所，大型超市一般有严格的进货管理制度规范，食品安全有保障。但超市由于管理以及设施设备等问题也存在食品安全风险，主要有以下几个方面：一是超市生鲜食品存在安全隐患。由于生鲜食品都是露天摆放，消费者可以随意触摸，容易引起食品的交叉污染，产生生物性食品安全风险；二是保质期的问题。由于信息更新不及时、管理不规范或为了追逐不正当经济利益等原因，部分超市被发现超过保质期的食品仍在销售或包装上保质期被篡改等现象，超市对食品保质期应有一套完善的信息管理系统，对临期的食品有严格的控制，但目前一些超市在这方面的管理还不是很完善。

批发市场和农贸市场作为食品的集散地和零售渠道，食品安全问题也屡屡出现，如农药残留超标、假冒伪劣、注水肉、过期食品等。除了一些大型的管理水平较高的农产品批发市场外，大多数市场食品安全检测能力较差，缺乏检测仪器、设备等，人员配备不足，检测人员的业务能力也有待提高；市场中从事食品经营的从业人员有些文化程度不高、食品安全意识淡薄，为了追求不正当经济利益会产生一些违法违规的销售行为，而市场又欠缺有效的管理控制手段，给投机行为以可乘之机，这些都使得批发市场和农贸市场存在较多的食品安全隐患。

四、食品消费环节风险

食品消费环节位于从"农田到餐桌"的整个食品供应链的终端，除了食品种植/养殖、加工、流通各个环节累积的风险可能在这个环节爆发外，还有本环节存在的一些安全风险。消费环节包括餐饮业、食堂、家庭消费等，是食物中毒的高发环节。近几年来，政府监管部门采取了一些行之有效的办法，对控制消费环节食品安全风险起到了积极作用，但每年我国各种因素导致的食物中毒事件仍然时有发生，图 16 - 3 和图 16 - 4 分别是我国 2006 ~ 2012 年不同致病原因的食物中毒人数和食物中毒死亡人数情况。

从图 16 - 4 中可以看出，食物中毒人数和死亡人数均呈现波动性下降的趋势，说明我国消费环节食品安全整体水平在不断提升，但仍存在使得食品安全水平不稳定的风险因素，形势仍较严峻。

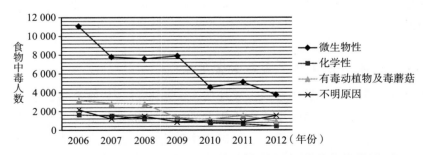

图 16 - 3　2006 ~ 2012 年不同原因导致食物中毒人数统计图
资料来源：根据历年卫生部办公厅关于全国食物中毒事件情况的通报整理。

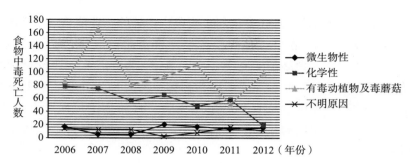

图 16－4　2006～2012 年不同原因导致食物中毒死亡人数统计图
资料来源：根据历年卫生部办公厅关于全国食物中毒事件情况的通报整理。

从食物中毒的原因来看，微生物性食物中毒的人数最多，大多是细菌性食物中毒，主要是由于食品加工或储存条件不合格导致的食品污染等；化学性食物中毒包括亚硝酸盐、有机磷农药、剧毒鼠药及甲醇等，其中以亚硝酸盐中毒的事件比较多，多以误食为主；有毒动植物食品中毒多因食用河豚、毒蘑菇、未煮熟的四季豆等食物居多。

从食物中毒死亡人数来看，食用有毒动植物及毒蘑菇导致中毒人数虽然远没有微生物性食物中毒人数多，但死亡人数所占比例最高，而且呈现反复波动的趋势；化学性食物中毒导致的死亡人数下降的趋势明显。

第三节　供应链视角下食品安全风险水平评价

关于我国食品安全风险总体水平，目前社会各界存在诸多质疑和争议。本节通过构建基于食品供应链的食品安全风险评价指标体系，并用近 10 年的相关统计数据客观分析我国食品安全风险的历史和现状，目的在于从宏观管理的角度，把握我国食品安全风险水平的变化与发展趋势，为食品安全风险防控提供决策参考依据。

一、基于供应链的食品安全风险水平评价指标体系构建

（一）食品安全风险水平评价指标体系

食品安全风险涉及"从农田到餐桌"的食品供应链上所有环节，包括食品供应链源头的农产品种植/养殖、食品加工、运输、储藏、销售、餐饮、消费等。

但目前我国食品安全风险管理还处于起步阶段，相关的统计信息还不完善。为使食品安全风险水平评价指标具有可操作性，将食品供应链简化为三个环节，即：农产品生产环节、食品加工环节、食品流通/消费环节。评价指标的选择不仅要考虑全面性和科学性，还要考虑指标体系的可操作性和指标数据的可获得性。综合考虑这些原则，从农产品生产风险、食品加工风险、食品流通/消费风险三个方面选取相应的指标，从而构成食品安全风险评价指标体系（如表16－3所示）。

由于各个指标反映食品安全风险的趋向性不相同，将其分为正向指标和逆向指标两大类。正向指标的值越大，表明食品安全风险程度越高。逆向指标的值越大，表明食品安全风险程度越低。各指标的风险趋向性质如表16－3所示。

表16－3   基于供应链的食品安全风险水平评价指标体系

目标层	因子层	子因子层	指标层	风险趋向性
G 食品供应链安全风险	A_1 农产品生产环节风险	B_1 产地污染风险	C_1 工业废水排放量（亿吨）	正向
			C_2 工业废气排放量（万亿标立方米）	正向
			C_3 化肥施用强度（吨/千公顷）	正向
			C_4 农药施用强度（吨/千公顷）	正向
		B_2 投入 C_{16} 品残留风险	C_5 菜质量安全监测合格率（%）	逆向
			C_6 畜产品质量安全监测合格率（%）	逆向
			C_7 水产品质量安全监测合格率（%）	逆向
	A_2 食品加工环节风险	B_3 食品加工能力风险	C_8 规模以上食品加工企业总数（个）	逆向
			C_9 有效使用绿色食品标志企业总数（个）	逆向
		B_4 食品加工条件风险	C_{10} 食品质量国家监督抽查合格率（%）	逆向
			C_{11} 加工用水卫生安全合格率（%）	逆向
	A_3 食品流通/消费环节风险	B_5 食品安全消费风险	C_{12} 全国消协组织受理食品投诉件数（件）	正向
			C_{13} 食物中毒起数（起）	正向
			C_{14} 食物中毒人数（人）	正向
			C_{15} 食物中毒死亡人数（人）	正向
		B_6 食品安全意识风险	C_{16} 城乡居民恩格尔系数（%）	正向
			C_{17} 食品安全信息知晓率（%）	逆向

（二）指标含义与测度说明

1. 农产品生产环节风险

选择产地污染风险和投入品残留风险两个子因子来衡量农产品生产环节食品安全风险。产地污染风险包括工业废水排放量、工业废气排放量、化肥施用强度和农药施用强度四项指标，其中化肥施用强度用化肥总用量除以农作物播种总面积表示，农药施用强度用农药总用量除以农作物播种总面积表示；农业投入品的不合理使用是影响农产品安全的重要因素，投入品残留风险包括蔬菜质量安全监测合格率、畜产品质量安全监测合格率和水产品质量安全监测合格率三项指标。

2. 食品加工环节风险

由于食品加工相关统计数据可获取到的较少，考虑数据的可得性，选择食品加工能力风险和食品加工条件风险两个子因子来衡量食品加工环节安全风险。食品加工能力风险具体包括规模以上食品加工企业总数和有效使用绿色食品标志企业总数两项指标，规模以上食品加工企业是包括农副食品加工业、食品制造业和饮料制造业的规模以上企业的数量；有效使用绿色食品标志企业总数是指在有效期内使用绿色食品标志的企业总数；食品加工条件风险具体包括食品质量国家监督抽查合格率和加工用水卫生安全合格率两项指标，其中加工用水合格率是指加工过程中所使用的水符合国家关于《生活饮用水标准》的比例，鉴于数据较难获取，选取国家卫生部对饮用水的经常性卫生监测合格率作为加工用水安全合格率。

3. 食品流通/消费环节风险

选择食品安全消费风险和食品安全意识风险两个子因子来衡量食品流通/消费环节食品安全风险。食品安全消费风险包括全国消协组织受理食品投诉件数和食物中毒人数、起数和死亡人数等四项指标。食品安全认知风险包括城乡居民恩格尔系数和消费者食品安全知晓率两项指标，其中城乡居民恩格尔系数是取城市居民恩格尔系数和农村居民恩格尔系数的加权平均得到（计算公式如 16-1），系数越低，代表城乡居民的生活质量越高，消费者食品安全意识越高。

$$C_{16} = E_C * W_C + E_V * W_V \qquad (16-1)$$

其中 E_C 是城市居民恩格尔系数，W_C 是城市人口占总人口比重；E_V 是农村居民恩格尔系数，W_V 是农村人口占总人口比重。

消费者食品安全知晓率是指消费者对食品安全事件、食品安全风险知识等的知晓程度，该指标与居民的消费安全意识水平正向相关。消费者食品安全信息主要来源于互联网、电视、报纸等，尤其随着互联网的普及，消费者通过互联网获取的食品安全信息越来越多，因此关于这一指标的衡量借鉴杨艳涛（2009）关于加工农产品质量安全预警指标体系的建立时采用的方法，用互联网和电视的普及率来测度消费者食品安全知晓率。通过消费者调查和专家咨询，赋予互联网和电视的权重分别为70%和30%，因此，消费者食品安全信息知晓率这一指标值的计算公式如16－2：

$$C_{17} = 0.7 * P_N + 0.3 * P_T \qquad (16-2)$$

其中 P_N 是互联网普及率，P_T 是电视普及率。

二、基于模糊物元和熵权法的食品安全风险水平评价模型

（一）模糊物元模型

物元模型的创立者是蔡文教授，它以形式化的模型研究事物拓展的可能性和开拓规律，用于解决不相容的复杂问题，适合于多因子评价（蔡文，1994）。食品安全风险水平的概念具有模糊性，评价涉及的指标较多，根据模糊物元分析法可以构建食品安全风险水平评价模糊物元模型。

1. 模糊物元和复合模糊物元

令 M 表示物元分析中的事物，C 表示事物的特征，x 表示事物的量值，三者共同组成物元 $R = (M, C, x)$。如果量值 x 具有模糊性，就称为模糊物元。c_1，c_2，…，c_n 代表事物 M 的 n 个特征，x_1，x_2，…x_n 是 n 个特征相应的量值，则将 R 称之为 n 维模糊物元（张斌等，1997）。假设 M 代表年份，对 m 年做食品安全风险水平评价，每个年份选取 n 项评价指标，则构成 m 个事物的 n 维复合模糊物元 R_{mn}，即

$$R_{mn} = \begin{bmatrix} & M_1 & M_2 & \cdots & M_m \\ c_1 & x_{11} & x_{21} & \cdots & x_{m1} \\ c_2 & x_{12} & x_{22} & \cdots & x_{m2} \\ \cdots & \cdots & \cdots & \cdots & \cdots \\ c_n & x_{1n} & x_{2n} & \cdots & x_{mn} \end{bmatrix}$$

R_{mn} 是 m 个事物的 n 个模糊特征的复合物元；M_i 是第 i 个事物（$i = 1$，2，…，m）；c_j 是第 j 个特征（$j = 1$，2，…，n）；x_{ij} 是第 i 个事物第 j 个特征对应的模糊量值。

2. 计算从优隶属度

为把模糊物元矩阵转换为隶属度矩阵，需要引入从优隶属度，即模糊物元各项评价指标的模糊量值隶属于各项指标最优量值的隶属程度。采用极差变换法对

各年份的原始数据进行处理：

$$\text{正向指标（指标值与评价目标正相关）：} u_{ij} = \frac{x_{ij} - \min x_{ij}}{\max x_{ij} - \min x_{ij}} \qquad (16-3)$$

$$\text{负向指标（指标值与评价目标负相关）：} u_{ij} = \frac{\max x_{ij} - x_{ij}}{\max x_{ij} - \min x_{ij}} \qquad (16-4)$$

式中，u_{ij} 是从优隶属度，$\min x_{ij}$ 是该项指标在所有评价年份序列中的最小值；$\max x_{ij}$ 是该项指标在所有评价年份序列中的最大值，由此可构建从优隶属度模糊物元 $\tilde{R}_{mn}$：

$$\tilde{R}_{mn} = \begin{bmatrix} & M_1 & M_2 & \cdots & M_m \\ c_1 & u_{11} & u_{21} & \cdots & u_{m1} \\ c_2 & u_{12} & u_{22} & \cdots & u_{m2} \\ \cdots & \cdots & \cdots & \cdots & \cdots \\ c_n & u_{1n} & u_{2n} & \cdots & u_{mn} \end{bmatrix}$$

3. 建立标准模糊物元和差平方模糊物元

标准模糊物元 $\tilde{R}_{0n}$ 是指复合模糊物元中各评价指标的最优值。本研究以最大值为优，也就是各指标从优隶属度均为 1。令 Δ_{ij} 代表标准模糊物元 $\tilde{R}_{0n}$ 与从优隶属度模糊物元 $\tilde{R}_{mn}$ 中对应各项差的平方，则

$$\Delta_{ij} = (u_{0j} - u_{ij})^2 \qquad (i=1,2,\cdots m; \ j=1,2,\cdots,n) \qquad (16-5)$$

组成差平方复合模糊物元 $\tilde{R}_{\Delta}$：

$$\tilde{R}_{\Delta} = \begin{bmatrix} & M_1 & M_2 & \cdots & M_m \\ c_1 & \Delta_{11} & \Delta_{21} & \cdots & \Delta_{m1} \\ c_2 & \Delta_{12} & \Delta_{22} & \cdots & \Delta_{m2} \\ \cdots & \cdots & \cdots & \cdots & \cdots \\ c_n & \Delta_{1n} & \Delta_{2n} & \cdots & \Delta_{mn} \end{bmatrix}$$

（二）熵权法确定权重系数

由于食品安全风险水平评价指标的重要程度不同，因此需要确定其权重。确定指标权重的方法有主观赋权法和客观赋权法。主观赋权法包括层次分析法（AHP）、德尔菲法（Delphi）、主成分分析法等，可能会由于人的主观因素造成结果与实际有偏差。因此，本节利用客观赋权法中的熵权法确定权重。

熵的概念最早是由克兰斯（Clausius）于 1865 年提出的，之后信息论之父西农（Shannon）将熵的概念引入信息领域，利用"信息熵"衡量信息紊乱程度。用信息熵度量各指标对综合评价的贡献程度，可尽量消除人的主观因素的干扰，

使得评价结果更符合实际（邱蔻华，2002）。

根据熵的定义确定各评价指标的熵为：

$$H_j = -\frac{1}{\ln m}\left(\sum_{i=1}^{m} f_{ij}\ln f_{ij}\right) \tag{16-6}$$

其中，

$$f_{ij} = \frac{y_{ij}}{\sum_{i=1}^{m} y_{ij}} \tag{16-7}$$

当 $f_{ij}=0$ 时，$\ln f_{ij}$ 无意义，因此，对 f_{ij} 加以修正，将其定义为

$$f_{ij} = \frac{1+y_{ij}}{\sum_{i=1}^{m}(1+y_{ij})} \tag{16-8}$$

定义了第 j 项指标的熵后，便可得出第 j 项指标的熵权定义，公式如下：

$$w_j = \frac{1-H_j}{n-\sum_{j=1}^{n} H_j} \tag{16-9}$$

式中，$0 < w_j < 1$，$\sum_{j=1}^{n} w_j = 1$。

（三） 基于欧式贴近度的食品安全风险水平综合评价

欧氏贴近度表示评价样本与标准样本两者互相接近的程度，其值越大表示两者越接近，反之则相离较远。运用 $M(\cdot, +)$ 算法，即先乘后加来计算和构建欧氏贴近度的复合模糊物元 $\tilde{R}_{PH}$：

$$\tilde{R}_{PH} = \begin{bmatrix} & M_1 & M_2 & \cdots & M_m \\ PH_j & PH_1 & PH_2 & \cdots & PH_m \end{bmatrix}$$

其中

$$PH_j = 1 - \sqrt{\sum_{j=1}^{n} w_j \Delta_{ij}} \quad (j=1, 2, \cdots, n) \tag{16-10}$$

因此，最终食品安全风险水平和食品供应链各环节风险水平的评价值即为在不同年份的欧氏贴进度，贴近度越接近 1，安全度越高，风险水平越低。

三、食品安全风险水平评价实证分析

（一） 指标数据获取和计算

选取 2003~2012 共 10 年的评价指标，采用表 16-3 中的全部 17 个指标，即

$C_1 \sim C_{17}$。具体指标数据见表 16 – 4。

表 16 – 4　　　　　　食品安全风险水平评价指标数据

指标＼年度	2003	2004	2005	2006	2007	2008	2009	2010	2011	2012
C_1 工业废水排放量（亿吨）	212.3	221.1	243.1	240.2	246.6	241.7	234.4	237.5	230.9	221.6
C_2 工业废气排放量（万亿标立方米）	19.9	23.8	26.9	33.1	38.8	40.4	43.6	51.9	67.59	63.6
C_3 化肥施用强度（吨/千公顷）	289.5	302.0	306.5	323.9	332.8	335.3	340.7	346.2	351.5	357.3
C_4 农药施用强度（吨/千公顷）	8.69	9.03	9.39	10.10	10.58	10.70	10.77	10.94	11.01	11.05
C_5 蔬菜质量安全监测合格率	82.2	91	91.4	93	95.3	96.3	96.4	96.8	97.4	97.9
C_6 畜产品质量安全监测合格率	97.1	97.2	97.1	98.5	98.8	98.7	99.5	99.6	99.6	99.7
C_7 水产品质量安全监测合格率	94.9	94.9	94.9	94.9	95.9	95.7	97.2	96.7	96.8	96.9
C_8 规模以上食品加工企业总数（个）	19 022	20 526	23 647	26 326	29 206	36 319	39 189	41 135	32 639	34 973
C_9 有效使用绿色食品标志企业总数（个）	2 047	2 836	3 695	4 615	5 740	6 176	6 003	6 391	6 622	6 862
C_{10} 食品质量国家监督抽查合格率（%）	82.6	81.1	81.8	80.8	83.1	87.3	91.3	94.6	95.1	95.4
C_{11} 加工用水卫生安全合格率（%）	90.3	85.6	89.4	87.7	88.6	88.6	87.4	88.1	92.1	92.3
C_{12} 全国消协组织受理食品投诉件数（万件）	60 740	58 128	47 192	42 106	36 815	46 249	36 698	34 789	39 082	29 213
C_{13} 食物中毒起数（起）	379	397	256	596	506	431	271	220	189	174
C_{14} 食物中毒人数（人）	12 876	14 586	9 021	18 063	13 280	13 095	11 007	7 383	8 324	6 685

续表

指标＼年度	2003	2004	2005	2006	2007	2008	2009	2010	2011	2012
C_{15} 食物中毒死亡人数（人）	323	282	235	196	258	154	181	184	137	146
C_{16} 城乡居民恩格尔系数（％）	42.15	43.23	41.72	39.81	39.98	40.97	38.82	38.40	38.30	37.67
C_{17} 食品安全知晓率（％）	32.8	33.6	34.7	36.2	40.2	44.9	49.4	53.3	56.2	58.9

其中 C_1，C_2 来源于《中国环境统计年鉴》（2004～2012）和 2012 年环境统计年报；C_3，C_4，C_8，C_{10}，C_{16} 根据《中国统计年鉴》（2004～2013）计算得到；C_5，C_6，C_7 根据农业部公布的历年农产品质量安全例行监测结果的有关公报、通报以及 2007 年 7 月发布的《中国农产品质量安全概况》整理计算得到，其中 2003～2007 年畜产品质量安全监测合格率为瘦肉精污染和磺胺类药物残留例行监测结果的平均值，2003～2007 年水产品质量安全监测合格率为氯霉素和孔雀石绿污染例行监测结果的平均值，但由于 2006 年农业部首次将孔雀石绿作为水产品例行监测对象，所以 2003～2005 年的监测结果均采用了 2006 年的数据，2007 年数据为 2007 年四次监测结果的平均值；C_9 来源于中国绿色食品发展中心《绿色食品统计年报》（2003～2012）；C_{11} 来源于《中国卫生统计提要》（2004～2013）；C_{22} 来源于中消协发布的 2003～2012 年全国消协组织受理投诉情况统计分析的报道；C_{13}，C_{14}，C_{15} 来源于 2003～2012 年卫生部公布的全国食物中毒事件情况的通报；C_{17} 根据中国互联网络信息中心（CNNIC）发布的《中国互联网络发展状况统计报告》和《中国统计年鉴》（2004～2013）计算得到。

（二）基于熵权模糊物元模型的食品安全风险水平评价

基于 2003～2012 年共 10 年的数据，按照以下步骤进行食品安全风险水平评价。

1. 构造复合模糊物元

把 2003～2012 年这 10 个年份作为 10 个事物，把表 16-3 中的 17 个指标作为特征，把表 16-4 中的指标值作为量值，构造复合模糊物元如下：

$$R_{10 \times 17} = \begin{bmatrix} & 2003 & 2004 & \cdots & 2012 \\ c_1 & 212.3 & 221.1 & \cdots & 221.6 \\ c_2 & 19.9 & 23.8 & \cdots & 63.6 \\ \cdots & \cdots & \cdots & \cdots & \cdots \\ c_{17} & 32.8 & 33.6 & \cdots & 58.9 \end{bmatrix}$$

2. 计算从优隶属度

根据上述模糊物元，利用公式（16-3）和公式（16-4）计算各指标值的从优隶属度，得到从优隶属度模糊物元如下：

$$\tilde{R}_{10 \times 17} = \begin{bmatrix} & 2003 & 2004 & \cdots & 2012 \\ c_1 & 0 & 0.257 & \cdots & 0.271 \\ c_2 & 0 & 0.082 & \cdots & 0.916 \\ \cdots & \cdots & \cdots & \cdots & \cdots \\ c_{17} & 1 & 0.969 & \cdots & 0 \end{bmatrix}$$

3. 确定标准模糊物元和差平方复合模糊物元

在对各指标值进行从优隶属度计算的基础上，取其中最大的值组成标准模糊物元，即 $u_{0j}=1(j=1,2,\cdots17)$。然后根据公式（16-5）得到差平方模糊物元如下：

$$\tilde{R}_\Delta = \begin{bmatrix} & 2003 & 2004 & \cdots & 2012 \\ c_1 & 1 & 0.553 & \cdots & 0.531 \\ c_2 & 1 & 0.843 & \cdots & 0.007 \\ \cdots & \cdots & \cdots & \cdots & \cdots \\ c_{17} & 0 & 0.001 & \cdots & 1 \end{bmatrix}$$

4. 确定指标权重

结合前述熵值法赋权步骤，首先根据表16-4中数据利用公式（16-6）和（16-8）得到归一化矩阵，然后由公式（16-9）计算得到各指标权重如下：

$$w_j = \begin{bmatrix} w_1 & w_2 & w_3 & w_4 & w_5 & w_6 & w_7 & w_8 & w_9 \\ 0.045 & 0.056 & 0.048 & 0.056 & 0.054 & 0.085 & 0.073 & 0.057 & 0.066 \\ w_{10} & w_{11} & w_{12} & w_{13} & w_{14} & w_{15} & w_{16} & w_{17} & \\ 0.080 & 0.046 & 0.050 & 0.059 & 0.051 & 0.058 & 0.055 & 0.062 & \end{bmatrix}$$

5. 分层计算欧氏贴近度

根据差平方模糊物元和各指标权重，利用公式（16-10）分层计算欧氏贴近度结果如下：

目标层欧氏贴近度模糊物元：

$$R_{PHG} = \begin{bmatrix} & 2003 & 2004 & 2005 & 2006 & 2007 & 2008 & 2009 & 2010 & 2011 & 2012 \\ PH_i & 0.491 & 0.570 & 0.513 & 0.555 & 0.500 & 0.436 & 0.275 & 0.221 & 0.188 & 0.123 \end{bmatrix}$$

因子层欧式贴近度模糊物元：

$$R_{PHA} = \begin{bmatrix} & 2003 & 2004 & 2005 & 2006 & 2007 & 2008 & 2009 & 2010 & 2011 & 2012 \\ PH_{1i} & 0.298 & 0.376 & 0.476 & 0.506 & 0.472 & 0.487 & 0.286 & 0.342 & 0.328 & 0.276 \\ PH_{2i} & 0.681 & 0.909 & 0.674 & 0.654 & 0.498 & 0.338 & 0.259 & 0.129 & 0.095 & 0.057 \\ PH_{3i} & 0.710 & 0.749 & 0.462 & 0.554 & 0.539 & 0.454 & 0.273 & 0.158 & 0.107 & 0.008 \end{bmatrix}$$

（三）食品安全风险水平评价结果分析

食品安全风险水平评价结果是依据计算得出的欧氏贴近度，阈值在 0~1 之间。越接近 1，表示风险水平越高，安全水平越低；越接近 0，表示风险水平越低，安全水平越高。但需要说明的是，欧式贴近度的计算结果只代表各年度风险的比较情况，具体数值没有意义。

根据目标层欧氏贴近度可以得出我国食品安全总体风险水平评价结果，如图 16-5 所示。从食品安全总体风险水平来看，2003 年以来我国食品安全风险水平总体上呈下降趋势，2003~2006 年总体风险水平较高，出现轻微波动的趋势，但 2006 年以后，总体风险水平逐年持续降低，这说明近 10 年我国食品安全状况在逐步改善。

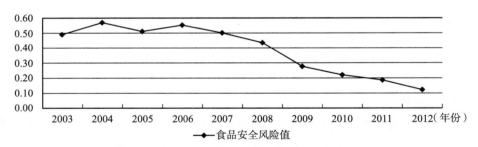

图 16-5　食品安全总体风险水平评价结果

根据因子层欧式贴近度可以得出农产品生产、食品加工、食品流通/消费三个环节的评价结果如图 16-6 所示。从图中可以看出，农产品生产环节风险水平呈波动趋势，2003~2005 年缓慢上升，之后 2005~2008 年趋于平缓，变化趋势不明显，2008~2009 年呈现较明显下降趋势，2009 年稍有回升，之后趋于平缓，总体趋势稳中有降；食品加工环节风险水平 2004 年比 2003 年有所上升，达到历史最高点后开始呈持续下降趋势，到 2012 年达到历史最低点；食品流通/消费环节风险水平与加工环节较为类似，呈短暂波动但整体下降趋势，2003~2004 年稍有上升，2004 年达到历史最高点，2005 ~ 2006 年又出现上升，2006 年之后呈逐年下降趋势，2012 年达到历史最低点。

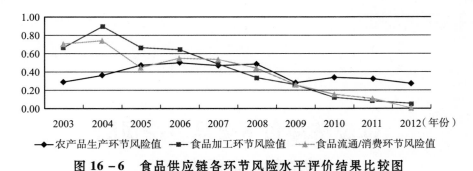

图 16 - 6　食品供应链各环节风险水平评价结果比较图

　　根据评价结果可以看出，我国食品安全风险虽然在个别年份出现波动，但总体上下降的趋势非常明显。因此，可以得出近 10 年我国食品安全总体形势 "逐步向好" 的基本结论。从食品供应链不同环节来看，农产品生产、食品加工、食品流通/消费等不同环节的风险均呈波动下降趋势，其中加工环节和流通/消费环节下降趋势明显，农产品生产环节风险呈稳中有降趋势。

第十七章

供应链视角下食品安全风险
来源及形成机理

首先利用搜集到的 2003 ~ 2013 年我国发生的 5 276 个食品安全事件，从风险构成因素、风险发生环节、风险涉及的食品种类以及风险责任主体四个方面对供应链视角下食品安全风险来源进行实证分析；然后提出了供应链食品安全风险形成的圈层结构，从食品安全能力风险、食品安全信用风险和食品安全市场风险三个层面来剖析了食品安全风险形成的内在机理，在此基础上给出了供应链食品安全风险防控的总体思路。

第一节　供应链视角下食品安全风险来源分析

本研究主要从供应链的视角理解"风险来源"，这种风险来源具备四个要素：一是风险构成因素；二是风险产生的供应链环节；三是风险涉及的食品种类；四是风险的责任主体。利用搜集到的食品安全事件以及经编码后的数据，从以上四个层面进行提炼，分析食品安全风险来源。

一、数据获取与预处理

本研究主要以食品安全事件为研究对象来实证分析食品安全风险。事件数据主要有 5 个来源：中国食品安全资源数据库，国家食品安全信息中心，医源世界网"安全快报"版、食品伙伴网"食品安全"版和其他权威媒体的综合报道。从 5 个来源进行广泛搜集，并进行重复性和有效性筛选，共得到从 2003～2013 年的 5 276 个有效事件。从事件发生的地域范围来看，地域分布是全国范围的，不存在对某一地区的侧重；从涉及的食品种类来看，也不存在对某些种类的侧重报道，且大样本量使得数据分析结果具有一定的客观性。

对事件样本中每一条有效事件，提炼发生的时间、地点、涉及食品名称、事件名称（通常为新闻标题）、新闻来源、网络连接等信息，经过整理的食品安全事件形成《食品安全事件集（2003～2013）》，如表 17－1 所示。

表 17－1　　　　　　　食品安全事件集（2003～2013）（部分）

日期	地区	食品名称	事件名称	信息来源	网址链接
20130110	北京	蜜饯	北京工商抽检：华普"问题"圣女果再遭曝光	北京商报	http：//www. foodmate. net/news/guonei/2013/01/221879. html
20130114	山东	面筋	山东济宁一中学百名学生食物中毒系甲醛超标	齐鲁网	http：//www. foodmate. net/news/guonei/2013/01/222027. html
20130116	湖南	辣椒	湖南长沙破获一起硫磺熏染干辣椒案	长沙晚报	http：//www. foodmate. net/news/guonei/2013/01/222290. html
20130130	海南	豆角	海南豆角再现农残超标涉及 2. 7 吨豆角	广州日报	http：//www. foodmate. net/news/guonei/2013/01/223369. html
20130204	重庆	猪肉制品	重庆查获 10 余吨病死猪肉制品为提色添加苏丹红	重庆晨报	http：//www. foodmate. net/news/guonei/2013/02/223727. html

二、食品安全风险构成因素分析

通过十六章中对食品供应链各个环节安全风险的分析，结合相关文献和搜集到的数据资料，对我国食品安全风险构成因素总结如表 17－2 所示：

表 17 - 2　　　　　　　　　　我国食品安全风险构成因素分析

供应链环节	风险构成因素	具体描述
农产品生产风险	产地环境污染	主要是重金属污染，水污染等。
	农业投入品污染	过量使用或非法使用高毒农药、兽药，饲料霉变等导致农产品污染。
食品加工风险	食品原料不合格	使用废弃物、劣质或非食用物质作为原料制作食品或制作假冒伪劣食品等
	添加剂或非食用物质的滥用	超量或超范围使用添加剂，使用违禁添加物或其他有毒有害物质等。
	加工条件不合格	食品加工环境不符合卫生标准或操作人员操作不规范，导致微生物超标、混有异物等。
	包装不合格	使用虚假或有毒有害包装，导致食品受污染或误导消费者食用劣质或有毒食品。
农产品/食品流通风险	仓储运输条件不合格	仓储环境、运输工具等不符合规定，导致食物变质、菌落数超标等。
	销售行为不规范	销售过期变质、假冒伪劣、废弃食品、三无食品，无 QS 标志食品等
	有害投入品污染	如滥用双氧水、甲醛等延长腐败期，造成食品的二次污染
餐饮/消费风险	餐饮条件不合格	餐饮单位、食堂等卫生环境不达标或供应劣质食品。
	烹饪/食用不当	如加热不当，豆角未煮熟等。
	食品含天然毒素	出售或误食含有天然毒素的动植物，如有毒蘑菇、河豚等。

　　对各风险构成因素在事件样本中所占比例进行统计，结果如图 17 - 1 所示。从图中可以看出，食品安全风险构成因素中加工环节"添加剂或非食用物质的滥用"这一因素在总体中所占比例最高，达到了 34.8%，主要表现为超量或超范围使用食品添加剂或添加对人体有害的物质；其次是"生产加工条件不合格"，占 20.2%，主要表现为一些小企业、小作坊加工条件差、环境不卫生、操作不规范等；"销售行为不规范"这一因素所占比例也较高，为 14.4%，主要是销售过期、假冒伪劣食品；随后依次是"有害投入品污染""食品原料不合格"和"食品包装不合格"等。

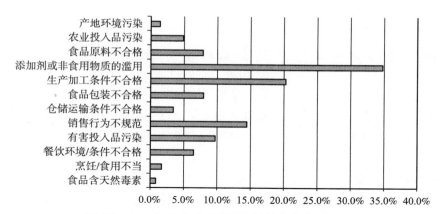

图 17 -1　食品安全风险因素所占比例分布图

三、食品安全风险产生环节分析

根据初级生产（01）、食品加工（02）、食品流通（03）、食品消费（04）四个环节对数据进行预处理，判别每个事件的发生环节并进行分类，得到事件样本的风险分布如图 17 - 2 所示。

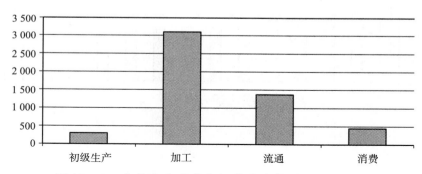

图 17 -2　食品安全事件各环节发生频数统计分布图

从图 17 - 2 中可以看出，食品加工环节的食品安全事件发生频数最高，发生在食品加工环节的事件为 3 120 件，超过其他所有环节的数据总和，食品加工环节在满足消费者日益增长的多样化需求的同时，也成了食品安全风险产生的主要环节。其次为流通环节，发生在流通环节的食品安全事件为 1 375 件，主要表现为食品销售过程中销售行为不规范和有害投入品的污染等。

四、食品安全风险涉及食品种类分析

目前，我国对食品种类的分类没有统一的标准，常见的是《食品添加剂使用卫生标准》和《食品质量安全市场准入制度》（QS认证）中对食品的分类。其中，《食品添加剂使用卫生标准》（GB2760-2007）将食品分为16大类，该分类将各大类生鲜农产品及其制品归为一类，不便于本研究对食品安全事件所涉及的食品种类进行详细定位，《食品质量安全市场准入制度》（QS认证）将食品分为28大类，该分类较为详细，但是不包括可供食用的生鲜农产品。刘畅（2012）依据这两项标准的综合分类结果，将食品种类分为33类，本研究依据这一分类标准对食品安全风险涉及的食品种类进行统计分析。但由于有些食品人们日常生活中的消费量较小，所以样本中并没有涉及所有的食品种类。选取出现问题次数超过150次的14种食品如图17-3所示。

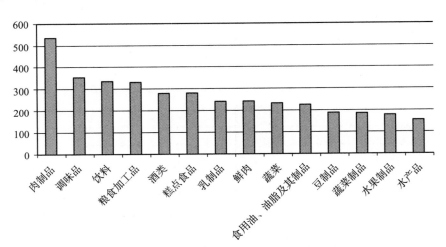

图 17-3　食品安全事件涉及的主要食品种类

不同种类食品的风险产生原因各不相同，即便是同一类食品的原因也呈现多样化态势。运用二维矩阵判别每种食品的产生原因，结果如表17-3所示。

表 17-3　　　　各风险因素涉及食品种类的判别矩阵

风险因素＼食品种类	04	03	06	01	15	24	05	31	29	02	16	25	17	32	合计
产地环境污染	0	0	10	10	0	0	0	0	5	0	0	4	0	17	46
农业投入品污染	1	0		10	0	0	2	31	86	0	0	2	0	28	160

风险因素 ＼ 食品种类	04	03	06	01	15	24	05	31	29	02	16	25	17	32	合计
食品原料不合格	60	41	21	17	103	17	22	0	0	61	9	6	0	0	288
添加剂或非食用物质的滥用	221	146	88	110	98	96	115	0	0	44	101	113	157	0	1 294
加工条件不合格	135	61	111	71	40	109	38			40	71	35	23	0	734
包装不合格	32	32	47	16	22	24	24	0	0	23	9	8	13	0	286
储运条件不合格	23	10	13	16	5	17	16			6	4	0	0	10	125
销售行为不规范	59	53	54	56	35	33	43	120	12	47	12	12	6	25	603
有害投入品污染	51	31	14	55	8	2	5	62	79	7	14	28	14	37	407
餐饮条件不合格	60	41	21	16	5	21	6	27	15	25	4	7	0	23	278
烹饪/食用不当	0	0	3	5	4	0	3	2	19	0	3	0	0	9	48
食品含天然毒素	0	0	0	0	0	0	0	2	23	0	0	0	0	12	37
合计	540	353	337	333	284	283	246	244	238	230	192	190	184	158	3 812

注：表中数字表示样本中事件出现的频次。

对矩阵中数据进行两两交叉分析，即可判断各风险因素涉及的主要食品种类，其中出现频次较多的点即为问题高发的关键风险点。从分析结果可以看出，风险高发的前5种食品依次为肉制品、调味品、饮料、粮食加工品、酒类，这5种食品都是日常生活中消费比例较大的食品。肉制品、调味品、饮料和粮食加工品最主要的风险因素都是添加剂或非食用物质的滥用以及加工条件不合格，说明目前我国食品生产企业的生产加工条件和质量安全意识亟待进一步改善；酒类除了添加剂和非食用物质的滥用外，原料不合格的现象比较突出，主要是制造假冒伪劣、冒充名牌等现象比较严重；另外还有肉类的销售行为不规范和有害投入品污染，蔬菜的农业投入品污染和流通环节的投入品污染等。

五、食品安全风险责任主体分析

"责任主体规模"指导致食品安全事件的供应链责任主体的规模。对于主体规模的界定，应依据企业年销售额、员工人数或资产总额。在分析单个食品安全事件时，由于主体规模信息存在不完整性，很难找到具体信息，因此对该维度的判断主要是依据事件报道的内容和个人的经验判断。将食品安全事件的责任主体规模分为个体生产经营者（01）、小型企业（02）、大中型企业（03）三类。其中个体生产经营者包括个体农户、个体食品加工者、个体零售商户等。而食品安全事件所涉及的责任主体如果是众所周知的知名企业，则可被纳入大中型企业（03）一类。

对收集到的事件进行编码处理和统计分析，得到事件样本中各主体规模分布情况如图 17 - 4 所示。从图中可以看出，个体生产经营者是食品安全风险涉及的主要责任主体，个体生产经营者的一些行为，如违法违规生产加工行为、不规范的销售行为等，是食品安全风险的主要来源。

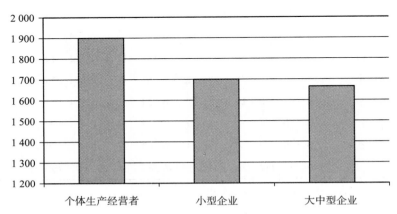

图 17 - 4 食品安全事件的主要责任主体分布图

进一步分析各风险因素涉及的责任主体规模，结果如表 17 - 4 所示。

表 17 - 4　　　　食品安全事件产生原因的频次及比例

产生原因　责任主体规模	01 个体生产经营者	02 小型企业	03 大中型企业	合计	占事件总数的比例
产地环境污染	34	15	22	71	1.3%
农业投入品污染	167	33	44	244	4.6%
食品原料不合格	244	160	72	476	9.0%
添加剂或非食用物质的滥用	328	803	676	1 807	34.2%
加工条件不合格	244	330	473	1 047	19.8%
包装不合格	81	149	148	378	7.2%
储运条件不合格	32	42	103	177	3.4%
销售行为不规范	362	178	208	748	14.2%
有害投入品污染	345	141	52	538	10.2%
餐饮条件不合格	157	117	80	354	6.7%

续表

产生原因 \ 责任主体规模	01 个体生产经营者	02 小型企业	03 大中型企业	合计	占事件总数的比例
烹饪/食用不当	42	12	12	66	1.3%
食品含天然毒素	38	3	0	41	0.8%
合计	1 906	1 701	1 669	5 276	112.7%

注：百分比大于 100% 是由于某些事件是由多个因素共同造成的。

由表 17 - 4 得出的图 17 - 5 能够直观反映导致食品安全事件的风险因素及所涉及的不同规模责任主体分布情况。

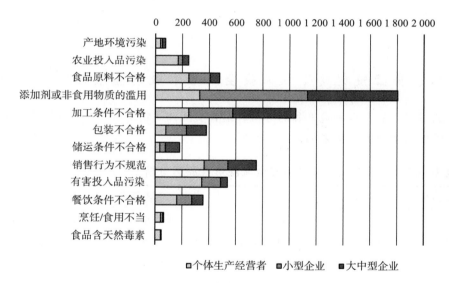

图 17 - 5　食品安全风险产生原因与责任主体分布

由表 17 - 4 和图 17 - 5 可以看出，大中型企业影响食品安全的主要因素是添加剂或非食用物质的滥用、加工条件不合格、销售行为不规范、包装不合格和储运条件不合格等，体现了大中型食品加工、零售企业等食品安全管理的失控；另外还有原料不合格、产地环境污染、农业投入品污染等因素，这主要体现在大中型加工企业、零售企业对前端原材料安全的失控。

因大中型企业在资金、资源、技术方面较小企业和个体生产经营者有一定的优势，往往是食品供应链中的核心企业，能够通过内部控制和外部控制实现供应链整体的食品安全控制。在食品安全的内部控制方面，规模较大的企业在其内部一般都建立了较为完备的食品安全管理制度规范，且大中型企业具有资金实力引进各类检测设备，并能够承担高昂的长期检测成本。但从数据分析来看，企业的食品安全管理水平还有待进一步加强；在外部控制方面，大中型企业并未真正发挥供应链核心企业的作用，未能利用自身拥有的优势对食品供应和销售过程中的安全风险进行有效防控，导致最终食品安全事件的发生，如三鹿"三聚氰胺"事件、双汇"瘦肉精"事件等，都是因为大型食品企业核心作用不强，缺乏对整个食品供应链的有效管控所导致，这也是目前我国重大食品安全事件发生的最主要原因之一。

第二节　供应链视角下食品安全风险形成机理

一、供应链视角下食品安全风险形成的圈层结构

通过对食品安全风险来源的分析，结合实际调研情况，分析各个环节食品安全风险形成的原因，结果如表 17－5 所示。

表 17－5　　　　　　　　　食品安全风险形成原因分析

供应链环节	风险因素	形成原因
农产品生产风险	产地环境污染	工矿"三废"和城市生活污染源。
		农业面源污染，主要是农业生产过程中滥施化肥、农药和农膜等化学投入品及任意排放畜禽粪便等农业污染物造成。
	农业投入品污染	农业从业人员技能水平偏低，农药、兽药、化肥等应用不当或缺乏鉴别能力导致购买或使用违禁投入品。
		为追求不正当经济利益而使用有害投入品。
食品加工风险	食品原辅料不合格	技术落后或应用不足导致的风险。
		利益驱动而使用不合格原辅料、废料或违法违规生产。
		原辅料进货把关不严、检测体系不健全。
	添加剂或非食用物质的滥用	安全意识薄弱，员工不了解添加剂使用标准及其危害。
		由于利益驱使故意违规，超量使用添加剂或使用有毒有害物质等。
		生产技术工艺落后，添加剂使用技术不过关或原辅料混合不均匀等。

续表

供应链环节	风险因素	形成原因
食品加工风险	生产加工条件不合格	生产加工环境卫生不达标、操作人员卫生不达标、工艺设备落后等。
		操作人员操作不规范或质量控制缺失。
		企业执行产品标签管理法律法规意识淡薄，标签不规范。
	包装不合格	为降低成本使用不合格包装材料或为追求不正当利益使用虚假标注包装等。
		包装工艺落后。
农产品/食品流通风险	仓储运输条件不合格	储藏、运输技术水平低下、设备落后或存储方式不当。
		员工安全意识薄弱，运输、搬运过程中的人员粗放操作。
		为了节约成本使得储藏运输环境达不到标准。
	销售行为不规范	管理疏漏导致销售过期变质食品等。
		利益驱使故意销售过期、假冒伪劣、废弃食品、三无食品，无 QS 标志食品等。
餐饮/消费风险	有害投入品污染	安全意识薄弱或对投入品危害认识不足。
		利益驱使故意使用有害投入品。
	餐饮条件不合格	餐饮单位、食堂等卫生环境不达标、工艺落后等。
		利益驱使故意供应劣质不合格食品。
		管理水平落后，食品安全管理体系不健全。
	烹饪/食用不当	食品安全知识欠缺。
	食品含天然毒素	不安全食品鉴别能力较差。

从表17-5中可以看出，食品安全风险主要源自食品供应链主体资金、技术、管理等方面能力的缺失和供应链合作关系不紧密导致的机会主义行为。而由于食品安全信息不对称导致的食品市场逆向选择问题，使得供应链主体缺乏提升食品安全保障能力的动力，也使得供应链合作中的机会主义行为缺乏有效约束。

食品安全风险既存在于供应链各个主体内部，也存在于各个主体之间，同时外围市场环境也会导致食品安全风险的形成，因此提出食品安全风险形成机理的圈层结构（如图17-6所示），从供应链各主体内部食品安全保障能力缺失导致的能力风险、供应链主体间合作关系不紧密导致的信用风险、食品安全信息不对称导致的市场风险三个层面来剖析食品安全风险形成的内在机理，找出风险产生的根源，为构建合理的食品安全风险控制机制提供理论基础。

201

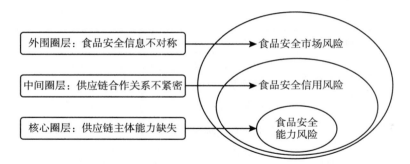

图 17-6　供应链视角下食品安全风险形成的圈层结构

食品安全能力风险被定义为主体本身不具有保障食品安全能力的可能性和严重性，包括技术能力、管理能力、认知能力等。食品供应链各个参与主体都会对食品安全产生影响，主体的食品安全能力直接决定了最终的食品安全风险水平，因此食品安全能力风险处于食品安全风险形成的圈层结构中的"核心圈层"。

食品安全信用风险被定义为主体为了追求不正当经济利益主动在合作过程中采取危害食品安全的行为的可能性和严重性。信用风险处于食品安全风险形成的圈层结构中的"中间圈层"，是由于供应链结构松散、供应链主体之间的合作关系不紧密导致的风险。

食品安全市场风险被定义为由于食品市场信息不对称，消费者无法准确辨别食品安全水平，从而导致的逆向选择风险。市场是食品供应链运行的外部环境，因此市场风险处于供应链食品安全风险形成的圈层结构中的"外围圈层"。

二、食品安全能力风险形成机理

从以上的分析可以看出，现阶段我国食品供应链节点较多，主体规模普遍偏小。"小"而"散"的生产经营主体由于资金等方面的限制，普遍缺乏防控食品安全风险的先进的技术和能力，也没有动力进行质量安全能力方面的投入，这使得食品安全风险的产生是不可避免的，甚至防不胜防。食品供应链的小规模分散化特征是影响食品安全的主要原因，主体越多、涉及环节越多、分布越分散，食品安全风险发生的可能性就越大。

在农产品生产环节，我国农产品生产的主体是广大分散的个体农户，农业生产过程中滥施化肥、农药等化学投入品、农膜的大量使用、畜禽粪便等农业污染物任意排放等造成的面源污染以及工矿"三废"和城市生活污染源等都在不同程度的影响着农产品产地环境，从而影响农产品质量安全，而个体农户对于防控源头的这种食品安全风险根本无能为力。另外由于农业从业人员技能水平偏低，为了追求产量，往往投入更多的农药、兽药、化肥等来达到这种目的，由于农药、兽药、化肥等应用不当或缺乏鉴别能力导致购买或使用违禁投入品是农产品生产环节质量安全问题产生的主要原因，因此迫切需要对于源头农户的食品安全能力风险进行有效控制。

食品加工环节食品安全的保障需要设备、设施和管理的投入，小规模食品生产企业和个人由于资金人员等方面的限制往往没有能力或动力进行投入，使得不合格原辅料由于检测能力缺失流入企业、生产过程中由于环境设备等不合格受到微生物污染、储运流通过程中由于人员装备落后导致腐败变质等现象时有发生。另外，食品添加剂的滥用、甚至添加非食用物质的现象较为严重。一是由于员工的安全知识欠缺、风险意识薄弱或缺乏添加剂的认知和使用能力，二是由于企业的技术能力较弱，生产工艺落后。食品添加剂或非食用物质的滥用已成为我国食品安全风险的关键点，再加上相当数量的食品企业并不具备相应的检验检测能力，食品安全难以保障，不仅增加了市场监管的难度，更直接导致或增加了食品安全风险。

食品流通环节，跨地区甚至跨国界的食品贸易越来越频繁，消费者距离食品生产地的距离越来越远，长距离运输在满足消费者需要的同时，由于储藏、运输技术水平低下、设备落后、员工安全意识薄弱等原因使微生物与有害物质污染的可能性增大，而小规模分散化的流通销售主体又缺乏必要的检验技术和监督手段，使得食品安全风险难以避免。

从食品供应链的流程可以看出，从农产品的初级生产、食品加工到流通销售，是食品质量的形成过程，也是食品安全能力风险的形成过程，食品的最终质量是由链上的所有主体紧密协作共同保障的，各主体的食品安全风险防控能力都会影响到最终的食品质量，供应链食品安全能力风险是整个供应链运作过程中农产品生产安全能力风险、食品加工安全能力风险、物流运输安全能力风险、流通销售安全能力风险的耦合。供应链主体食品安全能力风险形成过程如图 17-7 所示。

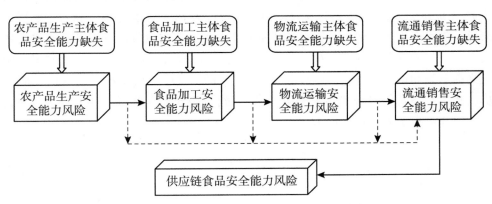

图 17-7　供应链食品安全能力风险的形成过程

三、食品安全信用风险形成机理

食品安全信用风险产生的根本原因主要是由于主体间由于缺乏合理的利益分配和风险共担机制而产生的危害食品安全的机会主义行为。以我国奶制品供应链为例，从投入来看，原奶供应环节的投入约占整个供应链的 70%，加工环节占 20%，流通环节占 10%，而从利润分配来看，这三个环节的利润分配比例为：1:3.5:5.5[1]。可见，奶牛养殖和原奶供应环节的投入和利润分配严重不合理，乳制品供应链一般是由加工企业主导的，乳企与奶农之间往往通过奶站连接，利益联结机制并没有真正形成，二者分属两个不同的利益主体，合作关系松散，使得在短期利益驱使下降低原奶质量、甚至掺假造假等危害食品安全的"机会主义"行为是难以避免的。

供应链中各利益主体之间的博弈关系决定了食品安全信用风险程度。为分析方便，假设食品供应链中存在两个参与主体，分别称之为供应商和购买商。其中供应商可以是农户、合作社，也可以是加工企业，而购买商是供应商的直接下游，可以是加工企业或销售商。供应商向购买商提供食品或食品原料，购买商按一定的价格支付。在交易过程中，双方都会追求各自的利益最大化，供应商追求的是以较低的成本生产食品原料，并以较高的价格出售给购买商，而购买商则追求的是以较低的价格购买到优质安全的食品原料，一般来说，优质安全的食品需要投入的生产成本也较高。在博弈过程中，供应商有两种策略选择，即提供优质安全的食品原料和采取降低成本的"机会主义"行为，如以次充好、掺假造假等；购买商也有两种策略选择，即讲究诚信选择优质优价，或者采用"机会主义"行为压价购买，且两者都可以独自采取战略。假设优质食品原料的销售价格为 P_H，成本为 C_H，相应的劣质食品的销售价格为 P_L，成本为 C_L。相对于购买商来说，供应商更加了解食品原料的质量安全水平，假定供应商可以采取"机会主义"行为以次充好，即用低质量食品冒充高质量食品的价格 P_H 销售，购买商购买到高质量和低质量食品的收益分别为 R_H 和 R_L。其中，$P_H > P_L$，$C_H > C_L$，$R_H > R_L$，$P_H - C_L > P_H - C_H > P_L - C_L > P_L - C_H$，$R_H - P_L > R_H - P_H > R_L - P_L > R_L - P_H$，双方博弈的单次支付矩阵如表 17-6 所示。

---

[1] 张煜，汪寿阳：《食品供应链质量安全管理模式研究——三鹿奶粉事件案例分析》，载《管理评论》2010 年第 10 期，第 67~74 页。

表 17 – 6 供应商和购买商的博弈的支付矩阵

供应商		购买商	
		优质优价	机会主义
	优质安全	$P_H - C_H$,　$R_H - P_H$	$P_L - C_H$,　$R_H - P_L$
	机会主义	$P_H - C_L$,　$R_L - P_H$	$P_L - C_L$,　$R_L - P_L$

由博弈矩阵可以看出，该博弈是典型的囚徒困境博弈，博弈双方在短期利益的驱动下，均衡的结果唯一，即（机会主义，机会主义），双方为了追求短期利益的最大化，采取机会主义行为导致食品供应链质量安全信用风险的产生，优质安全食品的供给无法保障。

以上是食品供应商和购买商单次博弈的过程，但是食品是人们在日常生活中需要大量重复购买的产品，购买商需要重复提供同样的产品，因此购买商和供应商之间的博弈也往往是重复发生的。对于重复博弈来说，影响博弈均衡结果的主要因素是博弈重复的次数和信息的完备性，重复博弈可以分为有限次重复博弈和无限次重复博弈，有限次重复博弈会产生"连锁店悖论"，即只要博弈次数是有限的，就不会改变单次博弈产生的唯一均衡结果（张维迎，2004）。因此，有限次重复博弈后，供应商和购买商为了追求各自利益最大化，仍然会选择（机会主义，机会主义），食品安全信用风险仍然会产生。如果博弈是无限次重复的，并且假设短期的机会主义行为所获得的收益是微不足道的，二者就会在博弈过程中做出（优质安全、优质优价）的策略选择，供应商通过提供优质安全的食品原料，购买商通过优质优价诚信合作，争取树立良好的声誉以获取长期收益。因此，合理的声誉机制有利于保障安全食品的供给，防控食品安全信用风险。

基于上述分析可以看出，供应链合作关系不紧密是食品安全信用风险产生的重要原因。竞争激烈、不确定性强的市场要求食品供应链主体之间要精诚合作、优势互补，才能保持和发展各自的竞争优势。因此需要设计合理的契约或采用有效的声誉机制以约束食品供应链上的参与主体的机会主义行为，改善供应链关系质量，形成长期稳定的合作关系。

四、食品安全市场风险形成机理

食品安全市场风险产生的根本原因是从事食品生产经营的商家与消费者之间在食品质量信息上的严重不对称（周应恒和霍丽玥，2003）。尼尔逊（Nelson，1970）、达比和卡尼（Darby and Kami，1973）等学者将商品划分为搜寻品、经验

205

品和信任品，食品质量相当于搜寻品特性、经验品特性和信任品特性的综合（王秀清、孙云峰，2002），食品的色泽、形状、新鲜度等属性具有搜寻品特征，味道、口感等属性具有经验品特征，而食品是否安全，即食用之后是否会对人体健康产生危害，除了极其严重的显性安全问题（如严重的食物中毒）之外，消费者往往在食用之后也无法获得完全的信息，其给人体造成的往往是一些潜在的长期的危害，因此食品的安全属性具有明显的信任品特征，生产者比消费者拥有更多的食品安全信息，如药物残留是否超标、添加剂含量是否超标等。食品的"信任品"特征决定了消费者很难凭感官判断食品是否存在质量安全隐患，这就为部分商家的投机行为创造了机会，导致食品市场秩序混乱，造成市场失灵，从而形成了食品安全市场风险。食品安全市场风险形成的原因主要包括以下两个方面（孙小燕，2008）。

（一）逆向选择——高质量安全食品需求萎缩

由于食品生产经营者和消费者之间的信息不对称，消费者很难凭感观了解市场上食品的真实质量安全水平。因此，消费者对市场上的食品质量会形成一个预期，这个预期代表着市场上食品质量的平均水平，并且消费者只愿意根据自己的质量预期来进行支付。但由于高质量食品的生产成本较高，食品生产经营者要保证食品质量就需要支付一定的质量投入，消费者如果不能给予高质量食品一定的额外价格支付，企业就只能获得很少的利润，最终质量高于市场平均水平的食品会退出市场，市场上整体食品安全水平随之下降。当消费者发现市场上食品的质量安全水平低于其原来的预期水平时，其愿意支付的价格也会随之下降，如此就形成了市场上食品安全水平持续不断下降、消费者支付意愿也持续下降的恶性循环，导致高质量食品需求萎缩。

假定市场上的食品只有两种：高质量食品 H 和低质量食品 L。如果食品的质量安全信息是对称的，即买方和卖方都知道食品的质量信息，食品市场就存在质量安全水平高和质量安全水平低两个市场。图 17 - 8（a）表示食品安全水平高的市场，S_H 是高质量安全食品的供给，D_H 是高质量安全食品的需求。图 17 - 8（b）表示食品安全水平低的市场，D_L 是低质量安全食品的需求 S_L 是低质量安全食品的供给。由于高质量安全食品的生产成本比低质量安全食品的生产成本高，相应的价格也应该要更高，所以 S_H 高于 S_L。由于消费者对高质量安全食品愿意支付更高的价格，所以 D_H 要高于 D_L。高质量安全食品的市场均衡数量和价格分别为 Q_H 和 P_H，低质量安全食品的市场均衡数量和价格分别为 Q_L 和 P_L，其中 $P_H > P_L$。

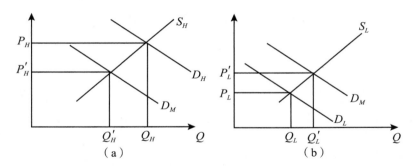

图 17 - 8　食品市场的逆向选择示意图

然而，由于食品安全信息的不对称，在实际的市场交易过程中，理性消费者由于不了解食品的真实质量而降低市场质量的期望值，将他们的需求曲线由 D_H 向下调整到 D_M，它介于 D_H 和 D_L 之间。质量安全水平高于消费者预期的食品就会由于不能获得足够的利润而退出市场，消费者所愿接受的价格预期也会随着下降，需求曲线进一步向左移动，直到低质量食品完全占领市场，食品供给曲线变成了 S_L，消费者需求曲线到了 D_L，高质量食品的需求为零。这一过程揭示了由于信息的不对称导致的食品市场的逆向选择，即消费者随着对食品市场整体质量安全水平预期的下降，高质量食品的需求量会相应减少，导致低质量食品将部分高质量食品驱逐出市场。

（二）囚徒困境——低质量食品供给增加

由于高质量安全食品的生产成本要高于低质量食品，但消费者由于缺少食品质量的相关信息，对于高质量食品的支付意愿就可能同低质量食品一样，所以生产高质量食品的利润就会远低于生产低质量食品的利润。为了实现利益最大化，一些食品生产经营者就倾向于降低食品生产经营成本（如使用廉价的劣质化学投入品、使用不合格的食品原料等）或最大限度的增加产量（如过度的使用化肥农药、滥用生长激素等）来增加收益；再加上食品安全监管失灵，为低质量食品生产经营者的投机行为创造了条件。

假设市场上有两个食品生产企业 A 和 B，二者的策略都有两种，即（生产高质量食品，生产低质量食品），且二者可以独立作出决策。假定市场总需求量为 Q，单位价格为 P，高质量食品生产成本为 C_H，低质量食品生产成本为 C_L，显然 $C_H > C_L$，则高质量食品的单位利润 $R_H = P - C_H$，低质量单位利润为 $R_L = P - C_L$，且有 $R_H < R_L$。二者博弈的支付矩阵如表 17 - 7 所示。

表 17 - 7　　　　　　　　　　食品生产者博弈的支付矩阵

A		B	
		生产高质量食品	生产低质量食品
	生产高质量食品	R_H，R_H	R_H，R_L
	生产低质量食品	R_L，R_H	R_L，R_L

　　该博弈也是典型的"囚徒困境"博弈。在非合作博弈的情况下，食品生产企业之间博弈的纳什均衡是为了获得利益最大化，都选择生产低质量食品。如果没有有效的监管与惩罚机制，低质量食品生产者可能冒充高质量食品生产者，产生以次充好的投机行为，对于生产高质量安全食品的企业，由于前期投入相对较高，也就具有较高的退出壁垒，当市场中充斥假冒伪劣食品时，高质量食品生产经营者限于退出成本，往往选择的不是退出市场，而是更多地倾向于选择转向生产低质量食品，从而扩大了市场中低质量食品的供给量，整体食品安全水平降低。

　　基于上述理论分析可以看出，食品安全信息不对称引发食品市场中消费者的逆向选择是食品安全市场风险产生的根源。因此，需要设计有效的食品安全信号传递机制，降低食品安全信息不对称程度，从而降低由于信息不对称导致的市场风险。

第三节　供应链视角下食品安全风险防控的总体思路

　　通过对食品安全风险形成机理的分析得出，供应链主体能力缺失、合作关系不紧密以及市场信息不对称是食品安全风险形成的主要原因。因此，本研究从食品安全能力风险防控、食品安全信用风险防控以及食品安全市场风险防控三个层面构建供应链食品安全风险防控机制，总体思路如图 17 - 9 所示。

　　食品生产经营准入条件较低，各主体能力存在很大差异，食品安全风险防控最核心最首要的任务就是提升各个参与主体的食品安全风险防控能力。能力风险的防控需要通过供应链组织模式的优化以及主体之间的紧密协作，尤其是能力较强的核心企业对能力较差主体的指导性合作，从而提升供应链整体的食品安全保障能力。

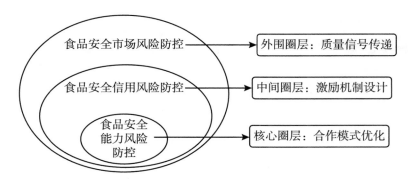

图 17 – 9　供应链食品安全风险防控的总体思路

　　供应链节点企业的合作关系不稳定，合作双方为了经济利益采取危害食品安全的行为，导致食品安全风险在供应链上传导，对最终食品质量造成危害。因此信用风险的防控需要核心企业采取有效的激励机制，约束其他参与主体危害食品安全的"机会主义"行为，改善供应链关系质量，维持长期稳定的合作关系。

　　由于食品安全信息不对称导致的食品安全市场风险是核心企业无法直接控制的，但可以通过食品安全信号传递提高消费者的食品安全辨别能力，减少逆向选择，从而有效降低市场风险。

第十八章

供应链视角下食品安全能力风险防控

本章着重探讨基于食品安全能力风险防控的食品供应链组织模式与合作形式，以实现供应链节点之间的战略协作和能力互补，有效防控食品安全能力风险。首先对食品供应链核心企业进行比较与选择，分析哪些企业可以发展成为食品供应链中的核心企业，并对每类核心企业主导的食品供应链组织模式进行了探讨；然后重点分析了核心企业与农产品供应商（农户）的食品安全能力风险防控的具体合作形式。

第一节　食品供应链核心企业的角色分析

一、食品供应链核心企业的概念界定

供应链上各个主体是相互独立的经济实体，主体间没有直接的行政隶属关系，每个主体都有自己的利益目标和价值取向，为了共同的利益联系起来，因此需要有一个能够在供应链中起到主导作用的核心企业，能够合理地整合和分配资源，协调各方的利益冲突。关于供应链核心企业的定义，目前存在着多种不同的见解，克里斯汀·哈兰（Christine Harland，2003）给出了供应链网链结构模型，并认为核心企业可以是产品制造企业，也可以是大型零售企业；葛莱奈特（Garnet，1995）认为充当供应链的驱动力的企业才是核心企业。

国内较早开始关注供应链核心企业研究的是马士华教授，他认为核心企业在维系供应链有效运作过程中扮演着十分重要的角色，尤其对形成供应链战略伙伴关系影响最大（马士华，2000）；鲁茂（2004）认为核心企业必须是供应链上拥有特定产品或服务的核心市场资源与核心竞争力的企业，从而能够吸引相关节点企业加盟，参与市场竞争；汪寿阳（2006）认为核心企业是供应链企业群体的"原子核"，它把一些"卫星"企业吸引在自身周围，从而将供应链构造成一个网链状结构。国内外学者虽然从不同角度对供应链核心企业进行了论述，但在认为核心企业的地位作用等方面是基本一致的，只是在表述上稍有区别而已。现实的供应链运作中，核心企业往往是一个实力较强的品牌企业，这个品牌企业负责组建供应链，并对供应链上的其他成员进行协调和控制，以维持供应链的稳定运转。本研究参照鲁茂的定义，认为食品供应链中核心企业是指拥有特定产品或服务的核心市场资源和核心竞争力，能够组建食品供应链并吸引相关节点企业加盟，共同协作参与食品市场竞争的企业。

二、食品供应链核心企业的地位与作用

在一般供应链中，核心企业是供应链的战略制定及协调管理中心、技术创新及产品研发中心、信息交换中心和物流集散调度中心（曹束，2009），具有举足轻重的地位和作用。随着消费者对食品安全问题重视度日益提高，食品供应链中核心企业的作用也越来越突出，除了一般供应链中核心企业的作用之外，在食品供应链的构建和运营过程中还拥有其特殊的地位和作用，主要体现在以下几个方面：

第一，核心企业是供应链食品安全责任的主导者。食品供应链在追求实现收益最大化的同时，更加要注重保障食品安全，这是食品供应链各个主体必须要履行的社会责任。供应链中某些参与主体为了追求短期利益，可能会忽视食品安全这一责任，从而损害供应链其他主体的利益。核心企业需要站在全局的角度，从供应链整体利益出发，承担起食品安全责任的主导者作用，采取有效的方法和途径，使得供应链参与主体形成共同的质量文化和价值观，保障食品安全。

第二，核心企业是供应链食品安全控制行为的主要实施者。食品供应链中存在着多个参与主体，为了使食品安全管理工作得以顺利开展，需要各个主体通力协作。但相对于其他主体而言，核心企业地位举足轻重，具有实施供应链全程食品安全控制行为的明显优势（刘畅，2012），核心企业需要通过实施各种食品安全控制行为，包括对原料生产过程的控制、对物流的控制、对销售过程的控制

211

等，来控制整个供应链的生产流通，达到保障最终食品安全的目的。

第三，核心企业是供应链食品安全风险损失的主要承担者。食品从"农田到餐桌"的整个链条中存在着各种风险，每个环节上存在质量安全隐患都可能导致食品安全事件的发生，加上消费者和媒体的监督，可能使食品安全风险进一步放大。食品安全事件一旦出现，消费者往往将主要责任归咎于核心企业，因为供应链的食品品牌一般是核心企业的品牌，使得核心企业成为食品安全风险聚集的焦点，也成为风险造成的损失的主要承担者，必须对风险造成的后果予以妥善处理。

三、食品供应链中核心企业的选择

我国食品供应链的发展水平还比较有限，在一些结构简单的食品供应链中，各主体之间是简单的交易合作关系，没有具有明显优势的主导者，核心企业的特征和作用不强，没有一个企业能发挥供应链的主导作用，各个环节的主体只为谋取自身利益，并未形成一个利益共享、风险共担的利益共同体。在供应链的实际运作中，核心企业是供应链的领导者，是供应链中各种规则的制定者，也是供应链得以维持的关键力量，因此，供应链中的核心企业必须具备一定的条件：

第一，核心企业应该有一定的规模和实力。具备一定规模的企业才能在该领域能够保持竞争优势，才能具有较强的影响力，能以自身的实力和影响力为供应商其他成员带来更多的利润。其他成员加入供应链的目的是出于对更多利润的追求，只有觉得这个供应链有利可图，才会选择加入，因此具备较强规模实力的企业才能吸引其他企业加入并维持供应链的稳定性和可持续发展。

第二，核心企业应有较好的商业信誉。核心企业要与供应链上其他成员建立长期稳定的合作关系，需要其他成员的信任和支持，因此要具有良好的商业信誉。核心企业要通过自己的商业信誉在整个供应链中把握核心优势，与其他成员之间建立起风险共担、利益共享的稳定合作关系，促进各方之间能相互信任支持，防控信用风险，才能使供应链稳定持续发展。

第三，核心企业应该具有较强的核心能力，这些能力包括学习创新能力、战略整合能力、组织协调能力等，学习创新能力可以使供应链不断推出新产品，保持市场竞争优势；战略整合能力能够对供应链核心资源进行合理有效配置，降低供应链运行成本，获取整体收益；组织协调能力能够组织协调整个供应链的运作，制定供应链运行规则，促进供应链整体绩效的不断提高。

从我国食品供应链发展现状来看，不同的环节的主体呈现出不同的发展特征，主要表现在以下几个方面：

　　第一，从农产品生产环节来看，我国农产品生产的主体是广大分散的小农户，农业发展相对比较滞后。但近年来，一些整合分散生产的新模式被引入，最为典型的就是农业专业合作组织，合作组织对分散的农户进行整合，减少了投机行为，同时也提高了农户的议价能力和食品安全保障能力。但总体上来看，合作组织的发展还处于初级阶段，规模普遍偏小，也缺乏有效的运行规范和管理体系，能够有实力组建食品供应链的合作组织还非常少，在组织协调供应链和保证食品安全等方面的作用还比较有限，对供应链下游的影响力很小。

　　第二，从食品加工环节来看，加工环节具备一批发展水平较高、规模较大、对其他合作成员影响也比较大的食品加工企业，能够利用自己的竞争优势和影响力组建食品供应链并承担起供应链中核心企业的职能，负责组织协调供应链成员，维持供应链有效运转。

　　一些规模实力比较强的加工企业还将自己的经营范围扩展到了供应链上的多个节点，建立起自己的生产基地和零售终端，甚至有些企业还同时拥有批发市场。虽然有些企业在进行登记注册的时候，会用不同的名称注册为相互独立的子公司，但其本质上仍然存在关联，相互之间合作的时候更容易协调，比单纯的没有实质关联只靠利益组织到一起的供应链成员的合作关系更加紧密。核心企业在主导食品供应链运作的时候，能够更容易掌握各主体全面的信息，从全局利益最大化出发制定供应链准入标准和流程规范，更合理的发挥供应链核心企业的作用。

　　因此，核心企业涉及的供应链节点越多，其协调管理优势就更容易发挥，核心企业的作用就越明显，整个供应链的食品安全也就越有保障。通过纵向整合实现多节点经营是核心企业在保障食品安全方面是更为理想的选择，但是这种模式对企业的资金、实力、管理水平等都具有很高的要求，在实际应用中会受到许多客观因素的限制，较多的还是加工企业与其他主体通过构建利益共享、风险共担的合作机制，共同组建和维持食品供应链的稳定发展。

　　第三，从食品流通环节来看，流通环节的主体主要是一些大型的批发市场、超市还有一些农贸市场、食杂店等。因此，流通环节又可以分为分销和零售两个环节。

　　分销环节的主体是批发市场，批发市场是承担食品（主要是生鲜食品）在不同城市之间流通的主要节点。目前我国大多数批发市场经营水平较低，管理、服务手段都比较落后，检测设备、人员也比较欠缺，保障食品安全的能力不强。市场的盈利方式也比较单一，多数以场地、设施出租为主要收入，重收费轻管理、以收费代管理的现象普遍存在，市场实际上是"大市场、小业户"的格局，难以形成合力，导致我国目前批发市场具备成为核心企业的功能条件，却未能发挥核心企业的作用，批发市场主导的食品供应链结构松散、没有形成利益共同体，供应链运行效率低下。

零售环节存在的主体形式比较多样，如超市、农贸市场、食杂店等，这些节点通常只是作为一个销售主体，能发挥供应链核心企业的还很少。随着消费者对食品品质要求的提高，超市成为了消费者购买食品的主要渠道，部分大型连锁超市正在尝试开展一些诸如"农超对接"等新型流通模式，建立直接有效的流通渠道，减少中间环节。超市对生产者的市场影响力越来越大，能够发挥核心企业的作用，但总体上仍处于起步阶段。

综合分析食品供应链各环节主体的发展情况及能够起到的作用，认为能发展成为核心企业的有四种企业，分别是大型农业专业合作组织、大型批发市场运营商、大型食品加工企业和连锁超市，四种企业分别对应着食品供应链的四个环节：农产品生产环节、加工环节、分销环节和零售环节，以此形成不同组织模式的食品供应链。

第二节　供应链视角下食品安全能力风险防控的组织模式

一、大型农业专业合作组织主导的食品供应链组织模式

大型农业专业合作组织主导的食品供应链中，核心企业为较大规模的农业专业合作组织。核心企业通过在自己的生产基地上进行食品的种植/养殖，或收购来自签约的分散农户或其他小型合作组织的食品，再经过简单的分级、包装等初级加工处理后提供给下游与之合作的分销商、超市或食品加工企业，大型的专业合作组织还可以有自己的专卖店或零售点，最终将食品送达消费者手中。大型农业专业合作组织主导的食品供应链模式如图 18－1 所示。

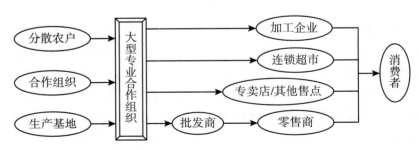

图 18－1　大型专业合作组织主导的食品供应链组织模式示意图

这种类型的供应链以生鲜食品和初加工食品的生产流通为代表，一般不涉及深加工食品。在供应链的实际运作过程中，由大型专业合作组织负责主导整个食品供应链，包括主持制定供应链准入标准、协调供应链主体间的关系并制定企业食品质量标准。合作组织还需要进行食品安全投入，发展或应用先进技术装备等，提升食品安全保障能力。以大型农业专业合作组织主导的食品供应链模式可以提高农业生产的组织化水平，培育农户以更高的组织形式进入市场，促进农产品生产的标准化、规范化，有效缓解小规模、分散化生产与大市场的矛盾。

在实际的运作管理中，合作组织可以制定一系列的安全标准和生产规范，对农户进行指导和约束，从源头上保障食品安全。由于我国农产品生产的组织化、规模化程度不高，目前大型农业专业合作组织所占比例仍然有限，但随着合作组织的快速发展，规模实力不断增强，大型农业专业合作组织主导的食品供应链会逐渐增加，并与食品生产加工企业主导的供应链合并成更多的一体化模式。

二、大型食品加工企业主导的食品供应链组织模式

大型食品加工企业主导的食品供应链中，核心企业为大中型食品加工企业。食品加工企业通过在自己的生产基地进行种植/养殖，或通过与农户、合作社等签订合同，通过收购获得食品原料，然后进行加工，形成加工食品，通过下游的中间商或多种零售渠道最终到达消费者手中。加工企业主导的食品供应链组织模式如图 18－2 所示。

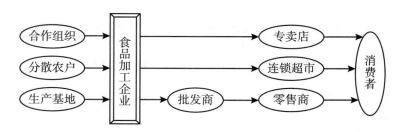

图 18－2　食品生产加工企业主导的食品供应链组织模式示意图

这种类型的供应链中，食品加工企业作为供应链的主导者组织食品的生产与流通，承担食品安全管理的主要责任。食品加工企业通过契约或其他形式与供应链参与主体（主要包括农户、合作社、物流企业、经销商等）建立起稳定合作关系，以市场需求为导向将多个参与主体整合成一体化的食品供应链。核心企业位于食品供应链的中间位置，上连合作社和农户，下接市场和消费者，涉及的部门和环节较多，管理协调难度较大，具体的运作模式比较复杂。

这种类型的供应链中，食品安全风险因素更为复杂，任何一个环节和主体都可能对食品质量产生影响，核心企业需要从食品供应链全局考虑进行质量投入，协同上下游主体共同保证食品安全。因此，作为核心企业的食品加工企业应该具有较大的规模和较好的声誉，在供应链中有一定的影响力。依靠这种声誉和影响力组建食品供应链，将上下游节点企业紧密联系在一起，形成稳定的合作关系。

目前，我国食品加工企业发展比较迅速，有一大批成熟度较高、规模实力都比较强的食品加工企业，具备较强的质量安全能力和完善的质量安全管理体系，企业食品的品牌化程度也比较高，因此以加工企业为主导的食品供应链是我国目前食品供应链的主要模式。

三、大型批发市场运营商主导的食品供应链组织模式

批发市场运营商主导的食品供应链中，核心企业为大型批发市场运营商，运营商通过收购来自签约农户、合作组织和生产基地的食品，进行简单的分级、包装、保鲜等初级加工处理后，销售给下游零售商、超市或加工企业，最终送达消费者。批发市场主导的食品供应链模式如图 18 - 3 所示。

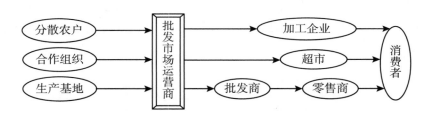

图 18 - 3　批发市场主导的食品供应链组织模式示意图

批发市场运营商主导的食品供应链运行模式是对传统批发市场的升级。在传统的批发市场中，农户生产的食品通过中间商或自主经营汇聚到批发市场，批发市场再将食品进行分销，最后到达消费者手中。而作为食品供应链核心企业的批发市场是对传统批发市场的"企业化"升级改造，通过引进信息化管理手段和现代化的交易渠道，配备先进的信息技术系统和物流设施，使得批发市场不再仅仅是食品的集散交易场所，更是整个供应链的信息中心和协调管理中心。批发市场真正发挥了食品供应链核心企业的作用，协调各个主体之间的关系，维持食品供应链稳定和高效运转。

伴随着企业化批发市场改革的深入和市场的不断发展，批发市场的规模实力不断增强，功能也不断拓展，一些大型批发市场逐渐形成并建立起了现代化的经

营管理模式，越来越多的承担起供应链中核心企业的责任，在食品的生产流通过程中扮演着越来越重要的角色。

四、连锁超市主导的食品供应链组织模式

伴随着现代生活节奏的加快、人们生活水平的提升以及对食品安全的关注程度的提高，消费者越来越多的通过超市购买各类食品。根据对北京市"京客隆""绿叶子"等超市的实地走访调查了解到，生鲜经营区往往是超市销售最为火爆和最具人气的区域，其收入所占营业额的比例也在不断提升，超市也越来越注重生鲜食品的供应与质量安全，以连锁超市主导的食品供应链的比例迅速增加。

连锁超市主导的食品供应链中，核心企业为大型连锁超市。连锁超市通过投资兴建生产基地或通过合作组织与农户联合，通过契约建立起稳定的合作关系，作为主导者组织食品的生产与流通，最终将食品送达消费者。连锁超市主导的食品供应链模式如图18－4所示。

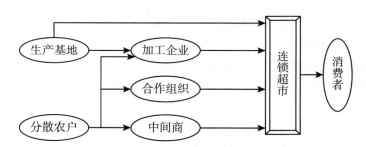

图18－4　连锁超市主导的食品供应链组织模式示意图

这种类型的食品供应链中，连锁超市对整个供应链的运作和管理具有主导权，上游的供应商、加工企业等处于从属地位，多个主体共同努力合作满足消费者的需求。连锁超市主导的食品供应链中，超市应该具有一定的规模和较好的信誉，具备一定的市场影响力，依靠其强大的实力和影响力，使其他节点企业觉得有利可图，才能吸引其他节点企业加入到其主导的食品供应链中来。

由超市主导的食品供应链不仅能够改善购物环境，而且在保证食品质量，更好地满足消费者的品质需求等方面作用明显。随着"农超对接"等一些新型的食品流通模式的不断探索与发展，这种模式的食品供应链将得到较快的发展，在食品生产流通过程中发挥着越来越重要的作用。

第三节　供应链视角下食品安全能力风险防控的合作形式

　　食品供应链参与主体众多，各主体在食品安全保证方面的能力参差不齐，核心企业的能力较强，技术工艺先进、设备设施齐全、管理体系规范，能够有力的保障食品的质量安全，但食品原料供应商（尤其是分散的小农户）的质量安全能力严重缺失，无法满足核心企业的质量要求，加之缺乏有效的信息沟通，不可避免的会产生食品安全能力风险。食品质量管理具有"木桶效应"，即最终食品质量取决于供应链中能力最差的主体，而不是取决于最好的主体，农户的能力缺失导致最终出现食品安全问题，由此产生的损失会损害供应链整体的利益，严重制约了整个链条整体竞争力的发挥。特别当核心企业发展较为迅速的情况下，食品原料的质量安全是制约其发展的关键性因素，迫切需要食品原料的供应商（农户）的质量安全能力与其相配合，满足核心企业的质量安全需求。

　　当前大多数企业较多的是关注自身的产能和营销网络的扩张，对供应商的能力风险未引起足够的重视。2008 年的三聚氰胺事件、2011 年的瘦肉精事件以及 2012 年的肯德基药鸡事件，都是由于供应商的质量安全保证能力无法满足核心企业的发展需要，从而产生了掺假使假等投机行为，以致最终产生严重的食品安全事故。因此，食品安全风险的防控，不仅依赖于核心企业自身的努力，更依赖与供应商的合作，多个主体协同进行质量投入，促进能力提升，消除薄弱环节，才能够最终保障食品安全。

　　国外供应链中大型企业越来越愿意帮助其供应商提高绩效，通过对供应商提供各种形式的支持，提高供应商的能力和绩效水平。表 18 - 1 为 20 世纪 90 年代几家跨国企业针对供应商的主要合作策略增长情况[①]。

表 18 - 1 　　　　　　　　美国几家跨国企业 90 年代以来针对
供应商的合作策略的增长情况

合作策略	1990 年	1993 年	1997 年
提供教育和培训	47%	62%	75%
提供技术	15%	38%	64%

---

　　① 数据来源于 Trent, R. J. and Monczka, R. M., *Purchasing and Supply Management*: *Trends and Changes throughout the 1990s*. International Journal of Purchasing and Materials Management, 1998, 34 (3): 2 - 11.

续表

合作策略	1990 年	1993 年	1997 年
提供人员	12%	34%	55%
提供设备	3%	30%	49%
提供奖励资金	3%	36%	42%
提供资金支持	6%	23%	38%
	N = 53	N = 61	N = 58

对于食品供应链核心企业而言，农户是食品原料的供应主体，同时也是食品安全能力最为薄弱的环节，因此核心企业与农户之间进行质量投入的合作，提升食品安全能力，是核心企业能力风险防控的核心内容。本节通过对农业专业合作社、食品加工企业、批发市场和连锁超市等各种类型核心企业的实际调研，借鉴其他行业供应商成功管理经验，以提升供应链主体的质量安全能力水平、防控能力风险为目标，探讨食品供应链中各类核心企业和农户的合作形式。

一、大型农业专业合作组织主导的合作形式

作为核心企业的农民专业合作组织一般规模较大，合作组织拥有的成员数也较多，能进行标准化生产，有自主的品牌且品牌有较强的知名度。在四种类型的核心企业中，农业专业合作组织与农户的合作关系最为紧密，也具有最多的合作优势。合作组织是农户经过整合成立的农户自有的组织，组织的成立有两个目的，一个目的是合作组织本身要盈利，以维持组织正常的运转，另目的是要帮助加入组织的社员获取增值利润，合作组织的这种特点避免了其他利益组织和农户利益本质上的冲突。因此，参加合作组织的农户质量安全控制的主动意识和积极性更强，更愿意与组织合作进行食品安全能力方面的投入，获得组织规模化经营收入以及食品质量提高而形成的价值改善收入。

农业专业合作组织主导的农户合作形式主要包括以下几个方面：

统一提供生产资料。生产资料的安全是保障食品安全生产的首要因素。很多农产品质量安全问题是由于生产资料如农药、兽药等不符合安全标准导致的高毒或高残留问题。为了严格控制生产资料的采购和使用，核心企业可以通过统一采购符合标准的农业生产资料的方式，统一提供农药、化肥、兽药等，既可以降低生产成本，又可以提高农资的规范使用水平。有实力的合作组织还可以尝试加大科技研究力度，自行开发对环境污染小、高效安全的新型生产资料，降低食品生

产源头的能力风险，促进食品安全水平的提升。

提供技术培训与指导服务。对于符合标准的农业生产资料，如果使用不当也会造成食品安全问题。为了提升农户生产资料的使用能力，组织可以提供统一标准化的技术培训与指导服务，指导农户科学合理的使用农药、化肥、饲料等农业投入品以及严格执行休药期、安全间隔期等规定。合作组织可以通过开办培训班，定期对农户进行农资使用技术、规范等方面的培训，也可以组建专业的技术服务团队，流动性的去各个农户生产园区进行现场的指导，提升农户的食品安全保证能力。

推进标准化生产。推进标准化生产是规范农业生产、提高食品安全的重要基础和有效途径。通过制定一系列的标准，用统一的技术标准约束组织成员，向组织成员推广标准化的农产品种植/养殖，统一耕种、防疫、储藏和销售，建立标准化的安全食品生产体系。通过推行标准化生产，可以建立统一的生产过程记录，有助于可追溯体系的建立和实施，促进食品安全水平的提升。

二、大型食品加工企业主导的合作形式

食品加工企业和农户之间最早的合作形式就是"企业+市场+农户"方式，即农户分散生产食品原料，商贩从农户收购，送到企业进行检测验收，企业再将食品原料进行加工。这种形式的合作已经被大量的食品安全事件证明其无法保证食品质量而正在逐渐被淘汰。随着食品工业的不断发展，一些大的食品加工企业也在积极探索与之相适应的产业化组织形式和与农户的合理的利益联结机制，创造了"企业+农户""企业+中介组织+农户""企业+基地+农户"等多种形式。

"企业+农户"的合作形式是食品加工企业与提供食品原料的农户通过不同的形式联结起来，形成一定程度收益共享、风险共担的利益共同体。一般是通过签订具有法律效力的供应合同，农户根据合同进行食品原料的生产和供应，加工企业根据合同确定的价格收购食品原料。这种合作形式中，企业和农户之间依靠合同进行联结，合作关系不紧密，农户的食品安全保证能力未得到有效提升，在保障食品安全方面作用不是很明显。

"企业+合作组织+农户"的合作形式是企业和农户之间，通过农业专业合作组织进行联结。通过农业专业合作组织，可以增强农户的组织化程度，节省企业与农户的交易成本，分散的农户有了组织保障，在食品供应链中的地位得到了提升，因此农户的利益也在一定程度上得到了保护。在具体的合作过程中，企业可以通过合作组织向农户提供资金技术等方面的支持、提供培训与指导服务等，

从而提升农户的质量安全能力，从源头上保障食品原料质量安全。

"企业＋基地＋农户"的合作形式是最为紧密的一种合作方式，企业通过土地租赁、流转等形式建立食品原料生产基地，并雇用农户在其基地上从事食品原料的生产，生产的食品原料为企业所有。食品原料质量安全的保证由企业进行投入，并制定标准化的生产规范，对农户进行统一的指导培训等。这种合作形式使得农户的土地相当于企业食品原料的生产车间，农户相当于企业的工人，农户的质量保证能力也得到了有效的提升，有力地保障了企业食品原料的质量安全。但这种合作形式对于企业的资金、规模和管理水平等都有很高的要求，类似于企业的"一体化经营"，适用于规模实力较强、管理水平较高的企业。

以上三种是核心企业和农户的主要的合作形式。在实际的合作过程中，核心企业作为主导者，越来越注重从源头进行食品安全风险防控，通过各种策略帮助农户提升食品安全能力，保证食品原料的质量安全。实际中企业采取的一些典型的合作策略如下：

统一提供生产资料。企业为农户统一提供生产过程中所需的生产资料，以保证投入的生产资料的质量安全。如广东温氏食品集团股份有限公司独创的封闭式委托养殖模式，是农户负责投资建设养鸡场并支付部分预付金，而企业为农户统一提供专用的鸡苗、饲料、疫苗、兽药等所有投入品，并为农户提供技术和管理服务。通过对养殖过程的强有力控制，实施标准化的养殖、标准化的疾病防治，提升了农户的标准化养殖能力，有力地保证了原料鸡肉的质量安全。

提供技术支持和培训服务。这种合作策略在很多大型的食品企业都得到了有效应用，如世界最大的食品公司——雀巢公司，有着严格的"从农田到餐桌"的全过程质量管理体系。公司设有专门的农业服务部，农业服务部的任务主要就是为农户提供培训指导服务，包括长期对农户给予技术指导，也会定期把农户带到工厂进行培训，通过多种形式的合作指导帮助农户提高食品原料质量。为雀巢供应原奶的农户从奶牛的选择、饲料的选择、喂养技术到疾病的预防、挤奶、原奶储存和运输等整个过程，雀巢都会提供持续的培训、技术支持和技能发展。

提供资金支持。当保证食品原料质量安全的投入成本较高时，由于农户的资金实力较弱，企业可以提供一定的资金支持。如早期为蒙牛集团提供原料奶的奶农，大部分规模较小、设备机械化程度低，生产能力、质量控制能力等都存在严重的缺陷。蒙牛集团为了提高原料奶的收奶量并保障原料奶的质量，采用了为这些奶农提供贷款担保的策略，通过提供贷款资金支援奶农进行质量安全能力建设，包括购买奶牛、更新设备、引进先进的生产技术等，通过机械化程度和技术能力的提升，从源头保障原料奶的质量安全。

221

三、大型批发市场运营商主导的合作形式

大型批发市场运营商主导的食品供应链中，批发市场不再单纯是食品的集散和交易中心，批发市场的功能在逐渐向生产和零售领域两头延伸。随着批发市场的不断发展和消费者对食品安全的重视程度的不断提高，一些大型的批发市场也开始注重与农户的合作，一方面稳定供货渠道，另一方面提升其与之合作的农户的质量安全能力，保证安全食品的供应。

我国一些大型的企业化运营的批发市场，为了有效控制食品安全源头风险，开始向生产领域渗透，实施纵向一体化的经营模式，如深圳农产品股份有限公司的纵向一体化模式是在实践中应用比较成功的，公司下设有深圳市农牧实业有限公司，主营生猪养殖，属下有十多个大型的生态猪场，还有深圳市果菜贸易公司主营蔬菜生产经营与基地管理、豆制品生产销售、种子种苗农药化肥等的生产和经营等。在质量安全管理方面，公司建设了质量检测检验制度、入场标准规范、信息采集制度、信息发布和管理制度等，利用先进的信息技术实现上下游信息的有效对接和质量追溯。可以看出，一体化的生产经营模式对食品生产源头的质量安全风险可以起到很强的控制作用，但这种模式对企业的实力规模和管理水平要求较高，适用范围不广，更多的还是需要批发市场与农户之间的合作。

批发市场与农户合作可以参考大型食品加工企业与农户的合作形式，加工企业与农户的合作目前在大型食品加工企业中的应用已经比较普遍，随着应用的不断深化也积累了许多实际的成功经验。类似于加工企业，批发市场可以采取"批发市场＋合作组织＋农户""批发市场＋基地＋农户"等合作形式。"批发市场＋合作组织＋农户"是指批发市场通过农业专业合作组织与农户合作，合作组织农户，开展食品的生产与供应工作，批发市场收购农户生产的食品，并通过合作组织向农户提供资金技术等方面支持，如帮助农户改进种植/养殖技术，提供农药、兽药等农业生产资料和技术支持。"批发市场＋基地＋农户"是指大型批发市场通过投资或参股建立食品生产和加工基地，批发市场负责食品生产和质量安全保证方面的投入，并雇用农户在其生产基地上从事食品生产活动，通过对农户提供培训和指导服务，推进标准化规范化的生产。实力较强的批发市场还可以通过与科研机构的合作，培育优良品种，投资安全农业生产资料的研发等。

四、连锁超市主导的合作形式

连锁超市作为食品供应链中的核心企业，也在不断探索新型的合作形式。

"农超对接"是连锁超市与上游农户合作的最主要的形式，近几年随着理论的不断丰富和实践应用的不断深入，得到了快速的发展。"农超对接"的概念最早于2004年提出，是指农产品不经过批发市场而直接进入超市进行销售，实现农户与超市的直接对接。这种合作形式不仅减少了食品流通环节，缩短了供货时间，保持了食品的新鲜度，也有利于确保"从农田到餐桌"整个链条的食品安全的监管与控制。

在实际的合作实践中，由于超市与大量分散的小农户合作的成本过高，而且在供应链中的地位存在显著不对等，一些大型超市企业往往也是借助农业专业合作组织或通过建立生产基地的方式与农户进行合作。"农超对接"主要有三种模式："一是以家乐福超市为代表的"超市+农民专业合作社+农户"模式；二是以麦德龙超市为代表的"超市+农业产业化龙头企业+农户"模式；三是以山东家家悦超市为代表的"超市+生产基地+农户"模式（胡定寰等，2009）。

"超市+生产基地+农户"的模式在许多大型超市中都得到了实际的应用，以北京的物美超市为例，物美超市与山东等地的合作社联合建立了农产品生产基地，在北京及周边的河北等地也建立了自己的生产基地，直接从食品生产的源头控制质量安全风险。再以家乐福超市为例，其采取的"农超对接"主要分为全国直采（NDP）和地区直采（CCU），前者主要是针对瓜果等耐储存、损耗较低适宜长途运输的农产品，建立全国范围基地与超市的对接；后者主要针对叶菜类等不宜储存、损耗较高的农产品，建立所在城市周边区域基地与超市的对接。

"超市+合作组织+农户"的模式应用也比较广泛。通过对北京京客隆超市的实地调研了解到，京客隆的农超对接模式主要是"合同+订单种植养殖"的方式，在与合作社合作的过程中，京客隆通过签订合同的方式，在确立合作之前，京客隆集团会派出考察组和评估组对合作组织的环境和产能等方面进行评估，评估合格后与其签订合同；京客隆对于果蔬种植过程也有明确的要求，要求合作社建立科学严谨的生产程序，从种子选择、种植、水肥控制、农药使用到成熟采摘的全过程都要建立明确的控制标准。目前我国现有的农业专业合作组织普遍规模偏小，资金实力较差，辐射带动能力弱，组织内的人员技术水平不高，食品安全保证能力缺失。而作为食品供应链核心企业的连锁超市，在资金、市场、技术、人才、管理等方面都具有绝对优势，超市应发挥这些方面的优势，担当起食品供应链的主导者，通过提供资金、技术、人才、服务等带动上游农业专业合作组织的发展，从而带动农户生产能力和质量能力的整体提升。

第十九章

供应链视角下食品安全信用风险防控

本章重点探讨了食品安全信用风险防控的两种激励机制：契约机制和声誉机制。契约是一种显性激励机制，可以对食品原料供应商的机会主义行为加以约束，产生负激励作用；声誉是一种隐性激励机制，可以使得食品原料供应商为了维持良好声誉、争取长期收益而消除信用风险，产生正激励作用。最后结合企业的管理实践分析了食品安全信用风险防控的一些具体策略。

第一节 供应链视角下食品安全信用风险防控的激励机制

一、食品供应链管理中的委托代理问题

委托代理理论主要研究委托人确保代理人按委托人意志行事的问题（Hammel et al.，1993），包括限制代理人私自行为的管理机制以及控制和激励机制等，以消除代理人的道德风险。因此，委托代理理论很适合用于研究食品供应链主体间的关系管理。食品供应链作为一个协调管理食品生产流通的组织，各主体应该共同协作保障食品安全。但由于是相互独立的经济实体，各主体之间没有直接的行政隶属关系，都是以自身利益最大化作为追求的目标。因此，供应链中不同主体之间既有合作关系也存在一定的竞争关系，尤其食品原料供应商和核心企业之

224

我国食品安全风险防控研究

间，利益分配是二者共同关注的焦点问题。为了在合作中获得优势，供应商通常会保留某些私有信息，如食品的生产成本、存在的质量安全隐患等。从供应链核心企业的角度来看，供应商拥有私人信息，在质量信息上处于优势地位（可以看作代理人），而核心企业相对处于信息劣势地位（可以看作委托人），由于供应商和核心企业之间的信息不对称，加上食品原料质量又不易准确辨别，因此可能会产生两种委托代理问题：一是逆向选择问题，就是说核心企业在选择食品原料供应商时，会首先对其质量安全能力进行评估，有些供应商达不到核心企业的评估标准，但是为了能够加入供应链获取利润，可能会选择传递一些虚假信息的欺骗行为，从而使得核心企业选择了不合格的食品原料供应商；二是道德风险问题，假设核心企业在签约以前能够准确识别供应商的质量能力，即在签约时质量信息是对称的，但确立合作关系以后，因核心企业无法对供应商食品原料生产和供应的全过程进行有效监控，供应商为了降低成本获取更多的收益，可能会产生一些危害食品质量的投机行为，结果产生了道德风险问题（张维迎，2004）。

食品供应链上的委托代理问题是逆向选择与道德风险两类问题共存，对食品原料供应商的评价与选择涉及逆向选择问题，朱莎和海德（Mishara & Heide，1998）指出，逆向选择问题通常可以采用信号理论的方法解决，即利用某种信号揭示供应商的私有信息，道德风险问题则需要设计合理的激励机制，来约束食品原料供应商危害食品安全的投机行为。

食品供应链上逆向选择问题的控制相对道德风险要简单一些，可以通过让供应商提供一些合格证明材料、质量认证标志等，显示其拥有较高的质量安全能力，核心企业再通过现场的评估考核等，对供应商的资格能力等进行甄别，实现合格合作伙伴的选择，企业一般也都有着严格的供应商选择标准规范和管理体系。而利益最大化是经济实体所追求的最终目标，即使是具备质量安全保证能力的合格供应商，也有可能为了追求短期利益作出不利于核心企业或有悖于双方签订的契约的行为（即违约），为了追求不正当经济利益而采取投机行为，这是食品供应链质量安全信用风险产生的主要原因，比如原料供应商为了获得低成本收益而降低食品原料的质量，或在原料中掺杂使假等，如果核心企业不能及时发现问题，往往给核心企业带来巨大损失。因此，食品安全信用风险防控的主要内容就是解决供应链中存在的道德风险问题，设计一种有效约束供应商危害食品安全的投机行为以防控信用风险、实现供应链整体收益最大化的激励机制尤为重要。

二、食品安全信用风险防控的激励机制

食品供应链中任何一个节点的行为都可能会对最终食品质量产生影响，但考

虑到中上游节点对保障食品安全的直接作用，本章主要研究食品供应链中核心企业对上游供应商（农户）的激励机制。假设食品供应链是由供应商和核心企业组成的两级供应链，供应商负责给核心企业提供食品原料，如初级农产品，核心企业负责将食品原料进行加工或销售。核心企业处于供应链主导地位，并与供应商相互独立，整个食品供应链是由于追求共同利益而临时组成的动态联盟。因此在实际的运作过程中，供应商出于追求自身的利益最大化，不可能无条件的完全按照核心企业的意愿行事。而核心企业对供应商提供的食品原料质量信息的掌握是不完全的，供应商可能会采取某些投机行为以获取更高收益，从而产生供应链食品安全信用风险。核心企业必须建立有效的激励机制，防范参与者的机会主义行为，有效控制食品安全信用风险，提高食品供应链的整体运作效率，供应商激励机制的设计是食品安全信用风险防控的核心内容。

在食品供应链中，核心企业要使供应商信守承诺，提供合格的食品原料，一般可以通过两个途径：一是运用负激励，即通过签订契约对供应商的行为加以约束；二是运用正激励，建立长期稳定的合作关系，使供应商获取长远利益。前一种途径核心企业是通过显性的奖惩措施来激励供应商提供合格的食品原料，是一种"显性激励机制"；后一种途径中，核心企业通过一种隐性的"声誉"的激励，使供应商依靠信守质量承诺建立和维护自己良好的声誉，以保持持久稳定的合作关系，因此是一种"隐性激励机制"。

（一）显性激励机制—契约理论

随着食品供应链合作模式的广泛应用，食品安全由最初的单一主体决定扩展为由多个相关主体共同协作来保障。由于食品供应链中的参与主体是相互独立的经济实体，各主体在追求共同利益的同时，也存在着一些局部利益的冲突，为了实现利益最大化，不可避免会产生一些投机行为。在食品供应链的实际运作过程中，核心企业为了达到自己的目的，购买到质量安全的食品原料，必须想办法约束食品原料供应商的投机行为，保证食品原料的质量安全，核心企业需要通过相应的激励机制来使得食品原料供应商能够按照其预期的那样采取行动，"契约"就是一种可以根据观测行动结果来奖惩供应商从而能控制食品安全信用风险的"显性激励机制"。

"契约"是一个由交易双方达成的具有法律效力的文件，文件当中规定各方所具有的权利、所应该履行的义务和所应该承担的责任等。供应链契约是协调供应链主体之间合作的有效激励手段，通过契约需要保证合作双方能够获得最大化的收益，即使达不到供应链整体收益最大化，也至少保证每一方获得的不会比不参与契约的收益少，这是供应链主体参与契约的首要条件。核心企业和供应商之间的契约应该明确各方的食品质量义务和责任，有利于二者形成利益共同体，消除食品安全信用风险，共同协作保障食品安全。

（二）隐性激励机制——声誉理论

虽然"契约"可以对供应链参与主体的投机行为进行有效的约束，但对于长期稳定的合作伙伴而言，契约会影响主体之间合作的积极性。因此，在食品供应链实际的运作过程中，除了有形的、显性的具有法律效力的契约关系外，还需要构建无形的、隐性的、非正规的关系，在这种关系中，供应链主体能够自觉约束自己的行为，从而对于防范机会主义行为、防控信用风险、降低合作成本具有重要的意义。之所以这种关系能够发挥作用，主要是由于存在一种称为"声誉"的激励机制。当食品原料供应商与核心企业的合作不只进行一次，合作关系是长期的稳定的时候，委托代理理论认为，即使没有显性的"契约"激励，供应商出于对长远利益的追求，会积极努力提供高质量食品原料，建立并维持自己的良好声誉，提高未来的预期收益。

在长期的合作关系中，"声誉"是一个重要概念，对于改进供应链主体之间的关系质量具有重要的价值。"声誉激励"作为一种典型的隐性激励机制，可以弥补契约的不足，使得供应链主体更具积极性，也更有利于核心企业获得稳定安全可持续的食品原料供应。当长期稳定的合作关系建立之后，契约的签订形式也会趋于简单化，契约的签订和管理费用会大幅度减少，交易成本也会大幅降低，供应链管理水平和运作效率得到有效的提高。

第二节　供应链视角下食品安全信用风险防控的契约激励

食品的质量安全水平不仅与企业所采用的技术和生产工艺有关，而且与其上游供应商（农户）提供的食品原料的质量水平直接相关。为保证最终食品质量，核心企业和供应商需要付出一定的质量成本，同时核心企业为了了解食品原料质量，需要承担一定的检测成本。如果核心企业的检测成本过高（由于食品安全问题的复杂性，很多食品质量问题需要专门的检测设备进行检测，而这些检测设备一般比较昂贵），虽然可能促使供应商提高食品安全水平，但双方所承担的成本会增加，可能导致整个食品供应链的总收益下降。因此，如何设计有效的激励契约，既能保持食品供应链全局收益最大化，又能在各合作主体间合理分摊质量成本，是保持和提高整个食品供应链竞争力的关键。

一、基本假设和参数设定

为使研究对象更为具体，并方便研究，提出模型的基本假设如下：

第一，仅考虑供应商（农户）和核心企业所组成的二级供应链，供应商负责食品原料的生产与供应，核心企业负责从供应商处获取食品原料进行食品的加工和销售。核心企业与供应商（农户）均为风险中性。

第二，供应商（农户）以一定的质量安全水平向核心企业提供食品原料。对于合格的食品原料，核心企业能够准确识别并收购；而对于不合格的食品原料，核心企业以一定的失误率进行检测，即存在核心企业将不合格食品原料视为合格原料加以收购，并最终加工和销售给消费者的现象。

第三，对于识别出的不合格食品原料，核心企业会拒收，造成内部损失；对于核心企业未识别出的不合格食品原料，最终销售到市场后会被消费者发现质量问题，从而造成损失，包括消费者的索赔、企业声誉损失等，称为外部损失，假设外部损失要大于内部损失。

第四，为简化研究，不考虑核心企业的质量安全能力水平对最终食品安全的影响。

模型参数设定：

q：供应商提供的食品原料的质量安全水平，即原料的合格率，满足 $0 < q < 1$；

$C_s(q)$：供应商为保障食品原料质量达到一定的安全水平所花费的成本，且 $\frac{\partial C_s(q)}{\partial q} > 0$，$C_s(q)$ 是相应质量安全水平的增函数，质量安全水平越高，需要支付的成本越高；

θ：核心企业对食品原料的检测水平，即正确检测出不合格食品原料的概率，满足 $0 < \theta < 1$；

$C_e(\theta)$：核心企业为保证既定的食品原料检测水平所花费的成本，且 $\frac{\partial C_e(\theta)}{\partial \theta} > 0$，即 $C_e(\theta)$ 是相应检测水平的增函数，检测水平越高，需要支付的成本越高；

P_s：核心企业对合格食品原料的单位收购价格；P_e：核心企业单位食品的市场销售价格；

E_s：供应商单位食品原料的生产成本；E_e：核心企业单位食品的加工或销售成本；

L：外部损失，表示供应商在出售食品原料时，不合格的食品原料未被核心企业发现，但经核心企业最终销售到市场后被消费者发现质量安全问题而造成的额外损失（如消费者额外索赔、企业的声誉损失等）；δ：不合格食品被市场发现或消费者发现食品安全问题后会索赔的概率（因食品安全具有信任品特征，有些问题是不易被发现的）；则核心企业最终被不合格食品所引致的外部期望损失为 $(1-\theta)(1-q)\delta(P_e+L)$。

二、考虑全局最优的供应链收益模型

当不存在道德风险的情况下，食品原料供应商和核心企业能够实现信息共享和资源合理配置，追求食品供应链系统整体效益最大化是核心企业和供应商共同追求的目标。假设供应链的整体收益函数记为 $\prod(q,\theta)$，则有

$$\prod(q,\theta) = (P_e - E_e)(1 - \theta(1-q)) - E_s - C_s(q) - C_e(\theta)$$
$$- (1-\theta)(1-q)\delta(P_e + L) \qquad (19-1)$$

其中 $(1-\theta)(1-q)\delta(P_e+L)$ 代表不合格食品被销售后所造成的损失。

令 $\prod(q,\theta)$ 分别对 q 和 θ 求偏导数，得

$$\frac{\partial \prod}{\partial q} = (P_e - E_e)\theta + (1-\theta)\delta(P_e + L) - C_s'(q) \qquad (19-2)$$

$$\frac{\partial \prod}{\partial \theta} = (1-q)\delta(P_e + L) - (1-q)(P_e - E_e) - C_e'(\theta) \qquad (19-3)$$

由一阶最优条件 $\frac{\partial \prod}{\partial q} = 0$ 和 $\frac{\partial \prod}{\partial \theta} = 0$，同时假设满足二元极值条件

$\left(\frac{\partial^2 \prod}{\partial q \partial \theta}\right)^2 - \frac{\partial^2 \prod}{\partial q^2}\frac{\partial^2 \prod}{\partial \theta^2} < 0$，得到全局最优解 $\{q^*, \theta^*\}$ 满足以下方程式：

$$(P_e - E_e)\theta + (1-\theta)\delta(P_e + L) = C_s'(q^*) \qquad (19-4)$$
$$(1-q)\delta(P_e + L) - (1-q)(P_e - E_e) = C_e'(\theta^*) \qquad (19-5)$$

也就是说，当核心企业和供应商的质量安全水平和检测水平分别为 $\{q^*, \theta^*\}$ 时，供应链整体收益实现最大化。

但供应商和核心企业都是有限理性的，为了提高自身利润，任何一方都有偏离全局最优解的动机，这样的偏离行为将导致供应链整体收益下降。要保证食品供应链的整体收益最优，核心企业和供应商的行为都不能追求局部利益偏离最优解，这就需要核心企业制定合理的激励契约，使供应商的行为也与食品供应链整体利益相符合。在核心企业主导的食品供应链中，食品原料供应商依附于核心企业，由核心企业制定主要契约参数，供应商根据契约参数来选择自己的质量安全

水平。假设供应商是理性经纪人，将隐匿食品质量信息以实现自身收益最大化，此时食品供应链存在食品安全信用风险。

三、基于各自承担损失的风险防控激励契约

基于各自承担损失的风险控制契约是指由食品原料供应商和核心企业所组成的供应链系统中，对供应商提供的经检测不合格的食品原料，核心企业不予收购，损失由供应商全部承担；而由于食品原料不合格但核心企业未能检测出来，造成的最终食品安全问题，进入市场后被消费者发现所引致的消费者额外索赔、企业声誉等损失，由核心企业承担。

该契约的决策过程如下：

（1）供应商和核心企业就契约中的参数 $\{P_s\}$ 达成一致，且核心企业承诺检测水平 θ；

（2）供应商根据核心企业的检测水平选择质量水平 q 以实现利润最大化，q 不可观测；

（3）核心企业从供应商处收购食品原料，并以检测水平 θ 对食品原料进行检测，对检测合格的食品原料支付单位价格 P_s，检测不合格的食品原料予以拒收，供应商承担的损失为不合格食品原料的生产成本 E_s；

（4）核心企业将食品食品原料加工或直接销售给消费者，销售价格为 P_e；

（5）消费者购买到了不合格食品后，以 δ 的概率发现并向核心企业索赔，核心企业的声誉也会受到一定影响，因此核心企业承受外部损失 (P_e+L)。

综上所述，建立食品原料供应商和核心企业的收益函数如下：

$$\prod_s(q,\theta)=P_s(1-\theta(1-q))-E_s-C_s(q) \qquad (19-6)$$

$$\prod_e(q,\theta)=(P_e-E_e-P_s)(1-\theta(1-q))-C_e(\theta)-(1-\theta)(1-q)\delta(P_e+L)$$
$$(19-7)$$

供应商存在道德风险问题，核心企业根据双方签订的风险分担契约，在保障供应商获得最小期望收益的前提下，将选择最优检测水平以实现自身收益最大化。因此，可转化为以下模型：

$$\max_{P_s,\theta}\prod_e(q,\theta) \qquad (19-8)$$

$$s.t.(IR)\prod_s(q,\theta)\geqslant\mu \qquad (19-9)$$

$$(IC)q=\arg\max_q\prod_s(q,\theta) \qquad (19-10)$$

其中式（19-8）是处于主导地位的核心企业通过契约设计实现的预期收益

最大化；式（19-9）是供应商的参与约束条件，即确保供应商获得的收益至少等于 μ，否则供应商会放弃参与契约；式（19-10）为激励相容约束条件，即供应商选择自身最优质量水平以实现自身收益的最大化。代入核心企业的收益函数 $\prod_e(q,\theta)$ 和供应商的收益函数 $\prod_s(q,\theta)$，且供应商的收益函数 $\prod_s(q,\theta)$ 对 q 求一阶偏导数，并令其为零，得到供应商存在道德风险环境下该契约的委托代理模型如下所示：

$$\max_{P_s,\theta}(P_e-E_e-P_s)(1-\theta(1-q))-C_e(\theta)-(1-\theta)(1-q)\delta(P_e+L)$$

$$s.t.\ (IR)\ P_s(1-\theta(1-q))-E_s-C_s(q)\geq\mu$$

$$(IC)\ P_s\theta-C_s'(q)=0$$

由供应商的激励相容约束条件得到：

$$P_s\theta=C_s'(q) \tag{19-11}$$

由核心企业收益最大化，即 $\dfrac{\partial\prod_e}{\partial\theta}=0$，得到：

$$(1-q)[\delta(P_e+L)-(P_e-E_e-P_s)]=C_e'(\theta) \tag{19-12}$$

比较式（19-11）和（19-12）与全局最优条件式（19-4）和（19-5）可知，若想使得各自承担损失的契约成为供应链最优契约必须满足：

$$(P_e-E_e)\theta+(1-\theta)\delta(P_e+L)=P_s\theta \tag{19-13}$$

$$(1-q)\delta[(P_e+L)-(P_e-E_e)]=(1-q)[\delta(P_e+L)-(P_e-E_e-P_s)]$$

$$\tag{19-14}$$

可以看出，一般情况下，θ 和 q 很难满足式（19-13）和（19-14）。因此，这种激励契约看似合理，但它使食品供应链达到收益最大化的可能性很小，不是食品供应链的最优契约。但在我国食品供应链的实际运作中，这种激励契约是应用最为广泛的，供应链各主体之间未能实现利益共享和风险共担，供应链结构较为松散，未能有效防控食品安全信用风险。

四、基于外部损失分担的风险防控激励契约

根据供应链合作思想，供应链的各种收益由各成员分享，各种损失也应由各成员分担，这将会促使核心企业和供应商都做出更大的质量安全努力，从而有效防控食品安全风险。核心企业销售给消费者的不合格食品中，是由于供应商提供了质量不合格的食品原料，而核心企业未检测出来造成的，进入市场后被消费者发现问题而产生风险损失，严重影响核心企业的收益和声誉，核心企业要求供应商承担一部分损失，这有助于激励供应商提高食品原料质量安全水平，达到双赢局面。

该契约的博弈顺序为：

（1）食品原料供应商和核心企业就契约中的收购价格 P_s 和供应商承担外部损失的份额 β 达成一致意见，且核心企业承诺检测水平 θ；

（2）食品原料供应商根据核心企业的检测水平选择质量水平 q 以实现利润最大化，q 不可观测；

（3）核心企业从供应商处收购食品原料，并以检测水平 θ 进行检测，对检测合格的食品原料支付单位价格 P_s，检测不合格的食品原料予以拒收，导致供应商损失食品原料生产成本 E_s；

（4）核心企业将食品原料加工或销售给消费者，销售价格为 P_e；

（5）消费者购买到了不合格食品后，以 δ 的概率发现并向核心企业索赔，并对核心企业声誉造成一定影响，即产生外部损失（$P_e + L$）时，核心企业按照契约约定，将外部损失以一定的比例 β 转嫁给供应商，此时供应商承担的损失为 $(P_s + \beta L)$。

综上所述，建立供应商和核心企业的收益函数如下：

$$\prod_s(q, \theta) = P_s(1 - \theta(1 - q)) - E_s - C_s(q) - (1 - \theta)(1 - q)\delta(P_s + \beta L) \tag{19-15}$$

$$\prod_e(q, \theta) = (P_e - E_e - P_s)(1 - \theta(1 - q)) - C_e(\theta)$$
$$- (1 - \theta)(1 - q)\delta(P_e - P_s + (1 - \beta)L) \tag{19-16}$$

供应商存在道德风险问题，核心企业根据双方签订的风险分担契约，在保障供应商获得最小期望收益的前提下，将选择最优检测水平以实现自身收益最大化。因此，可转化为以下模型：

$$\max_{P_s, \beta, \theta} \prod_e(q, \theta) \tag{19-17}$$

$$s.t.(IR)\prod_s(q, \theta) \geq \mu \tag{19-18}$$

$$(IC)q = \arg\max_q \prod_s(q, \theta) \tag{19-19}$$

其中式（19-17）是处于主导地位的核心企业通过契约设计实现的预期收益最大化；式（19-18）是供应商的参与约束条件，即确保供应商获得的收益至少等于 μ，否则供应商会放弃履行契约；式（19-19）为激励相容约束条件，即供应商选择自身最优质量水平以实现自身收益的最大化。代入核心企业的收益函数 $\prod_e(q, \theta)$ 和供应商的收益函数 $\prod_s(q, \theta)$，且供应商的收益函数 $\prod_s(q, \theta)$ 对 q 求一阶偏导数，并令其为零，得到供应商存在道德风险的环境下该契约的委托代理模型如下所示：

$$\max_{P_s, \beta, \theta}(P_e - E_e - P_s)(1 - \theta(1 - q)) - C_e(\theta) - (1 - \theta)(1 - q)\delta(P_e - P_s + (1 - \beta)L)$$

$$s.t.\ (IR)P_s(1-\theta(1-q))-E_s-C_s(q)-(1-\theta)(1-q)\delta(P_s+\beta L)\geqslant\mu$$
$$(IC)P_s\theta+(1-\theta)\delta(P_s+\beta L)-C_s'(q)=0$$

为满足供应商道德风险下的委托代理模型式的要求,构造拉格朗日函数得到下式:

$$\begin{aligned}\mathcal{L}&=\prod_e(q,\theta)+\lambda(\prod_s(q,\theta)-\mu)+\rho\frac{\partial\prod_s(q,\theta)}{\partial q}\\&=(P_e-E_e-P_s)(1-\theta(1-q))-C_e(\theta)-(1-\theta)(1-q)\delta(P_e-P_s\\&\quad+(1-\beta)L)+\lambda[P_s(1-\theta(1-q))-E_s-C_s(q)-(1-\theta)(1-q)\delta(P_s\\&\quad+\beta L)-\mu]+\rho[P_s\theta+(1-\theta)\delta(P_s+\beta L)-C_s'(q)]\end{aligned}$$

其中 λ 为供应商的参与约束的拉格朗日因子,ρ 为供应商的激励相容约束的拉格朗日因子。令拉格朗日函数分别对分摊系数 β 和食品原料价格 P_s 求偏倒数,得到两个一阶最优条件分别为:

$$\frac{\partial\mathcal{L}}{\partial P_s}=(\lambda-1)(1-\theta(1-q)-(1-\theta)(1-q)\delta)+\rho(\theta+(1-\theta)\delta)=0$$
$$(19-20)$$

$$\frac{\partial\mathcal{L}}{\partial\beta}=(1-\lambda)(1-\theta)(1-q)\delta L+\rho(1-\theta)\delta L=0\qquad(19-21)$$

联立式(19-20)和(19-21),可得 $\lambda=1$,$\rho=0$。代入该契约的拉格朗日函数中,令拉格朗日函数分 θ 和 q 求偏导数,得到:

$$\frac{\partial\mathcal{L}}{\partial\theta}=(1-q)\delta(P_e+L)-(1-q)(P_e-E_e)-C_e'(\theta)=0\qquad(19-22)$$

$$\frac{\partial\mathcal{L}}{\partial q}=(P_e-E_e)\theta+(1-\theta)\delta(P_e+L)-C_s'(q)=0\qquad(19-23)$$

将式(19-22)和(19-23)与供应链最优契约条件式(19-4)和(19-5)相比较,发现这个契约下的解与最优契约下的解相同,因此在外部损失分担契约的约束下,存在使得整体利益最大化的质量水平和检测水平。

进一步求解契约参数 $\{P_s,\beta\}$,令供应商刚好可以获得最小预期收益,结合激励相容约束,得到:

$$P_s(1-\theta(1-q))-E_s-C_s(q)-(1-\theta)(1-q)\delta(P_s+\beta L)-\mu=0$$
$$(19-24)$$

$$P_s\theta+(1-\theta)\delta(P_s+\beta L)-C_s'(q)=0\qquad(19-25)$$

综合式(19-24)和(19-25),可得到:

$$P_s=E_s+C_s(q)+(1-q)C_s'(q)+\mu\qquad(19-26)$$

$$\beta=\frac{C_s'(q)-(\delta(1-\theta)+\theta)(E_s+C_s(q)+(1-q)C_s'(q)+\mu)}{(1-\theta)\delta L}\qquad(19-27)$$

通过以上的分析可以看出，基于外部损失分担的风险防控激励契约中，如果能够制定合理的食品原料收购价格和外部损失分担系数，就能够达到供应链整体收益最大化，可以保证食品原料供应商为了获取最大化的收益，提供符合核心企业标准的食品原料。也就是说，基于外部损失分担的风险控制激励契约对控制食品供应链中的质量安全信用风险具有可行性。但这种激励契约对于食品安全问题的调查技术要求，即当出现食品安全问题时，能够准确界定问题是由于食品原料不合格造成还是由于核心企业自身的失误造成的食品安全问题，以防因为供应商承担超出其责任以外的外部损失而影响其参与契约的积极性。

五、基于内外损失分担的风险防控激励契约

基于内外损失分担的风险控制激励契约是指由食品原料供应商和核心企业所组成的供应链系统中，供应商和核心企业分别对内部损失和外部损失按一定比例分担。这种契约看似不太合理，食品原料供应商自身的失误导致的原料质量不合格，所造成的损失也应该是由供应商自行承担，这种损失让核心企业来分担似乎不是很合理。但考虑供应链本身就是一个相互合作的组织，既然收益能够由供应链中的各成员分享，那产生的损失也可以由各成员共同分担。因此，这种风险防控的激励契约或许能使食品供应链中核心企业和供应商之间的合作关系更加紧密，使得整个供应链的运作更有效率。

假定核心企业承担原材料不合格的内部损失的比例为 α，但当不合格食品引致外部损失 $(P_e + L)$ 时，核心企业按照契约约定，将外部损失以一定的比例 β 转嫁给供应商，此时供应商承担的损失为 $(P_s + \beta L)$。在这种契约下，收购价格 P_s 被当做外生变量来处理，博弈顺序如下：

（1）供应商和核心企业就契约中参数 $\{\alpha, \beta\}$ 达成一致，且核心企业承诺检测水平 θ；

（2）供应商根据核心企业的检测水平选择质量水平 q 以实现利润最大化，q 不可观测；

（3）核心企业从供应商处收购食品原料，并以检测水平 θ 对食品原料进行检测，对检测合格的食品原料支付单位价格 P_s，检测不合格的食品原料予以拒收，同时承担 αE_s 的损失，则供应商承担的损失为 $(1 - \alpha)E_s$；

（4）核心企业将食品原料加工或直接销售给消费者，销售价格为 P_e；

（5）消费者购买到了不合格食品后，以 δ 的概率发现并向核心企业索赔，核心企业声誉也受到一定影响，从而产生外部损失 $(P_e + L)$。核心企业按照契约约定，将外部损失以一定的比例 β 转嫁给供应商，此时供应商承担的损失为 $(P_s + \beta L)$。

根据以上过程，建立供应商和核心企业的收益函数如下：

$$\prod_s(q, \theta) = P_s(1 - \theta(1 - q)) - (1 - \alpha\theta(1 - q))E_s - C_s(q)$$
$$- (1 - \theta)(1 - q)\delta(P_s + \beta L) \qquad (19-28)$$

$$\prod_e(q, \theta) = (P_e - E_e - P_s)(1 - \theta(1 - q)) - C_e(\theta) - \alpha\theta(1 - q)E_s$$
$$- (1 - \theta)(1 - q)\delta(P_e - P_s + (1 - \beta)L) \qquad (19-29)$$

供应商存在道德风险时，核心企业根据双方签订的契约，在保障供应商获得最小期望收益的前提下，将选择最优检测水平以实现自身收益最大化。因此，可转化为以下模型：

$$\max_{\alpha, \beta, \theta} \prod_e(q, \theta) \qquad (19-30)$$

$$s.t. (IR) \prod_s(q, \theta) \geq \mu \qquad (19-31)$$

$$(IC) q = \arg\max_q \prod_s(q, \theta) \qquad (19-32)$$

其中式（19-30）是处于主导地位的核心企业通过契约设计实现的预期收益最大化；式（19-31）是供应商的参与约束条件，即确保供应商获得的收益至少等于 μ，否则供应商会放弃履行契约；式（19-32）为激励相容约束条件，即供应商选择自身最优质量水平以实现自身收益的最大化。代入核心企业的收益函数 $\prod_e(q, \theta)$ 和供应商的收益函数 $\prod_s(q, \theta)$，且供应商的收益函数 $\prod_s(q, \theta)$ 对 q 求一阶偏导数，并令其为零，得到供应商存在道德风险的环境下该契约的委托代理模型如下所示：

$$\max_{\alpha, \beta, \theta} (P_e - E_e - P_s)(1 - \theta(1 - q)) - C_e(\theta) - \alpha\theta(1 - q)E_s$$
$$- (1 - \theta)(1 - q)\delta(P_e - P_s + (1 - \beta)L)$$

$$s.t. (IR) P_s(1 - \theta(1 - q)) - (1 - \alpha\theta(1 - q))E_s - C_s(q)$$
$$- (1 - \theta)(1 - q)\delta(P_s + \beta L) \geq \mu$$

$$(IC) P_s\theta - \alpha\theta E_s + (1 - \theta)\delta(P_s + \beta L) - C_s'(q) = 0$$

为满足单边道德风险下的委托代理模型式的要求，构造拉格朗日函数得到下式：

$$\mathcal{L} = \prod_e(q, \theta) + \lambda\left(\prod_s(q, \theta) - \mu\right) + \rho\frac{\partial\prod_s(q, \theta)}{\partial q}$$
$$= (P_e - E_e - P_s)(1 - \theta(1 - q)) - C_e(\theta) - \alpha\theta(1 - q)E_s$$
$$- (1 - \theta)(1 - q)\delta(P_e - P_s + (1 - \beta)L) + \lambda[P_s(1 - \theta(1 - q))$$
$$- (1 - \alpha\theta(1 - q))E_s - C_s(q) - (1 - \theta)(1 - q)\delta(P_s + \beta L) - \mu]$$
$$+ \rho[P_s\theta - \alpha\theta E_s + (1 - \theta)\delta(P_s + \beta L) - C_s'(q)]$$

其中 λ 为供应商的参与约束的拉格朗日因子，ρ 为供应商的激励相容约束的拉格朗日因子。令拉格朗日函数分别对分摊系数 α 和 β 求偏倒数，得到两个一阶最优条件分别为：

$$\frac{\partial \mathcal{L}}{\partial \alpha} = (\lambda - 1)(1 - q) - \rho = 0 \qquad (19 - 33)$$

$$\frac{\partial \mathcal{L}}{\partial \beta} = (1 - \lambda)(1 - \theta)(1 - q) + \rho(1 - \theta) = 0 \qquad (19 - 34)$$

联立式（19 - 33）和（19 - 34），可得 $\lambda = 1$，$\rho = 0$。代入该契约的拉格朗日函数中，令拉格朗日函数分 θ 和 q 求偏导数，得到：

$$\frac{\partial \mathcal{L}}{\partial \theta} = (1 - q)\delta(P_e + L) - (1 - q)(P_e - E_e) - C'_e(\theta) = 0 \qquad (19 - 35)$$

$$\frac{\partial \mathcal{L}}{\partial q} = (P_e - E_e)\theta + (1 - \theta)\delta(P_e + L) - C'_s(q) = 0 \qquad (19 - 36)$$

将式（19 - 35）和（19 - 36）与供应链的最优契约条件式（19 - 4）和（19 - 5）相比较，发现这个契约下的解与最优契约下的解相同，因此在内外损失分担契约的约束下，存在使得整体利益最大化的质量水平和检测水平。

进一步求解契约参数 $\{\alpha, \beta\}$。在 α，β 一定的情况下，由一阶最优条件 $\frac{\partial \prod(q, \theta^{NE})}{\partial q} = 0$ 和 $\frac{\partial \prod(q^{NE}, \theta)}{\partial \theta} = 0$ 得到该策略的纳什均衡解 $\{q^{NE}, \theta^{NE}\}$ 满足

$$C'_s(q^{NE}) = P_s\theta - \alpha\theta E_s + (1 - \theta)\delta(P_s + \beta L) \qquad (19 - 37)$$

$$C'_e(\theta^{NE}) = (1 - q)\delta(P_e - P_s + (1 - \beta)L) - \alpha(1 - q)E_s - (P_e - E_e - P_s)(1 - q) \qquad (19 - 38)$$

结合式（19 - 4）和（19 - 5），可以得出，当取

$$\alpha = \frac{P_s - (P_e - E_e)\theta - (1 - \theta)\delta(P_e + L)}{E_s} \qquad (19 - 39)$$

$$\beta = \frac{(P_e - E_e)\theta + (1 - \theta)\delta(P_e + L) - \delta P_s}{\delta L} \qquad (19 - 40)$$

可得到 $\theta^{NE} = \theta^*$，$q^{NE} = q^*$，说明只要能合理的确定核心企业和供应商应该承担的损失分担系数 α，β，基于内外损失分担的风险控制激励契约就能够实现全局最优。在这种激励契约下，任何一方如果擅自改变自身的参数，不仅不会增加收益，反而会使总体收益大幅度下降。也就是说，内外损失分担契约对规避供应链中的食品安全信用风险具有可行性。这种风险控防控激励契约虽然看似不太合理，与供应链的实际运作不符，但它却能使得供应链全局收益最大化和局部收益最大化达成一致。

但同基于外部损失分担的风险防控激励契约一样，这种激励契约也需要较强

的食品安全问题调查技术，当出现食品安全问题时，能够准确判别问题是由于供应商的原因造成，还是由于核心企业自己的失误造成，准确界定问题责任防止供应商因为要承担超出其责任以外的外部损失而影响其参与契约的积极性。

第三节　供应链视角下食品安全信用风险防控的声誉激励

从以上分析可以看出，契约是一种防控食品安全信用风险的有效的激励机制，但由于契约各方的有限理性，契约往往是不完备的。契约的不完备性可能会使得机会主义行为有可乘之机，导致供应链成员为了谋求自身利益而采取损害供应链整体和合作伙伴利益的行为的发生。契约的监督和管理也会增加合作的交易成本，当合作的交易成本上升到足以抵消合作可能带来的收益时，合作的不稳定将不可避免（Gulati，1995）。另外，在实际运行过程中，往往也难以得到足够的证据证明供应商的不诚信行为。为了最大程度的激发供应链中参与主体的潜能，有效防控食品安全信用风险，核心企业在完善供应链契约设计的同时，可以同时考虑纳入隐性激励。从隐性激励具有激励作用持久、激励成本低等优点，隐性激励机制中最常用的是声誉激励机制。

一、问题描述与参数设定

为了简化问题和方便研究，考虑一个包括单个食品原料供应商与单个核心企业的供应链：在每个时期，核心企业向供应商订购食品原料，由于食品安全的"信任品"特性，导致有些食品质量特征的不可契约性，供应链中存在一定的食品安全信用风险；核心企业向供应商订购完全竞争市场上的正常质量食品原料，而供应商在交付食品原料时可能代替以低生产成本生产出来的低质量食品原料。在本模型中，将声誉界定为食品原料供应商如实履行约定的可能性，即核心企业认为供应商按约定提供正常质量食品原料的概率。

给定模型有关符号如下：

t：核心企业和供应商的合作时期；

C：代表食品原料供应商单位产品的生产成本，q 代表供应商提供食品原料的质量，$C(q_H)$ 代表生产正常质量食品原料的生产成本，$C(q_L)$ 代表低质量食品原料的生产成本。

ρ_t：核心企业对供应商声誉的评价值，即核心企业认为供应商是诚信供应商并会按约定提供正常质量食品的概率。

假设核心企业关于供应商的声誉 ρ_t 具有先验的概率分布：供应商是诚信的概率为 ρ_0，供应商是不诚信的概率为 $1 - \rho_0$。

$\prod_s$：当核心企业认为供应商是不诚信供应商时的保留收益，核心企业可能会保留最小订货批量，或供应商不与核心企业合作时具有的相同的保留收益。

二、多期合作中声誉的作用机理

在核心企业与供应商单期合作的背景下，供应商为了追求自身利益最大化，产生信用风险是显然的。而在多期合作背景下，供应链中核心企业与食品原料供应商之间的互动过程如下：在任一时期 t，核心企业根据供应商的声誉 ρ_t 确定其最优订购批量 Q；供应商向核心企业交付食品原料，食品原料的质量可能是正常的或者低的；核心企业收购食品原料后进行加工或销售，并根据销售结果评估食品原料的质量，评估结果可能是正常的或者低的。核心企业根据评估结果重新修正供应商的声誉并调整订货批量，进入下一期按以上步骤继续合作直至结束。

在核心企业与供应商的合作过程中，如果核心企业发现了供应商提供的是低质量食品原料，核心企业就会认为供应商是不诚信的，因为只有不诚信的供应商才会提供低质量的食品原料，即供应商的信用风险导致了声誉的降低。值得注意的是，由于食品安全的"信任品"特性，供应商提供低质量食品原料时也可能不会被发现，误判为正常质量，假设低质量产品被发现的概率为 β，并且这个概率在全部合作时期保持不变。因此，如果核心企业在前面的 $t-1$ 阶段发现供应商提供的都是正常质量食品原料，核心企业不能获得关于供应商的负面信息，那供应商要么是诚信的，其概率为 ρ_{t-1}，要么是不诚信的，却没被发现，其概率为 $(1 - \rho_{t-1})(1 - \beta)$。根据贝叶斯法则，核心企业在 t 时期认为供应商是诚信的概率为：

$$\rho_t = \frac{\rho_{t-1}}{\rho_{t-1} + (1 - \rho_{t-1})(1 - \beta)} \geq \rho_{t-1} \qquad (19-41)$$

这说明如果核心企业观测到供应商提供的是正常质量的食品原料，其将提高对供应商声誉的评价。也就是说，如果核心企业发现供应商一直提供正常质量食品原料，那么供应商的声誉将不断提高。但如果核心企业一旦发现供应商提供的是低质量食品原料，那么下一期就会将声誉降低为 0，即认为供应商是不诚信供应商。

命题 19-1：核心企业对供应商的声誉评价具有演化机制：

$$\rho_{t+1} = \begin{cases} \dfrac{\rho_t}{\rho_t + (1-\rho_t)(1-\beta)} & \text{如果在时期 } t \text{ 核心企业发现供应商提供正常质量食品} \\ 0 & \text{如果在时期 } t \text{ 核心企业发现供应商提供低质量食品} \end{cases}$$

假设核心企业会根据供应商的声誉调整食品原料的订货批量,供应商的声誉越高,向其订购的批量越大。从命题 19-1 可以看出,如果供应商向核心企业提供正常质量食品原料,会导致核心企业不断提高对其声誉的评价,从而提高订购批量,这一现象从长远来看对供应商有利。但如果供应商向核心企业提供低质量原材料并被核心企业发现,核心企业会认为供应商是不诚信的,减少订货批量或终止与该供应商的合作。这意味着声誉对供应商具有隐性激励效应,可以对食品安全信用风险进行有效的防范与控制。

三、多期合作中声誉的激励效应

假设诚信的食品原料供应商一定会遵守约定,提供正常质量食品原料。不诚信供应商是否遵守约定取决于其是否获取到最大化的利益。在博弈的最后时期 n,不诚信供应商维护不提供低质量食品原料的声誉已经没有必要,信用风险无可避免。供应商提供正常质量食品原料时的收益为

$$E\prod{}_{s,n}^{H} = (P - C(q_H))Q(\rho_n)$$

供应商提供低质量食品原料时的收益为

$$E\prod{}_{s,n}^{L} = (P - C(q_L))Q(\rho_n)$$

提供低质量食品原料的收益明显高于提供正常质量食品原料时的收益,因此不诚信供应商在最后一期会选择提供低质量食品原料以获得最大化收益:

$$E\prod{}_{s,n} = \max\{E\prod{}_{s,n}^{H}, E\prod{}_{s,n}^{L}\} = (P - C(q_L))Q(\rho_n)$$

在时期 $n-1$,如果食品原料供应商在此阶段以前的任一阶段提供的都是正常质量的食品原料,则核心企业对供应商的声誉评价为 ρ_{n-1}。在 $n-1$ 时期供应商提供正常质量食品原料的期望收益为

$$(P - C(q_H))Q(\rho_{n-1})$$

并且供应商可以和核心企业继续合作,并在下一期(第 n 期)被核心企业修正为具有更高的声誉:

$$\rho_n = \frac{\rho_{n-1}}{\rho_{n-1} + (1-\rho_{n-1})(1-\beta)}$$

供应商的后向期望收益为:

$$E\prod{}_{s,n-1}^{H} = (P - C(q_H))Q(\rho_{n-1}) + \max\{E\prod{}_{s,n}^{H}, E\prod{}_{s,n}^{L}\}$$

如果在 $n-1$ 时期供应商提供低质量食品原料，此时被误判的概率为 $(1-\beta)$。其后向期望收益为

$$E\prod_{s,n-1}^{L} = (P - C(q_L))Q(\rho_{n-1}) + (1-\beta)\max\left\{E\prod_{s,n}^{H}, E\prod_{s,n}^{L}\right\} + \beta\prod_{s}$$

在时期 $t(t < n)$，此时供应商的声誉为 ρ_t。供应商提供正常质量食品原料和低质量食品原料时的后向期望收益分别为：

$$E\prod_{s,t}^{H} = (P - C(q_H))Q(\rho_t) + \max\left\{E\prod_{s,t+1}^{H}, E\prod_{s,t+1}^{L}\right\} \qquad (19-42)$$

$$E\prod_{s,t}^{L} = (P - C(q_L))Q(\rho_t) + (1-\beta)\max\left\{E\prod_{s,t+1}^{H}, E\prod_{s,t+1}^{L}\right\} + \beta(n-t)\prod_{s}$$
$$\qquad (19-43)$$

要消除质量安全信用风险，即使得不诚信供应商每期提供的都是正常质量的食品原料，需满足 $E\prod_{s,t}^{H} > E\prod_{s,t}^{L}$。

记 $\Delta\prod_{t} = E\prod_{s,t}^{H} - E\prod_{s,t}^{L}$，则：

$$\Delta\prod_{t} = \beta\left(\max\left\{E\prod_{s,t+1}^{H}, E\prod_{s,t+1}^{L}\right\} - (n-t)\prod_{s}\right) - Q(\rho_t)(C(q_H) - C(q_L))$$

由上式可得：

$$\Delta\prod_{n-1} = \beta\left(\max\left\{E\prod_{s,n}^{H}, E\prod_{s,n}^{L}\right\} - \prod_{s}\right) - Q(\rho_{n-1})(C(q_H) - C(q_L))$$
$$= \beta\left((P - C(q_L))Q(\rho_n) - \prod_{s}\right) - Q(\rho_{n-1})(C(q_H) - C(q_L))$$

$$\Delta\prod_{n-2} = \beta\left(\max\left\{E\prod_{s,n-1}^{H}, E\prod_{s,n-1}^{L}\right\} - 2\prod_{s}\right) - Q(\rho_{n-2})(C(q_H) - C(q_L))$$
$$= \beta\left((P - C(q_H))Q(\rho_{n-1}) + (P - C(q_L))Q(\rho_n) - 2\prod_{s}\right)$$
$$\quad - Q(\rho_{n-2})(C(q_H) - C(q_L))$$
$$= \beta\left((P - C(q_H))Q(\rho_{n-1}) - \prod_{s}\right.$$
$$\left.\quad + (P - C(q_L))Q(\rho_n) - \prod_{s}\right) - Q(\rho_{n-2})(C(q_H) - C(q_L))$$

$$\Delta\prod_{n-3} = \beta\left(\max\left\{E\prod_{s,n-2}^{H}, E\prod_{s,n-2}^{L}\right\} - 3\prod_{s}\right) - Q(\rho_{n-3})(C(q_H) - C(q_L))$$
$$= \beta\left((P - C(q_H))Q(\rho_{n-2}) + (P - C(q_H))Q(\rho_{n-1})\right.$$
$$\left.\quad + (P - C(q_L))Q(\rho_n) - 3\prod_{s}\right) - Q(\rho_{n-3})(C(q_H) - C(q_L))$$
$$= \beta\left((P - C(q_H))Q(\rho_{n-2}) - \prod_{s} + (P - C(q_H))Q(\rho_{n-1}) - \prod_{s}\right.$$
$$\left.\quad + (P - C(q_L))Q(\rho_n) - \prod_{s}\right) - Q(\rho_{n-3})(C(q_H) - C(q_L))$$

根据数学归纳法，可得

$$\Delta\prod_{t} = \beta\sum_{i=t+1}^{n}\left((P - C(q_H))Q(\rho_i) - \prod_{s}\right) - Q(\rho_t)(C(q_H) - C(q_L))$$

若满足 $\Delta \prod_t > 0$，即 $\beta \sum_{i=t+1}^{n} ((P - C(q_H))Q(\rho_i) - \prod_s) - Q(\rho_t)(C(q_H) - C(q_L)) > 0$，则供应商在任意 t 时期都会选择提供正常质量食品原料以获取较高期望收益。

命题 19-2：如果满足 $\beta \sum_{i=t+1}^{n} ((P - C(q_H))Q(\rho_i) - \prod_s) - Q(\rho_t)(C(q_H) - C(q_L)) > 0$，则在任意时期 t（合作末期除外），供应商都会选择提供正常质量食品原料，核心企业的声誉激励机制将有效控制供应链食品安全信用风险。

从命题 19-2 可以看出，声誉机制是否有效，与低质量的食品原料被发现的概率、食品原料价格、食品原料生产成本、订购批量和保留效用等因素有关。较高的发现概率、合理的价格和订购批量、较低的保留效用都会增强食品原料供应商的积极性。如果核心企业为了降低成本一味压低食品原料订购价格，在供应链合作中是不可取的。从食品原料供应商角度来看，核心企业不考虑供应商的实际生产成本情况，强行压低价格，使得供应商感到核心企业只是想不断"榨取"自己的利润，因此供应商就会认为核心企业与自己是一种对立的、竞争的关系，则供应商会考虑如何补偿低价带来的损失，一部分诚信供应商会选择从内部增加效益、挖掘潜能来补偿损失，但很大一部分会从与其合作的核心企业处进行弥补，结果就出现了掺杂使假、提供低质量食品原料等机会主义行为。因此，核心企业在与供应商合作时，应该制定合理的价格和订购批量，实现供应链全局收益的最大化，使供应商觉得有利可图，再加上声誉等一些隐性的激励机制，与供应商维持长期稳定的合作关系，才能有效防控食品安全信用风险。

第四节　供应链视角下食品安全信用风险防控策略

基于上述理论模型分析结果，结合一些知名企业的管理实践经验，总结提炼出核心企业可以采取的一些食品安全信用风险防控策略，以更好地指导企业的管理实践。

一、促进食品供应链质量文化的融合

质量文化是与质量相关的价值观念、意识形态、道德水准、行为准则等，企业的质量文化是企业进行产品管理的基础。良好的文化体现在日常的管理活动

中，如企业是否具有明确的质量管理规范、企业领导对于质量的重视、企业员工具有较强的质量安全意识等。在食品供应链中，由于参与主体众多，各主体间的质量文化必然存在一定程度的差异，如何促进食品供应链质量文化的融合，消除不同文化间的冲突和抵触，是防控食品安全信用风险的关键。

核心企业作为食品供应链的主导者，需要具有优秀的质量管理理念和文化，并通过定期或不定期的与其他主体进行质量文化的沟通，让其他合作主体了解核心企业的质量目标、质量管理流程和管理规范等，尤其注重对于供应链上小微企业和农户的食品安全知识的培训和质量价值观的培养，缩小并逐步消除其与核心企业之间的质量文化差异，促进食品供应链各个主体之间良好的质量文化的融合。

二、完善食品安全风险激励约束机制

食品供应链质量文化是对供应链主体投机行为的一种无形的约束，在促进质量文化融合的同时，还需要采取一系列有形的激励和约束机制，促进供应链主体之间的紧密合作，减少交易成本和违约风险，从而降低食品安全信用风险，提高食品供应链管理效率。

从前面的理论模型分析可以看出，契约激励、声誉激励等有利于防控食品安全信用风险，核心企业应该利用契约、声誉等多重激励约束机制，与上下游重要合作伙伴之间建立战略合作关系，将食品供应链各相关主体紧密地联系起来，推进供应链一体化发展。对核心企业而言，食品原料的质量安全是其发展的关键要素，因此食品原料供应商的激励尤为重要，核心企业应建立起完善的供应商管理体系，包括供应商选择标准、供应商质量管理责任、供应商考核制度、供应商奖罚制度等，通过多种方式约束供应商，使其采用标准化的质量管理流程来运作，激励其进行质量安全的投入与改进。一些知名的食品企业都具有明确的供应商管理制度规范等，如卡夫食品有限公司在其官网上公开提供了详细的供应商管理规范，包括《供应商质量期望（SQE）手册》《供应商 HACCP 标准手册》，其中《供应商质量期望手册》中详细规定了供应商应建立的质量管理体系、需承担的质量管理责任等。

三、实行食品安全信用等级分级管理

食品供应链中各参与主体的质量保证能力和信用度各不相同，核心企业可以根据各主体以往提供的食品安全水平，对合作伙伴的信用等级进行评价。如果合作伙伴的信用度较高，可以考虑采取增大订货量、给予结款优先权、减少监督检测等激励措施；如果某合作伙伴的信用度不高，曾经出现过违约或不良记录，可以考虑签订更为严格的契约加以有效约束，或者采取减少订货批量或单期中断与其的合作关系等措施，促使其提高信用度，以维持与核心企业的长期稳定合作，以获取长期收益。

分级管理是一种较为常用的声誉激励方法，在很多企业都得到了实际的运用，如雀巢食品公司对供应商信用度的分级标准为：最近一次现场评估结果如果非常好，上一年度也没有较为重大投诉、退货，对于雀巢提出的要求都能够积极响应，则信用度为高；如果最近一次现场评估结果基本尚可，上一年度有投诉需要现场验证纠正措施，对雀巢提出的投诉反应不积极，另外包括所有的新供应商，信用度为中；如果最近一次现场评价结果较差，需要结合原料风险等级确定是否需要继续使用，则其信用度为低[①]。再比如康师傅控股有限公司也选择了给供应商分级的方法，康师傅每年会对旗下所有的原材料供应商进行打分，根据供应商的研发、品质保证和采购三方面的综合表现，评定为ABCD四级，C级被称为"留校察看"，即某项标准不合格，康师傅会给予一段时间，派专人辅导直至供应商考核合格，而如果评定为D级，则被淘汰出局[②]。

四、提高供应链食品安全管理的信息化程度

除了有效质量文化的融合和激励机制的设计外，食品安全信用风险的防控还需要信息技术作为保障。食品供应链环节多、结构复杂，导致食品安全风险可能产生在任一环节任一主体，需要实施全程的食品安全控制。如果没有先进的信息化管理手段，这种全程的食品安全控制是不可能做到的。供应链的信息沟通是各项管理活动的实施基础，信息技术是保障食品供应链合作、协调、同步化运作的技术支撑，从食品生产信息的监控到消费信息的获取、从检测信息的披露到风险信息的预警，都需要信息技术作为坚强后盾，实施信息化管理可以切实有效的降低信用风险。

针对供应链中不同食品的特点，对食品供应链各环节质量安全信息进行采集和加工处理，建立健全全程的食品可追溯体系，建立起所有主体的信息共享平台，达到从农田到餐桌的整个过程流通的追溯和管理以及供应链各个主体间的信息共享，可以提高食品安全风险防控的针对性和有效性，并改善主体间关系质量，提高供应链管理效率。

---

① 百度文库，世界级标杆企业供应商管理参照措施（中粮集团），2012.8。
② 康师傅："被设计"的供应商风险管控，中国经济网，2011.4.25。

第二十章

供应链视角下食品安全市场风险防控

由于食品质量安全信息的不对称性，导致消费者难以辨别食品质量安全水平，食品市场的逆向选择问题长期存在。本章通过建立企业与消费者的信号传递博弈模型，从理论上验证了生产高质量食品企业可以通过发送强信号实现与低质量食品企业之间的分离，同时得出了分离均衡的实现条件；然后结合问卷调研的结果进一步实证分析了消费者对食品安全风险的感知情况和消费者对不同信号的认知情况；最后在基于理论和实证分析的基础上，提出了食品安全市场风险防控的一些参考性对策建议。

第一节　食品安全信号传递的博弈分析

阿克洛夫（Akerlof, 1970）最早对市场上买方和卖方之间信息不对称对质量信号的影响以及由此造成的市场失灵问题进行了分析，认为如果市场存在逆向选择，优质不能优价，企业就只能生产销售低质量的产品。格罗斯曼（Grossman, 1981）也对质量信号问题进行了相关研究，认为如果质量信号充分、有效、可靠、成本低廉，消费者不需要付出太大成本就能证实产品质量，则交易市场就能够有效运转。斯宾斯（Spence, 1974）构建了信号传递模型，认为拥有信息的一方应该主动发送信息，从同类中分离出来，这样才有利可图。显然，通过各种途径改善信号传递机制，可以有效缓解信息不对称问题。因此，高质量食品企业可以通过主动向消费者传递能表明其食品质量的信号，让消费者了解并信任其品质，有助于将食品质量安全的信任品特征转变为搜寻品特征，实现与低质量食品生产企业的分离，最终使食品市场上的商品质量不断提高，消费者可以放心的购买到优质安全的食品。在对食品安全的经济分析中，现有研究对食品市场中质量信号传递的重要性及作用进行了深入的探讨，从食品安全管理中的信息不对称角度分析了政府监管机制的作用（周德翼和杨海娟，2002），探讨了政府建立质量信号传递机制的方式（王秀清和孙云峰，2002），提出应完善我国食品安全信息公布制度（孔繁华，2010）和食品安全信息披露机制（古川和安玉发，2012），维持安全食品市场。在企业的食品安全管理实践中，有实力的企业也在不断寻找多种信号传递的途径，如通过广告、品牌以及认证标志等，力求与低质量食品企业区分开，很多企业花费了大量的成本但效果却往往不尽如人意。企业是否得到消费者认可是企业持续发展的前提，探讨生产高质量食品的企业如何将食品质量信号有效传递给消费者具有十分重要的意义。

一、模型的基本假设

在我国目前食品供应链的实际运作过程中，由于食品安全信息的严重不对称，使得一旦出现食品安全问题，消费者往往会产生恐慌心理，并可能累及无辜企业。因此，本节主要研究企业与消费者之间的信息不对称，即博弈的参与者是企业和消费者。企业作为食品安全信号的发送方，消费者作为食品安全信号的接收方，企业在质量安全信息上处于绝对优势的地位。

假设企业的类型只有两种，生产高质量食品的企业和生产低质量食品的企业，核心企业作为生产高质量食品的企业，需要依靠一定的方法途径与生产低质量食品的企业区分开。消费者是理性人，最大化消费者剩余。

令 q 表示食品的质量安全水平，则 q_H，q_L 分别代表高质量和低质量。企业的食品质量安全信息属于私人信息，消费者不知道食品的质量类型，只知道食品属于高质量的先验概率 $\mu(q_H) = \theta$。

基于以上的假定企业生产的食品只有高质量和低质量两种类型，则 $\mu(q_L) = 1 - \theta$。θ 为公共信息，企业和消费者都清楚 θ。

企业为了消费者了解食品质量安全水平，传递信号 s。消费者只能根据企业传递的信号强弱来判断食品的质量安全水平，即消费者对企业的食品质量安全水平具有不完全信息。通常意义而言，企业所传递的信号必须与其食品质量安全水平相匹配，生产高质量食品的企业传递强信号，生产低质量食品的企业传递弱信号或不传递信号。

信号传递是需要成本的，信号越强，成本越高。而且，生产低质量食品的企业传递强信号的成本要高于生产高质量食品的企业传递强信号。令 c 表示信号传递成本，则 c 是企业信号强弱以及质量安全水平高低的函数，即 $c = c(q, s)$，且具有如下性质：

企业不传递任何信号时，其信号传递成本 $c(q, 0) = 0$；

企业传递的信号越强，其信号传递成本越高，即 $\frac{\partial c}{\partial s} > 0$；

当传递相同的信号时，生产低质量食品的企业，其信号传递成本较生产高质量食品的企业要高，即 $c(q_L, s) > c(q_H, s)$。现实中，生产低质量食品的企业如果传递强信号，需要将食品伪装成高质量，从而产生伪装成本；而当低质量食品企业传递了与实际的质量安全水平不匹配的信号时，由于弄虚作假被惩罚的概率也会增大，惩罚带来的损失增加，从而惩罚成本增加。

消费者对企业传递的信号进行甄别，并作出购买决策。令 $U(q)$ 代表消费者的效用函数，食品质量安全水平越高，消费者效用也越大。因效用函数与愿意支付的价格是正相关关系，为了简化起见，把效用函数等同于消费者愿意支付的价格。则 $U(q_H)$ 代表当食品被消费者视为高质量食品时所愿意支付的价格，$U(q_L)$ 代表当食品被消费者视为低质量食品时所愿意支付的价格，且 $U(q_H) > U(q_L)$。

令 p 代表市场上食品的价格，高质量食品的价格 p_H，低质量食品的价格为 p_L，且 $p_H > p_L$。假设有 $U(q_H) - p_H > 0$，$U(q_L) - p_L > 0$，并且 $U(q_H) - p_H > U(q_L) - p_L$，即相对于较低的价格购买低质量食品而言，消费者更愿意以高价格购买高质量食品；同时假设消费者对于低质量食品所愿意支付的最高价格低于高质量食品的售价，即 $U(q_L) - p_H < 0$。综上所述有：$U(q_H) - p_H > U(q_L) - p_L > 0 > U(q_L) - p_H$。

二、食品安全信号传递的分离均衡分析

食品安全信号传递的分离均衡是指企业传递的信号能够反映出食品的真实类型，即生产高质量食品的企业选择传递信号，生产低质量食品的企业选择不传递信号，此时消费者通过观察企业传递的信号便可区分食品质量安全类型，即达到了完全成功的分离均衡。

由于信号传递是有成本的，而且信号传递的成本与信号强度成正相关关系，生产低质量食品的企业传递强信号时的成本较高。因此有如下命题：

命题 20-1：当生产低质量食品的企业传递信号的成本高于其从中获得的收益，而生产高质量食品的企业传递信号的成本低于其从中获得的收益，那么生产高质量食品的企业就会选择传递信号，而生产低质量食品的企业会选择不传递信

号，从而实现了分离均衡。

证明：当生产高质量食品的企业选择传递强度为 $\bar{s}$ 的信号，生产低质量食品企业选择不传递信号。此时消费者根据企业的信号传递策略会有如下明朗的判断：

$$\mu(q_H \mid \bar{s}) = 1, \ \mu(q_H \mid 0) = 0, \ \mu(q_L \mid \bar{s}) = 0, \ \mu(q_L \mid 0) = 1$$

其中 $\mu(q_H \mid \bar{s})$ 表示传递信号 $\bar{s}$ 的企业生产的食品属于高质量的条件概率，$\mu(q_H \mid 0)$ 表示不传递信号的企业生产的食品属于高质量的条件概率，$\mu(q_L \mid \bar{s})$ 表示传递信号 $\bar{s}$ 的企业生产的食品属于低质量的条件概率，$\mu(q_L \mid 0)$ 表示不传递信号的企业生产的食品属于低质量的条件概率。即消费者对企业信号传递的强度与其食品真实质量类型的一致性条件概率判断为1。

给定消费者的如上判断，令 CS 代表消费者剩余，则：

$$CS = (U(q_H) - p_H)\mu(q_H \mid \bar{s}) + (U(q_L) - p_H)\mu(q_L \mid \bar{s}) + (U(q_H) - p_L)\mu(q_H \mid 0)$$
$$+ (U(q_L) - p_L)\mu(q_L \mid 0) = (U(q_H) - p_H) + (U(q_L) - p_L)$$

根据前面假设，有 $U(q_H) - p_H > 0$，$U(q_L) - p_L > 0$，所以 $(U(q_H) - p_H) + (U(q_L) - p_L) > 0$。在这种情况下，无论企业生产的食品属于哪种类型，消费者根据其所传递的信号类型选择购买的剩余均大于0，因此消费者会选择购买。

对于生产高质量食品的企业，因其传递信号的成本较低，且 $p_H > p_L$，企业传递信号的成本低于其从中获得的收益，因此会选择传递强信号 $\bar{s}$；而对于生产低质量食品的企业，因其传递信号的成本较高，使得企业从传递强信号 $\bar{s}$ 中获得的收益无法弥补信号传递成本，则生产低质量食品的企业会选择不传递信号。也就是说，生产高质量食品的企业选择传递强信号，生产低质量食品的企业选择不传递信号是唯一符合理性的策略。当企业采取上述策略时，消费者的判断也是合理的，这样就形成了符合完美贝叶斯法则的分离均衡。

为了诱使市场出现完全成功的分离均衡，$\bar{s}$ 需满足一定的条件，才能让生产低质量食品的企业由于成本原因选择不传递该信号。因此，有如下命题：

命题20-2：当 $\bar{s}$ 满足 $c(q_H, \bar{s}) \leq p_H - [\theta U(q_H) + (1-\theta)U(q_L)]$ 且 $c(q_L, \bar{s}) \geq p_H - \max\{\theta U(q_H) + (1-\theta)U(q_L), p_L\}$ 时，食品市场出现完全成功的分离均衡。

证明：

（1）对于生产低质量食品的企业。

当其传递信号 $\bar{s}$ 时所能得到的收益为 $p_H - c(q_L, \bar{s})$；当不传递信号时所能得到的收益为 $\theta U(q_H) + (1-\theta)U(q_L)$ 或 p_L，故其不传递信号时所能得到的最大收益 $\max\{\theta U(q_H) + (1-\theta)U(q_L), p_L\}$。因此，为了实现分离均衡，应该使传递信号 $\bar{s}$ 的成本满足：

$$p_H - c(q_L, \bar{s}) \leq \max\{\theta U(q_H) + (1-\theta)U(q_L), p_L\}$$
$$\Rightarrow c(q_L, \bar{s}) \geq p_H - \max\{\theta U(q_H) + (1-\theta)U(q_L), p_L\} \qquad (20-1)$$

（2）对于生产高质量食品的企业。

当其传递信号 $\bar{s}$ 时所能得到的收益为：$p_H - c(q_H, \bar{s})$；当不传递任何信号时，所能得到的收益为 $\theta U(q_H) + (1-\theta) U(q_L)$。因此，为了实现分离均衡，应该使信号 $\bar{s}$ 的成本满足：

$$p_H - c(q_H, \bar{s}) \geqslant \theta U(q_H) + (1-\theta) U(q_L)$$
$$\Rightarrow c(q_H, \bar{s}) \leqslant p_H - (\theta U(q_H) + (1-\theta) U(q_L)) \qquad (20-2)$$

也就是说，要使得食品市场出现完全成功的分离均衡，生产高质量食品的企业必须发出很强的信号，使得生产低质量食品的企业面对该信号时，其信号成本满足条件（20-1），从而难以模仿该信号，也就保证消费者可以根据信号的强弱做出判断。当然，为保证生产高质量食品的企业自身的利润，其发生的信号强度所导致的信号成本应满足条件（20-2）。

从以上的理论分析可以看出，食品安全信号传递可以将食品的"信任品"特征转化为搜寻品特征，从而实现将市场上食品的质量安全水平进行区分。生产高质量食品的供应链核心企业可以通过发出强信号，使得生产低质量食品的企业无法模仿该信号，实现与生产低质量食品的企业的成功分离，才能使得消费者准确辨别食品质量安全水平，降低市场的"逆向选择"风险，促进食品市场良性发展。

第二节　消费者对食品安全信号认知的实证分析

食品安全信号的传递方式有很多种，例如价格、品牌、认证标识等，通过食品安全信号传递，促进食品质量安全信息在供应链核心企业与消费者之间的双向交流，降低市场逆向选择风险，促使食品市场上的整体质量安全水平不断提高。在食品安全信号传递过程中，消费者是食品安全信号的接收者和利用者，消费者对不同信号的接受和利用程度有所不同，如果企业不了解消费者的信号认知情况，信号的循环有效传递将受到阻碍。以下通过问卷调查的方式考察消费者的决策和购买行为，分析消费者对不同安全信号的认知和利用情况。

一、研究方案设计与调研过程

（一）问卷设计与调研过程

根据研究需要，调研问卷主要包括消费者个人基本情况、消费者食品安全风险感知情况、消费者安全食品的购买行为及信号认知情况等内容。调查地点选择了北京市，调研对象为潜在的食品消费者。调研问卷主要通过两种方式发放和回收：一是借助中国农业大学经济管理学院的本科生和研究生，以实地访谈的方式进行问卷的发放和回收工作；二是借助专业的在线问卷调研平台——问卷星（www.sojump.com），在线发布并回收问卷，网络调研需要回答所有题目之后才能提交，提高了问卷回收率。两种方式发放的问卷内容完全一致。

问卷调研过程主要分为了三个阶段：第一个阶段是对业内专家学者进行小规模的访谈和探讨，设计出初始问卷；第二个阶段随机调查了 30 人次的消费者，听取消费者的意见和看法，尤其是消费者对于食品安全购买行为和食品企业的信任度等的意见，总结出涉及的问题选项，根据访谈结果对问卷进行修正；第三个阶段是发放问卷进行正式调研。正式调查是在 2013 年 7 ~ 8 月和 2014 年 1 ~ 2 月分两批进行的，其中实地调研共回收问卷 150 份，网络调研共回收问卷 269 份。问卷回收后，对于纸质问卷检查是否有缺漏太多的，对于网络问卷首先检查受测者是否来自北京市，然后检查受测者是否认真填写问卷。根据以上一些原则剔除无效问卷后，共得到有效问卷 399 份，问卷有效率为 95.2%。

（二）样本基本情况说明

表 20 - 1 为被调查者的社会人口统计特征的分布情况。从表中可以看出，被调查者主要为女性，男女比例接近 4∶6，年龄集中在 18 ~ 45 岁，主要是因为考虑到这个年龄段的消费者对食品安全信号的关注程度相对比较多，所以问卷发放时倾向于选择这些年龄段的人。在受教育程度方面，高学历消费者相对多一些，主要是考虑到被调查的消费者对食品安全信号需要有一定的判断和理解力，因此在调研过程中有意识的选择的本科及以上教育水平的消费者相对多一些；年收入水平相对也比较高，主要考虑到高收入人群对食品安全问题更为关注，对食品安全信号认知水平更高，这与我国目前的社会基本情况类似，也反映了样本的选择具有一定的客观性和科学性。

表 20 - 1　　　　　　　　消费者人口统计特征的分布情况

人口统计变量	项目	人数	百分比（%）
性别	男	165	41.4
	女	234	58.6
年龄	18 ~ 30 岁	191	47.9
	31 ~ 45 岁	163	40.9
	46 ~ 60 岁	38	9.5
	61 岁以上	7	1.8

续表

人口统计变量	项目	人数	百分比（%）
婚姻状况	未婚	135	33.8
	已婚无孩子	56	14.0
	已婚有孩子	208	52.1
是否有 12 岁以下小孩	是	172	43.1
	否	227	56.9
职业	企事业单位管理人员	93	23.3
	企事业单位普通职员	180	45.1
	在校学生	70	17.5
	私营业主/自由职业者	32	8.0
	离退休人员	12	3.0
	无业/失业	7	1.8
	其他	5	1.3
文化程度	初中及以下	11	2.8
	高中/中专	30	7.5
	本科/大专	280	70.2
	硕士及以上	78	19.5
年平均收入	2 万元以下	85	21.3
	2 万 ~ 4 万元	47	11.8
	4 万 ~ 6 万元	79	19.8
	6 万 ~ 8 万元	74	18.5
	8 万元以上	113	28.3

二、消费者食品安全风险感知情况分析

由于食品安全与人们的身体健康直接相关，使得消费者往往会夸大食品安全风险造成的损失，引发食品安全恐慌。消费者对于食品安全风险的感知情况影响着消费者对食品安全信号的认知情况，从而影响着食品安全信号传递机制的有效性，因此，本节在分析消费者对食品安全信号的认知情况之前，先对消费者总体的风险感知情况进行了解分析。

（一）消费者对食品安全总体水平的风险感知

消费者对食品安全的总体水平的评价情况如图 20 - 1 所示。认为当前食品安全状况非常不安全的消费者占被调查者的 16%，认为不太安全的占 42%。显然，消费者对当前食品安全状况担忧程度较高。

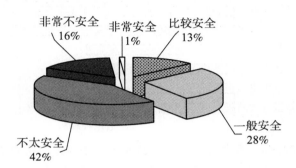

图 20 - 1　消费者食品安全风险总体水平的认知情况

（二）消费者对食品种类的风险感知

由于日常生活中消费者对各类食品的消费数量、关注程度等的不同，使得对于不同种类食品的风险感知也存在差异，消费者对日常消费量较大的九种典型食品的风险感知情况如图 20 - 2 所示。在调查的九种典型食品中，消费者最担心肉及肉制品、乳制品、蔬菜水果、食用油等的食品安全问题。

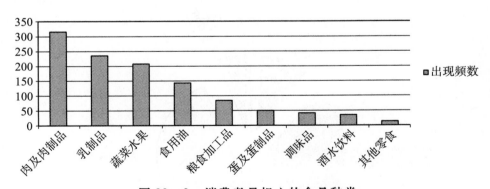

图 20 - 2　消费者最担心的食品种类

（三）消费者对食品安全危害因素的风险感知

消费者对各类食品危害因素表现出的风险感知水平也有所不同，如图 20 - 3

所示。消费者认为最为严重的是食品添加剂及非食用物质滥用造成的食品污染，其次是农药化肥重金属等造成的植物性食品污染和兽药及饲料添加剂造成的动物性食品污染，假冒伪劣食品仅次于兽药及饲料添加剂污染，对于转基因食品也有很多消费者认为风险程度较高。

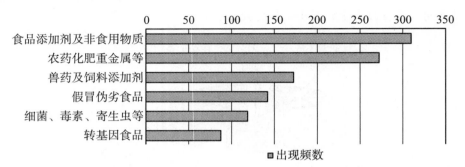

图 20 - 3 消费者对各类食品安全危害因素的认知情况

（四）消费者对未来食品安全状况的预期

为了进一步了解消费者风险感知水平，对我国消费者未来两年内的食品安全状况的预期进行分析，结果如图 20 - 4 所示。从结果可以看出，消费者对未来两年内的食品安全状况的预期还是比较乐观的，52% 的被调查者预期未来两年食品安全状况估计会有所改善，6% 的被调查者认为肯定会改善，说明消费者对食品安全状况改善的信心还比较缺乏。

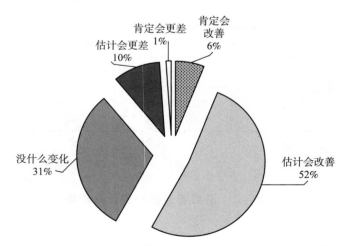

图 20 - 4 消费者对我国食品市场未来两年内食品安全状况的预期

三、消费者对食品安全信号的认知情况分析

问卷共设计了 10 个食品安全信号传递方式，考察它们的重要性，分值分别从 1 到 5（按照重要程度划分：1 为无关紧要，5 为非常重要）。这 10 个指标分别是：卖方信誉，如商店或超市等的信誉度；知名度高的品牌；国外的知名品牌；购买经验，如以前食用过并感到满意的品牌；亲朋好友的推荐；媒体报道、广告等信息；质量认证标志，如 QS、绿色、有机食品等；信息可追溯标签；同种类或同品牌中价格较高；销售人员介绍。通过调研了解消费者对食品安全信号的认知程度，并作均值分析，结果如表 20 - 2 所示。

表 20 - 2　　　消费者对不同食品安全信号重要性的认知情况

排序	食品安全信号	样本数	均值	标准差
1	卖方信誉	399	4.25	0.70
2	购买经验	399	4.09	0.74
3	知名度高的品牌	399	4.02	0.80
4	亲朋好友推荐	399	3.85	0.76
5	信息可追溯标签	399	3.83	0.85
6	质量认证标志	399	3.78	0.87
7	媒体报道、广告等信息	399	3.70	0.85
8	国外的知名品牌	399	3.60	0.97
9	较高的价格	399	3.19	0.95
10	销售人员介绍	399	2.69	0.97

进一步统计调查样本中消费者选 5（即认为该信号对于其判断食品质量非常重要）的人数所占比例，结果如图 20 - 5 所示。

从表 20 - 2 和图 20 - 5 可以看出，卖方信誉、购买经验、知名度高的品牌是消费者普遍认为很重要的三个食品安全信号，尤其卖方信誉这一信号得分均值最高，为 4.25，认为非常重要的人数所占比例也最高，达到 38.8%，这说明消费者普遍对于卖方信誉非常重视。由于食品本身的信任品特征，消费者很难辨识食品本身的安全属性，只能通过卖方的信誉来判断食品的质量。在上节理论分析中指出，生产高质量食品的企业可以发送较强的质量信号以使得生产低质量食品的企业由于成本原因无法模仿从而实现消费者对食品质量的甄别，而卖方信誉正是生产高质量食品的企业可以向消费者传递的重要信号，这种信誉是生产高质量食

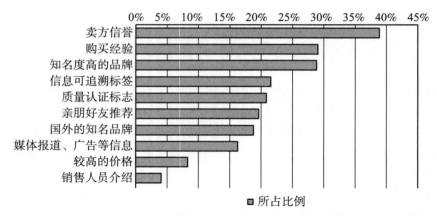

图 20 - 5　消费者认为不同食品安全信号非常重要的人数所占比例

品的企业长期的积累获得的，生产低质量食品的企业很难模仿。其次是购买经验，均值为 4.09，认为非常重要的人数所占比例为 29.1%，说明消费者较看重自身的购买经验，对于以前食用过并感到满意的品牌较为青睐。另外消费者对于食品品牌的知名度认为也比较重要，得分均值为 4.02，认为非常重要的人数所占比例为 28.8%。除以上三个食品安全信号外，消费者对于亲朋好友的推荐、可追溯标签、质量认证标志以及媒体报道和广告等信息也有一定的认可度。对于国外的知名品牌这一信号，不同消费者之间存在的差异较大，得分均值只有 3.60，但认为非常重要的人数所占比例达到了 18.8%。销售人员的介绍和较高的价格被认为是有效度最低的信号，从中也可以看出，消费者对于企业的信任度较低，另外对于价格这一信号也不是很能接受。

第三节　供应链视角下食品安全市场风险防控策略

面对信息不对称带来的食品安全风险，政府应该加强监管，食品生产经营企业也应该增强责任意识，提高整个食品供应链的透明度。因此，为了有效减缓食品质量安全信息不对称问题，核心企业需要探索有效的食品安全市场风险防控策略，通过多种途径传递信号，并通过各种良好的市场表现努力改善消费者的信任度。

一、推动食品安全信用体系的建立和完善

"食品安全信用体系"在食品领域和信用管理领域都是一个全新的概念，它

是通过建立起一种以食品安全信用信息为基础的社会化食品安全监管体系，实现更有针对性更高效的监管。基于这种"食品安全信用"，可以改善消费者对企业的信任度，对于企业也会形成一种更加有力的约束，因为一旦有不良信用，失去的将是苦心经营争取到的消费者的信任和消费者基于这种信任给予企业的市场。问卷调研的结果显示，卖方的信誉是消费者普遍认为最为重要的食品安全信号，而企业的信用是信誉的基础，因此，完善食品安全信用体系对于降低信息不对称，消除食品安全市场风险至关重要。

食品安全信用体系的建立和完善，可以有效地督促和迫使企业增强自律意识，加强对食品安全风险的防控，维持企业良好的市场表现从而维护企业信用；另外食品安全信用体系也有利于增加消费者对于食品市场和食品企业的信任，促进市场的健康良性发展。这是因为由于食品安全事件的频繁发生导致消费者对于食品安全的信任度越来越低，通过食品安全信用体系的建立和完善，能够使得企业食品安全信息的透明度增加，消费者对于食品安全的信心是基于对某个企业的信任，一旦某食品出现问题，影响的只是该企业，对整个食品行业的影响将大大降低，有利于重塑消费者食品安全信心。

在食品安全信用体系的建设过程中，核心企业扮演着极其重要的角色。核心企业代表着食品行业先进生产力，有能力推动食品安全信用体系的建设，可以带动"从农田到餐桌"的整个供应链，使得各个环节都受到辐射，提高供应链整体信用度。完整的食品安全信用体系应包含食品安全信用信息征集制度、信用评价制度、信用信息披露制度和信用奖惩制度等一系列内容，目前食品安全信用体系在我国尚处于起步阶段，理论探索上和实践应用上都有待于进一步完善。

二、运用食品品牌策略

食品的品牌是食品质量安全的体现，是企业良好信誉的传递载体。食品质量安全是食品品牌的内涵和价值基础。从问卷调研和实证分析的结果可以看出，对信息不完全的食品市场而言，信誉和品牌不仅是促成消费者购买和重复购买的重要因素，更是消费者选择购买策略时首要考虑的因素。因此，食品供应链核心企业应当提升品牌意识，注重创立品牌，并生产优质食品来维护品牌形象。

食品品牌按照主体的不同，可以分为生产商品牌和销售商品牌，都能够实现向消费者传达食品安全信号的作用。知名的食品生产商品牌，如雀巢咖啡、德芙巧克力、金龙鱼食用油等，用品牌向消费者传达食品的质量安全信息，通过良好的品牌形象引导消费者。知名的销售商品牌，如家乐福、沃尔玛超市，还有一些连锁经营的食品销售商，如上海的来伊份、南京的座上客等，都是用品牌向消费者承诺所销售的食品是安全优质的食品，能让消费者更加放心的购买。

随着食品产业集群的发展、壮大，食品区域品牌也得到了快速的发展，如"安溪铁观音""库尔勒香梨""阳澄湖大闸蟹""绍兴黄酒"等。食品区域品牌作为一种"信号显示"的标识，是基于当地的人文地理环境等独特的优势形成的，可以向消费者传递某种食品由于其生产所需的特殊资源、区位等，从而形成的质量优势，使消费者对这一区域所生产的某种食品的质量安全产生信任感，从而使食品生产的区域优势和资源优势转化为食品的市场竞争优势，提升市场竞争力。

三、构建食品信息追溯体系

在食品供应链中，各成员共同实施信息化战略是解决食品安全信息不对称问题的最有效的方法，其中构建食品信息可追溯体系是信息化战略的核心。随着人们对食品安全程度关注提升，对贯穿整个食品生产流通链条的可追溯体系的要求越来越强烈。通过问卷调研发现，消费者对于食品追溯标签有着较高的认可度，因此，如何构建科学有效的食品信息可追溯体系对解决供应链食品安全问题具有重要意义。

食品追溯体系可以实现食品"从农田到餐桌"的全程跟踪与控制，食品信息追溯体系的基础是追溯标签，通过标签记录食品的生产流通相关信息，并将信息传递给消费者。现代信息技术的飞速发展为可追溯体系提供了技术基础，比如RFID、GPS等新技术，各环节中的不同信息将实现海量存储记录，信息能够更加及时、准确、详细地传递到消费者手中，使得可追溯体系从技术上也越来越成熟。

在实际应用中，食品信息可追溯体系为保证不安全食品退出市场提供了保障，当出现食品安全问题时，可以快速定位并迅速将不安全食品召回，以尽可能减少问题食品对广大消费者的危害，保护消费者的权益。食品信息追溯体系还可以为政府监管提供有用信息，使得政府在面对突发状况时能够及时快速反应，制定相关应对策略。信息追溯对于定位食品质量安全责任主体有着十分积极的作用，可以有效地防范食品生产经营者的不规范行为，引导食品供应链参与主体加强食品安全风险的防控，降低整个供应链的风险水平。消费者可以根据追溯体系提供的食品来源、产地、流通过程等信息来做出判断，根据自己的偏好更放心的购买食品，减少食品交易过程中的欺诈行为，维持公平公正的市场经济秩序。

发达国家对于可追溯体系的研究和应用已经开展了很长时间，技术和管理等方面都已形成了比较完善的体制，欧盟的可追溯体系已经进入了实用化阶段，日本等国也引入了全程标识追溯系统。但是，由于我国特殊情况，食品生产端的信息都十分分散，食品行业标准化程度低，实施完全的信息溯源有一定的难度。尤其要构建核心企业主导的食品信息追溯系统，对于企业本身的运营管理水平和资金技术能力都具有很高的要求，如何激励农户和其他参与主体的积极参与更是一个迫切需要解决的问题。

四、促进食品安全认证体系的完善

食品安全认证是政府或第三方专业认证机构对食品质量进行检查，通过一系列技术手段对食品质量进行评价后，对达到标准的食品颁发认证标志。该标志是一种食品质量安全信息的传递载体，是对食品质量达到某种标准的书面证明。认证标志能够减少消费者信息搜寻成本，将质量安全信息传递给消费者。问卷调查的结果显示，消费者对于食品质量认证标志这一信号传递方式具有一定的认可度，消费者对食品的搜寻品信息也多来自于食品的认证信息及包装、广告等。

在实施的认证体系中，有些带有强制性，如 QS（Quality Safety）认证是针对加工食品的最基本的认证，是食品质量安全市场准入制度的标志，带有"QS"标志的产品就代表着经过国家的批准，没有食品质量安全市场准入标志的，不得出厂销售。还有主要针对于农产品的一些认证，如常见"三品一标"，即无公害农产品认证、绿色食品认证、有机食品认证和地理标志农产品。另外还有各种食品生产过程质量控制体系的认证，如良好农业规范（GAP）、危害分析和关键点控制体系（HACCP）、食品质量安全体系（SQF）、卫生标准操作程序（SSOP）、ISO9000、ISO14000 等。这些认证随着消费者对食品生产过程的关注而得到广泛的应用。

在质量信息不对称的食品市场上，认证作为高质量食品的一种"信号显示"机制，可以向市场传递有担保的质量安全信息。但在认证体系的实际运作过程中，存在一些认证过程中的不规范行为，有些认证机构对获证企业重认证、轻管理，部分不诚信企业在获证之后采取降低认证食品质量的行为，影响了食品质量认证的声誉。食品市场上还充斥着一些认证标志使用不规范的现象，如企业某一类食品通过了认证，则其他所有食品均贴上相同的认证标识；过期的认证标识继续使用；还有未通过认证私自贴上认证标识的行为，通过向消费者传递虚假信号以谋取暴利。这些滥用认证标志现象的存在，使得消费者对于食品认证标志的有效性和权威性产生了质疑。

根据本章食品安全信号传递博弈分析得出的结论，只有当生产低质量食品企业的企业传递信号的成本高于其从中获得的收益，企业才会选择不传递信号。因此，对食品认证标志申请和使用中不规范行为加强监管，加大处罚力度，使得假冒伪劣食品的风险成本大于其所能获得的收益，是完善认证体系的重要内容。在食品安全认证体系的完善过程中，核心企业同样扮演着重要的角色，在维持和完善自身认证体系的同时，可以凭借其核心地位和作用，监督和促进整个供应链中认证体系的有效运行，并借助较强的市场影响力对其他企业起到一定的辐射带动作用，促进食品安全认证体系的完善。

第五篇

违法成本视角
下的食品安全
制度建设

第二十一章

违法成本的相关研究

第一节　违法成本的概念

违法成本是指企业实体或个人，通过非法手段，以牟取暴利为目的，组织、从事损害他人利益活动所将要付出的承受法律制裁、接受行政处罚、进行经济赔偿等代价的总和（王帅，2014）。简言之，就是违法行为人为其违法行为所付出的代价，包括经济的付出与名誉的损失，甚至是自由的失去等。

几乎所有的法律活动，包括立法和司法，在人们实施各种行为时，都给行为实施本身带来了程度不同的隐含成本，这些规则的后果可当作对这些隐含成本的反应加以分析（刘莉，2009）。我国现有法律对食品安全违法成本的设定往往仅限于法律过程中的"显性成本"，而对那些"隐性"的成本的度量不够完善，现有食品安全制度与现实状况之间的缝隙并没有得到彻底的弥合。故从违法成本的角度对食品安全处罚制度进行研究和分析很有必要。

违法成本的显性成本是多种多样的，从接受方来看，有的成本是直接交给国家，比如法律规定的罚款；有的是对违法行为中的受害者的补偿，比如由违法行为对受害者造成人身损害而带来医疗费、营养费、误工费、精神补偿费等赔偿费用；也有的是用于对违法行为造成损害的补救措施，比如对问题食品的召回、对污染后环境的治理等。表现形态和方式也是多种多样的，如有物质的，比如没收

261

违法所得，也有非物质的，如公开向受害方赔礼道歉、消除影响、停止侵害；有货币形式的，如赔偿费用、罚金等，也有非货币形式的，如环境的还原等；有有形的，如责令停产整顿、行政拘留，也有无形的，如被要求向受害人公开认错、表示歉意等。

违法成本的隐性成本表现在以下几方面：一是因违法犯罪而花一定的时间带来的机会成本；二是受到刑事处罚所带来的潜在成本。隐性成本合理的设计和实施，有时比显性成本对违法犯罪行为更有约束力。制定相应制度规范增加违法的隐性社会成本，使逃避制裁的侥幸心理不存在，违法行为能够得到有效追究，面对需要承受足够违法的机会成本和受到制裁的潜在成本的负担，选择违法的人自然而然就减少了。如道路交通违章处罚 200 元。但这 200 元的罚款要到指定的银行网点去缴纳，而不能直接交给执罚的交警，这个指定的银行去缴纳罚款的人很多，所以缴罚款时排很长时间队，如果违章者没有在规定时间缴纳罚款，过期还需要缴纳滞纳金。即使把罚款交上了，但这次违章记录将被载入你的个人档案，到明年去办理车险时，保险商会根据你这次记录在案的违章记录计算你今年汽车上保险的费用，这就意味着保险公司可能会因为你属"高危客户"名单，而向你收取更高的保费，或者干脆拒绝办理保险；去银行贷款，银行核查你的个人档案后也会因为向你贷款有更大的风险，而需要你提供更多的担保等。虽然 200 元的违章罚款金额不是很大，后期却带来无穷无尽的隐性成本。加大执法力度，提高执法效率，提高违法行为实施的机会成本。在这种高违法成本规章制度下选择违法的概率也会大大减小。在市场经济利益的驱使下，绝大多数违法犯罪人，是存有一种违法后逃避法律追究和制裁的侥幸心理。现有法律对违法行为的处罚和责任追究，对大多数人都是一种足够的成本负担。当违法行为不可能逃避法律制裁，都能被法律有效追究时，即使面对并不高的违法成本或代价，人们也很少会选择违法行为。如果违法行为不能得到法律的有效追究，那么即使选择违法行为需要付出很沉重的代价或成本，因为不会被普遍追究，仍然会有一部分人存在不会被追究侥幸心理选择违法。因此违法的机会成本和受到处罚的潜在成本下降导致人们选择违法的概率大大增加。

因此，立法机关在立法过程中，要根据不同违法行为的责任主体、不同违法行为性质、侵害程度，增设多种形态和种类的违法成本，做到让违法行为的责任有法可依、违法必究，以保证违法成本的细化和有效追究能有效地制约违法行为的发生。

第二节　相关领域违法成本的研究

一、环境违法成本

国际会计协调组织 1SAR 对环境成本所做的定义为，"环境成本是指在对环境负责的原则下，为管理企业经济活动对环境所带来的影响，而主动采取或被规定采取的措施所引发的成本，以及由于企业执行相关环境目标和要求所支付的其他成本"（许子妍，2012）（lrene，M.，2011）。

环境违法成本主要包括自然资源成本、经济成本、机会成本、社会成本。

环境违法成本的自然资源成本指人们在社会生产过程和资源再生过程中，造成自然资源的大量消耗而导致环境服务功能质量的下降，以及对自然资源的改造、维护等所支付的费用（谢方琴，2012）。

环境违法成本的经济成本，一是指对违法者的污染行为给予的经济制裁和惩罚，环境污染的行政罚款具有预防、惩戒、惩罚和补偿功能。环境管理里罚款与没收违法所得这两种环境处罚类别都是对违法行为人给予一定的经济制裁，不同的是，罚款是指令其在指定期间为违法行为缴纳一定数额的金钱，这部分属于违法前已经拥有的金钱财产。而没收违法所得的对象是行为人在实施环境破坏或污染的违法行为这一期间所获得违法财物（廖丹，2013）。给予违法者一定的经济制裁能促进环境保护行政执法工作的公平、提高效率，维护环境保护部门的权威和公信力（郑晓红，2013）。二是环境污染成本，为了控制人们在生产、消费过程中产生的大量废弃物的排放而发生的成本，如废弃物回收、处理成本，污染物排放成本。

环境违法的机会成本是指企业选择违法时所放弃的守法情况下企业所获得的最大的收益。

环境违法的社会成本主要是来自因企业违法原因造成的外部不经济而由社会负担的环境成本。主要指环境治理费用，社会或经济主体为了防止或消除污染而付出的防污染设备的投资和运行费用。如，汽车社会所带来的大气污染、交通阻塞、环境破坏以及噪音等各种社会成本。

违法成本过低，环保制约手段不强，让违法企业有机可乘。如 2004 年四川沱江特大污染事故，造成直接经济损失 2 亿多元，川化集团仅被罚款 100 万元，这是《水污染防治法》规定的最高额度，而对川化集团这种大型企业来讲，仅治污设施的运行费用每天都在 10 万元以上（叶晓盈，2006），故污染治理设施建设即使配置上也很难确保正常运行。

我国自 1973 年 11 月，国务院批转的《关于保护和改善环境若干规定》第一个综合性的环境保护法律法规，历经 40 年，实施从"三同步，三统一"到"实施可持续发展战略"，到"积极促进经济体制和经济增长方式的转变"的环境管理方针，坚持"预防为主，防治结合""谁污染谁治理"和"强化环境管理"的基本政策（李红红，2009）。

面对日益严峻的环境污染和生态破坏，国家愈重视和加强环境保护及惩治环境违法行为的力度，积极地运用民事、刑事、行政等手段来应对环境问题、规制环境违法行为。

环境民事责任制度是指污染者违反法律规定的义务，以作为或者不作为的方式对环境造成影响和损害，依法不问过错，应当承担赔偿损失、恢复环境等民事方面的法律责任（胡莎，2014）。在我国环境民事责任的制度相对刑事责任和行政责任尚不完备，制度的薄弱使环境责任体系不能充分发挥作用，经济发展伴随的环境污染的指责从未间断。现今中国处在法治的大环境下，因此，对于环境污染进行适当的法律规制是可行也是必要的（王安，2011）。环境保护法中对环境民事责任规定了排除妨碍、消除危险、赔偿损失、恢复原状等几种方式，在其中有预防性的，有补偿性的，也有处罚性的责任承担方式（王梓羿，2013）。其中赔偿损失的赔偿范围主要包括财产损害、人身损害和环境损害的赔偿。

环境刑罚处罚是确保环境法律法规得到有效遵守的重要手段，是防止并阻止行为人实施犯罪行为的法律。刑罚是刑事责任实现的主要方式，它的发动是基于行为的严重社会危害性，是对行为人所施加的最严厉的法律惩罚，目的是惩罚和预防犯罪，使受到侵犯的法益恢复到圆满状态。环境刑罚处罚措施主要包括有期徒刑、管制、拘役、罚金、剥夺政治权利以及驱逐出境等（卫乐乐，2013）。刑罚处罚承受的主体有限，仅限犯罪行为人，目的不仅仅是一种制裁，惩罚并追究犯罪行为人，它同时还具有预防犯罪的作用，通过对犯罪人进行刑罚处罚，将有类似犯罪动机的犯罪行为人遏制在萌芽阶段。

环境行政处罚制度作为国家调控环境社会关系的行政手段，是我国环境立法施行的基本保障，是行政治理与法律方法结合的产物。行政管理相对人的威慑作用最大，调控范围也最广。我国目前环境行政处罚制度是以《环境行政处罚办法》和多部环境与资源保护利用单行法律法规结合的立法体系，处罚的措施可以分为声誉罚（警告）、财产罚（罚款、没收违法所得、没收非法财物）、行为罚（责令停产整顿；责令停产、停业、关闭；暂扣、吊销许可证）和自由罚（行政拘留）等三类。根据过罚相当的原则，每一种处罚类别适用不同的违法情形。在我国司法实践当中，罚款是适用情况最多、运用最广泛的一种行政处罚措施。经过多年实践的结果，虽然我国目前处罚体系已经基本建立，但我们也要正视环境处罚制度存在的不足，继续完善立法体系、加强执法建设、提高违法成本。如果没有环境行政处罚制度，作为追求个人利益最大化的企业就不会遵守法律义务和承担社会责任。

在环境保护法律体系中，民法、刑法、行政法执行措施的综合使用，对于有效遏制环境违法犯罪、生态环境遭受严重损害现象的发生起着重要作用。民事、刑事与行政资格处罚的综合使用是保障环境保护立法内容的完善的重要保障。环境保护执法首要目的是保持环境状况，因此对被违法行为破坏的环境实施恢复原状的补救措施也很有必要，如果违法行为人不能自觉地采取补救措施，环境保护执法机关就应当强制其采取这种恢复原状的补救措施。我国的环境法中长期以来存在制度齐全而实施困难的情况，通过增大环境行政处罚强度，进一步促进相关环境法律制度的有效实施，才能满足社会发展的需要（游劝荣，2005）。

二、交通违法成本

交通违法成本包括经济成本、时间成本、社会成本。

交通违法的经济成本包括：一是对违法行为人的行政处罚。法律实施对交通事故水平的抑制作用最为明显（王安，2011），惩罚力度的加大对交通违法行为产生了有效的威慑作用。《道路交通安全法》的出台标志着交通肇事由违章上升为违法行为，其中很多规定和处罚措施更为严格，尤其是相对提高了的罚款额度和以行人、非机动车为中心的判责立场。如对酒后驾驶行为的处罚：不仅将酒后驾车作为对法律的触犯，还加大了对饮酒、醉酒后驾车的处罚力度。按照规定，对饮酒后驾驶机动车的驾驶员，暂扣 3 个月的驾驶证，并处 200 元以上 500 元以下罚款；醉酒后驾驶机动车的，由公安机关交警部门约束至酒醒，处 15 日以下拘留和暂扣 6 个月的驾驶证，并处 500 元以上 2 000 元以下罚款；酒后驾驶公交、出租等营运机动车的处罚力度则更大。另外，还规定如果一年内醉酒后驾车被处罚两次以上的，将被吊销机动车驾驶证，5 年内不得驾驶营运机动车（王安、魏建，2011）。二是交通事故给当事人带来的直接损失。交通事故，绝大多数是当事人的违法行为造成的，交通意外事件概率极小，占不到事故总数的万分之一。根据国家统计局数据，2012 年全国交通事故发生总数 204 196 起，死亡人数 59 997 人，直接财产损失总计 117 490 万元，不仅给人们的物质生活造成了巨大的经济损失，同时威胁着人们的生命安全。

交通违法的时间成本也是不容小觑，堵车中浪费的燃油费用，交通阻塞带来的工作延误，因违法性质情节不同，有的交通违法行为可以当场处罚，无牌、无证、酒后驾驶等涉及扣车、扣证，可能还要多次往返公安机关交通管理部门，处15日以下拘留和暂扣3个月以上6个月以下机动车驾驶证。对交通肇事犯罪分子可判处3年以下有期徒刑或者拘役，交通运输肇事后逃逸或者有其他特别恶劣情节的，处3年以上7年以下有期徒刑，因逃逸致人死亡的，处7年以上有期徒刑（严孝珍，2011）。因醉酒驾车甚至引起重大交通事故，驾驶证被吊销，5年、10年甚至终身不能重新考取驾驶证。

交通违法的社会成本高昂，因超载或是交通事故造成的公共基础设施坍塌，交通堵塞增加了交通警察的工作量与工作强度，由于交通堵塞的愈加严重，我们必须增加更多的交通信号设施、岗亭和处理交通堵塞之交警所使用的机动车辆以及必要的通讯设备。而这些额外的成本其实最终都是由整个城市或者社会来承担（夏业良，2003），据杭州日报报道，杭州堵一天，社会成本损失超过3 000万元。我们以货币形式的交通违章罚款为例来分析。根据我国现有的法律规定，一般的交通违章的处罚并不重，很多的违章罚款也可以网上或用手机缴费，智能手机上下载安装一个APP客户端，就可以在家缴罚款，一张罚单不到10秒搞定，而且网上缴罚款，一周7天24小时都可以办理。违法行为人对违章的记忆只是付了一笔钱，有时甚至就50元钱，违章者根本就不心疼。但是换一种承担方式，比如要到指定的银行去交钱，且只有有限网点，交钱的银行要排很长时间队，这样违章的记忆就会深一些，下次实施违章行为的时候顾忌就会多一层（游劝荣，2005）。吊销驾照，重新参加考试等。考试的改革……违章记录将被载入你的个人档案，到明年你再去办理汽车保险时，保险商会因为你这次记录在案的违章记录认定你属/高危客户，会向你收取比别人也比你自己过去一年更高的保费等（游劝荣，2006），这样违章的人面对无穷无尽的麻烦，违章自然而然就少了。

我国交通道路安全法律法规从无到有、从分散到系统、从欠缺到不断完善，已经历经将近60个年头，并以2003年颁布的道交法为标志，道路交通全面纳入法制化道路，通过多年的努力，我国道路交通管理形成了以道交法为龙头，包括1个行政法规、9个部门规章、200余个交通管理国家和行业技术标准、30余个配套地方性法规和规章以及其他相关法律、行政法规、规章在内的较为完整的法律法规体系（许文军，2014）。

我国《道路交通安全法》2004年5月1日开始实施，2007年进行第一次修订，2011年进行了第二次修订。是我国第一部全面调整道路交通安全关系的新法律，它的实施对交通行业有重要影响。《道路交通安全法》对道路交通安全违法行为的处罚种类包括警告、罚款、暂扣或者吊销机动车驾驶证、拘留（沈柳兰，2011）。根据《道路交通安全法》及其实施条例等法律，公安部制定《道路交通安全违法行为处理程序规定》对交通违法行为处罚、行政强制措施实施、处罚执行等基本执法程序作了规定。2011年《中华人民共和国刑法》以及《道路交通安全法》两部重要法律的修改，对酒后驾车、追逐竞驶和伪造、变造机动车牌证及使用假牌证等违法犯罪行为给予了更严厉的处罚。2013年公安部修订了《机动车驾驶证申领和使用规定》，"新交规"的最大变化就是提高了交通违法成本，记分项由38项增加至52项（董蕴谛，2012），完善了驾考考试制度，从源头保障交通安全，强化了驾驶员的实际驾驶技能。对故意遮挡、污损车牌的、机动车超速50%以上的、疲劳驾驶客车、危险物品运输车辆的、营运客车在高速公路车道内停车的违章行为，由原来扣6分变为12分，违反交通信号灯通行的、货车超载30%以上或者违规载客的、驾驶营运客车以外的载客汽车超载20%以上的违章行为，由原来的扣3分变为6分，机动车经过人行横道不避让行人的、驾驶营运客车、载客汽车超载，但未达20%的、货车超载，但未达30%的违章行为，由原来的扣2分变为3分。并且每个周期（12个月）内每个机动车仅仅有12分的违章分数（岳中刚，2006），如果扣分超过这个分数交通部门将会吊销驾照。24小时工作的电子警察监督更是有效地保障了交通行车安全。

三、食品安全违法成本

食品违法成本包括经济成本、机会成本、寻租成本、信用成本、社会成本。

经济成本，包括罚款数额、对受害消费者的赔偿，主要指违法企业违法行为被查处后，按照相关法律规定，对其违法行为的经济处罚，也就是对违反相关法律规定的行为所进行的相关处理。食品生产企业在知道受罚成本的情况下之所以违法往往是由于存在不会被查处的侥幸心理，或者由于行业的潜规则，或者能从政府监管部门寻求庇护等。

机会成本，机会成本是经济学的一个基本概念，是指为了采取一种方案而放弃另外一种方案，被放弃的方案可能取得的收益就是被采取方案的机会成本。机会成本应用在食品安全违法成本上主要是指食品生产企业为其违法行为投入的原材料以及人力等资源，应用于生产合格食品时取得的最大效益。

寻租成本，是指违法者在实施违法行为后，为从政府政策中取得优势地位，寻求政府的保护，向政府权力"寻租"过程中花费的成本，食品的生产者或销售者为其违法行为免于被查处而向相关政府部门进行的贿赂，从而得到政府的保护，取得超额利润。

信用成本，信用成本主要表现为社会舆论的谴责和企业信誉的降低，在发达的经济社会中，信用是企业的无形资产，在食品安全问题备受关注的今天，良好的信用是食品生产企业的生存的关键，信用缺失带来的品牌危机，不止是财富的损失，甚至是企业生命的代价。

社会成本，主要包含政府为保障消费者权益而付出的食品安全监管成本和执法成本，重大食品安全事故发生后，企业无力赔偿，最终给政府带来的经济损失。消费者对食品安全问题的担心导致食品市场消费者需求萎缩，给行业发展带来巨大的阻碍，同时对政府公信力的影响。

我国关于食品安全监管的法律法规数量多，标准繁杂。这些食品安全法律法规在我国全国范围内都具有法律效力，它们是我国食品安全法律规制体系的重要组成部分，但我国食品法律法规的系统性和完整性较差。2009 年 6 月 1 日实行的《中华人民共和国食品安全法》设立了食品安全委员会、建立了食品召回制度、取消了食品"免检制度"，对消费者权益受损可要求货值金额 10 倍的赔偿金。随后在 2011 年的《刑法修正案（八）》中对食品安全犯罪相关条文作出修改和完善，增加了食品监管渎职罪名，进一步加大了对危害食品安全犯罪的惩处力度。尽管食品安全问题已被视为我国发展的头等大事，但现行法律机制中仍有很多不足之处，尤其是刑法规章制度同发达国家相比仍有缺陷，现行刑法对食品安全的保护仍然不能同食品安全法的规定相同步（谢方琴，2012）。只有完善我国的食品安全法，健全食品安全的相关配套机制，才能够有效地预防食品安全违法行为的发生，起到监督、控制食品安全的有效保障。

第三节　不同领域违法成本的比较

我国在环境、交通、食品领域，都构建了相关的法律法规，本部分从基本法律、违法行为的界定、责任的种类、处罚力度等几方面进行对比分析，以期为我国食品安全制度建设提供经验，如表 21 - 1 所示。

表 21 -1　　　　　　环境、交通、食品领域法律责任的比较

领域	环境	交通	食品
基本法律	1989 年 12 月 26 日通过《中华人民共和国环境保护法》	2003 年 10 月 28 日通过《中华人民共和国道路交通安全法》	2009 年 2 月 28 日通过《中华人民共和国食品安全法》
违法行为的认定	违法行为的列举	电子警察全程监管	发生事故后

领域	环境	交通	食品
责任的种类	罚款 + 警告	罚款 + 警告 + 拘留 + 吊销	罚款 + 警告 + 吊销
处罚力度（最高处罚）	50 万	5 000 元以下	10 万以下货值金额五倍以上十倍以下罚款
取得效果	推动环境与经济关系的调整	道路交通秩序从"乱"到"治"的转变	从政策的干预开始走向法律的保障

从环境、交通、食品等三大领域的基本法律实施的时间来看，食品领域法律的起步最晚。并且违法行为的鉴定最复杂，只有在事故发生后，才给予处罚，环境和交通有关违法行为的列举都比较清晰，在监察执法全过程设定违法行为的相应责任。环境违法行为分为 4 个大类、19 个小类、1 284 种，可以说为我们执法部门进行事实认定提供了重要依据，很详细地说明了哪些违反环境保护的行为要受到制裁，并且对导致事故发生的行为，通常也设定有较重的处罚。"十一五"以来，在建设生态文明、探索环保新路的引领下，我国环境保护从认识到实践都发生了很大的变化。交通违法行为认定的依据主要是电子警察摄录的全过程，交管部门根据交通事故现场勘验、检查、调查情况和有关检验、鉴定结论，对造成交通事故原因和当事人的责任作出的具体认定。道交法的颁布实施对维护交通安全、保障道路安全畅通、规范民警执法和预防交通事故，起到了至关重要的作用，基本实现了交通秩序从"乱"到"治"的转变（周学峰，2014）。

上述分析表明，相比环境比较严厉的处罚，和交通违法行为的全过程监管，我国食品安全法律起步晚，违法行为认定困难，责任与具体违法行为结合不够，尚存在处罚力度不足的问题，难以有效遏制违法犯罪行为。

第四节　违法成本的设定原则

违法成本是指实施了违法行为的组织和个人为其违法行为所付出的代价（游劝荣，2007）。国家设定违法成本的目的就是为了减少或消灭违法行为。趋利避害是人类行为的基本原则，也是违法成本遏制和制约违法行为的重要前提，人们选择违法和守法，起关键作用的因素就是违法成本，法律的意义是让违法者慑于违法成本而不敢违法，而不是客观上让违法者因违法成本偏低去挑战法律，或主

269

张违法者承担无限的成本和代价，违法成本的设定必须遵循客观规律，同时要考虑价值是否相当，违法行为是不是得到了有效追究。

违法成本的设定，要足以令违法者丧失继续违法的能力。人们说到对违法行为的处罚，首先想到的大部分都是对违法行为人的经济处罚，令其丧失继续违法的物质基础。但实践证明，重刑和重罚并不能有效地遏止犯罪和违法，相反，重刑和重罚在遏止犯罪和违法方面的负面作用却显而易见。有效地预防和遏止犯罪，并不在于对犯罪行为施以多重的刑罚，而在于犯罪行为是不是普遍受到了有效的追究（游劝荣，2007）和有无遏制令其再次违法的能力，设计和实施更多的隐性成本或代价，有时具有比货币形式更有效的功能。食品安全法规定的处罚最多是 5 万元以下或是货值金额 5 倍以上 10 倍以下罚款，对于大型企业来说，这些罚款无法起到有效阻止其违法的作用，不如加以追究企业相关责任人的行政责任，必要的行政拘留、根据情况予以训诫或者责令其反省悔过、赔礼道歉，拘留过后将企业的违法记录载入信用档案上，并在网络公开，鼓励消费者、媒体进行监督企业的产品质量，对发现问题举报者给予奖励，对于再次违法企业吊销食品生产许可证，违法违规食品企业负责人终生禁入任何与食品有关的经营行为。

违法成本的设定，要足以补偿因其违法行为带给消费者和国家的损害。一般来说，食品安全违法行为人的违法行为除了给国家、社会和他人造成物质性的损失，还会给国家、社会和他人带来一些非物质性的损失如法律权威的破坏、政府支付的巨额医疗成本、老百姓日常生活环境恶化、长期劳动力素质下降、市场萎缩等。非物质性损失具有危害性不可计算性和危害后果多样性的特点，对于这些损失的补偿，是违法成本的重要组成部分。

违法成本的设定，还要考虑到违法行为人的违法收益情况和违法行为人的财产状况及其物质能力。很多食品企业靠违法行为获利丰厚，罚款只占非法获利的一小部分。这一方面的制度设计时，不少规定对违法行为人的处罚常常忽略了从经济上剥夺违法行为人的违法所得，处罚的不痛不痒，以致人们选择继续违法。同一个量的处罚对不同的人群来说意义不同，同样一种处罚，对人的制约意义也不同。

我国违法现象易发、多发，违法成本低是重要原因。对违法行为的处罚标准和违法行为是否得到有效追究都对违法成本产生重要影响。设定的处罚标准越高、查处概率越高，违法者的违法成本就越高。违法成本的设定调节着食品供应链相关主体之间利益的平衡，在现实中，尽管所有节点企业组成一个完整的供应链，但是它们仍是独立经营和管理的经济实体。由于信息的不对称，使得供应链节点企业通过获得的信息优势，损害上下游企业以及整个供应链的利益。

第二十二章

违法成本对食品安全各利益主体
策略选择的影响

食品生产者与消费者在掌握有关食品质量信息方面具有典型的信息不对称。食品生产者掌握其全部信息量，而消费者所获得的有关食品安全的信息则主要来自生产企业的宣传，消费者显然处于信息获得的劣势地位。由于信息不对称，市场必然会出现道德风险和逆向选择。一些企业企图用最低的成本获取更高的利润，面临这种高收益的诱惑，不惜冒风险采用违法手段进行大规模生产，消费者处于供应链下游也无法掌握市场中产品的真实信息，劣质食品充斥在整个食品市场，严重影响了市场的资源配置效率（王殿华等，2014）。当前的制度环境下，本该尽监管之职的政府职能部门对生产者的监督力度不够，甚至与企业形成合谋联盟，通过瞒天过海的方式伪造食品安全假象。我国法律向来重补偿而轻惩罚，制定重补偿轻惩罚的法律与的我国的经济处于社会主义初期阶段有关。我国经过30多年的改革开放，经济总量超过日本成为了全球第二。在此背景下，我国的食品安全问题层出不穷，严重损害了消费者利益。我国对消费者的引导和保护措施环节薄弱，企业通过与消费者私下协商解决食品安全纠纷，不仅严重破坏了食品安全法律秩序，而且不利于遏制食品安全问题。在西方发达国家，食品安全会受到全社会的关注，法律对于出现问题的商家的惩处也相当严厉。并且一般其对食品质量安全事件都采取重罚，特别是对蓄意破坏食品安全者，不仅要求立即停业待查，高额的罚金甚至会令其关门倒闭。因而我国有必要加大对违法企业的处罚力度（孙玉凤，2005）。以下将从企业违法成本对食品监管者、食品企业、消费者三方面主体的策略选择的影响进行阐释。

271

第一节　模型假设

第一，监管者作为规制者，位于食品供应链后端，对食品安全事件行使监管权，拥有食品质量检验技术和必要的行政权力（倪国华，郑风田，2014），本文所指监管者是对食品质量做出合格和不合格判断的食品监管部门，当食品质量问题没有被监管者发现时，企业不会主动要求监管者更改鉴定的结果，本文主要考察监管者作为扩展意义上的"经济人"与企业合谋的情况。

第二，企业作为生产者，是食品供应链的前端，只有他知道食品的真实情况，对于企业而言，企业所获效用分为两种，无论产品合格与否，被鉴定为合格所获效用都要大于被鉴定为不合格所获效用，因此企业存在贿赂监管者的投机心理。由于私下协商的便捷性、经济性和主观随意性，当问题食品侵害到消费者权益时，企业选择私下协商所支付的成本远低于消费者投诉后的损失。

第三，消费者处于食品供应链的后端，在交易过程中，处于天然弱势地位，本文假设消费者维权的方式只有私下协商和投诉两种方式。

第二节　违法成本对生产者违法概率的影响

当企业违法的成本低于通过违法所获得的利润时，即企业选择违法作赌注的期望值大于零，因此，企业是否违法取决于违法成本的大小，本文所指的违法成本包括法律规定对其违法行为的处罚和企业在实施违法行为时向政府权力"寻租"过程中花费的成本，企业违法成本 x 越小，违法的概率 p 就会越大，企业违法的概率是关于违法成本的函数，记为 $p(x)$，违法成本 $p(0)=1$，$p(\infty)=0$，$p'(x)<0$。

根据上述条件构建了企业违法的概率 $p(x)$ 的表达式：

$$p(x)=(1+x)^{\lambda}，（\lambda<0）$$

其中企业违法的概率是关于违法成本的减函数，企业违法所需的成本 x 越大，违法的概率 p 就会越小，λ 表示企业违法的概率随违法成本的增大而减小的程度。

第三节　违法成本对食品企业与监管者合谋的约束

由于食品市场信息不对称，企业为追求高额利润而可能放弃食品安全，在食品监管的执法过程中，如果食品质量不合格，又被监管者发现，监管者在食品质量问题上有很高的裁量权，企业这时就很可能出现向监管者寻租的行为，从而企业和监管者之间产生合谋行为。

一、监管者选择合谋的条件

监管者对食品质量所做出的鉴定结果不仅取决于食品的真实情况，还取决于监管者是否与企业存在合谋的行为，当监管者诚信执法，未与企业合谋时，监管者的收益为 π，如果监管者参加这个利益合谋，所获得的报酬为 B_0，监管者的渎职行为被发现后，所受的处罚为 C_b。

假设监管者与企业合谋的概率为 δ，合谋被发现的概率为 ρ，对监管者而言，监管者选择合谋需要满足的是，合谋所带来的收益，不低于合谋前所获得收益：

$$\delta B_0 - \delta\rho C_b \geq (1-\delta)\pi$$

化简后得出监管者参与企业合谋的所获得的报酬应满足：

$$B_0 \geq \frac{(1-\delta)\pi + \delta\rho C_b}{\delta}$$

二、食品企业选择合谋的条件

对于企业而言，问题食品被监管者发现，企业有是否选择与监管者合谋的权利，如果企业不与监管者合谋，则违法生产和销售问题食品需要面临 C_0 的惩罚。如果合谋，企业需向监管者输送的利益为 B_1，合谋被发现的概率为 ρ，企业所受的处罚为 C_d。

此时，企业选择合谋需要满足的条件是，合谋前所需支付的成本应该小于不合谋所需要支付的成本：

$$\delta B_1 + \delta\rho C_d \leq (1-\delta)C_0$$

化简后得出企业为寻租行为所付出的成本 B_1 应满足

$$B_1 \leq \frac{(1-\delta)C_0 - \delta\rho C_d}{\delta}。$$

三、企业与监管者合谋的均衡条件

由于合谋是监管者和企业双方博弈均衡的结果，企业希望支付的为寻租行为所付出的成本 B_1 取最小值，而监管者希望因合谋而获得的报酬 B_0 取最大值。若要双方达成合谋，即 $B_1 = B_0 = B$，则达成合谋所需的利益 B 必须同时满足以上两个条件，即：

$$\frac{(1-\delta)C_0 - \delta\rho C_d}{\delta} \geqslant B = B_0 \geqslant \frac{(1-\delta)\pi + \delta\rho C_b}{\delta}。$$

等号成立的情况是合谋达成的均衡条件，对此均衡条件求解，得出合谋达成均衡解

$$\delta^* = \frac{C_0 - \pi}{\rho C_b + \rho C_d + C_0 + \pi}。$$

在以上均衡条件中，增加违规食品企业的违法成本 C_0，会增加企业和监管者合谋的概率 δ^*，我们进一步讨论，如果企业与监管者合谋被发现查处的概率非常小，ρ 接近 0，则 $\delta^* = 1 - \dfrac{2\pi}{C_0 + \pi}$，此时当增加企业的违法成本 C_0，企业和监管者合谋的概率就会随企业违法成本的增加而增加，如果增大企业与监管者合谋被查处的概率，监管者和企业合谋的概率会减小。

第四节　违法成本对消费者追偿行为的影响

企业违法成本包含企业对消费者的经济赔偿，在市场经济中，食品企业都是理性的，其经营行为与政府及消费者的决策有着密切的关系（陈首芳，2013）。由于我国保障食品消费者权益的相关法律法规及管理制度的不完善，消费者天然的弱势地位并不足以与食品企业抗衡，以及高额的维权成本导致了消费维权工作无法顺利开展，食品消费纠纷中消费者权益受损的情况，多数是放弃投诉索赔的方式。

一、消费者获赔成本对企业违法的影响

这个博弈中，参与者为食品企业和消费者，食品企业有合法经营与违法经营

两种策略，消费者的策略为进行索赔与放弃索赔，假设消费者在交易过程中，权益受到侵害，消费者进行索赔的概率为 γ，消费者进行索赔时需要付出的成本 D_b，消费者索赔成功后，获得的赔偿（企业违法经营付出的成本）为 D_d，消费者因购买违法企业生产的商品造成的损失为 Ψ；假设食品企业违法的概率为 μ，D_0 为经营者合法经营时获得的收益，D_1 为其违法经营所获得的收益（显然 $D_0 < D_1$），表 22 - 1 显示的就是双方博弈的一个支付矩阵：

表 22 - 1 　　　　　　　 消费者与食品企业博弈的支付矩阵

消费者 ＼ 食品企业	不违法	违法
索赔	$(-D_b, D_0)$	$(-D_b + D_d - \Psi, -D_d)$
放弃索赔	$(0, D_0)$	$(-\Psi, D_1)$

当消费者进行索赔的概率 γ 一定时，消费者进行索赔的期望为 $Q_0 = (1 - \mu)(-D_b) + \mu(-D_b + D_d - \Psi)$，消费者不进行索赔的期望为 $Q_1 = \mu(-\Psi)$，令 $Q_0 = Q_1$，得出均衡概率 $\mu = D_b/D_d$。当食品企业违法的概率为 D_b/D_d，消费者选择索赔与不索赔收益是相同的；当食品企业违法的概率大于 D_b/D_d 时，消费者选择索赔；当食品企业违法的概率小于 D_b/D_d 时，消费者选择放弃索赔。

当食品企业违法的概率为 μ 一定时，食品企业选择违法的期望为 $Y_0 = (1 - \gamma)(D_1) - \gamma D_d$，企业守法的期望为 $Y_1 = (1 - \gamma)D_0 + \gamma D_0$，令 $Y_0 = Y_1$，得出均衡概率 $\gamma = (D_1 - D_0)/(D_1 + D_d)$。当消费者进行索赔的概率为 $(D_1 - D_0)/(D_1 + D_d)$，消费者可以选择违法，也可以选择不违法；消费者进行索赔的概率大于 $(D_1 - D_0)/(D_1 + D_d)$，消费者选择合法经营；消费者进行索赔的概率小于 $(D_1 - D_0)/(D_1 + D_d)$，消费者选择违法经营。

从上可知，双方博弈的纳什均衡为 $\mu = D_b/D_d$，$\gamma = (D_1 - D_0)/(D_1 + D_d)$，这一博弈显示消费者获得的索赔越大，食品企业违法的概率就会越低。

二、违法成本对消费者赔偿方式选择的影响

（一）食品企业选择私下协商的条件

假设消费者在交易过程中，权益受到侵害，消费者愿意通过私底协商的方式得到补偿的概率为 γ'，企业愿意对消费者支付的补偿为 E_0。协商成功后问题食

品企业面临被监管者发现其违法行为的概率为 μ', 受到的处罚为 E_b; 如果问题食品企业未与消费者达成协商, 受到消费者投诉, 赔偿给消费者金额为 E_d。

对食品企业而言, 选择私下协商需要满足的是, 私下协商所支付的成本, 不高于消费者投诉所支付的成本:

$$\gamma'E_0 + \gamma'\mu'E_b \leqslant (1-\gamma')E_d$$

化简后得出企业为私下协商解决的所支付的补偿 E_0 应满足:

$$E_0 \leqslant \frac{(1-\gamma')E_d - \gamma'\mu'E_b}{\gamma'}。$$

(二) 消费者选择私下协商的条件

对于消费者而言, 权益受到侵害, 消费者有私下协商解决和投诉食品企业两种选择, 如果消费者选择与食品企业私下解决, 则希望获得 H_0 的补偿。如果选择投诉, 消费者则需支付 H_b 的投诉成本, 投诉后所获得的补偿为 H_d。

此时, 消费者选择私下解决需要满足的条件是, 私下协商解决所获得的收益应该小于投诉后所获得收益:

$$(1-\gamma')(H_d - H_b) \leqslant \gamma'H_0。$$

化简后得出消费者希望得到的补偿 H_0 应满足

$$H_0 \geqslant \frac{(1-\gamma')(H_d - H_b)}{\gamma'}。$$

(三) 食品企业与消费者私下协商解决的均衡条件

由于私下协商是食品企业和消费者双方博弈均衡的结果, 食品企业希望支付给消费者的补偿 E_0 取最小值, 而消费者希望通过私下协商获得的补偿 E_0 取最大值。若要双方达成协商, 即 $E_0 = H_0 = \phi$, 则达成协商所需的利益 ϕ 必须同时满足以上两个条件, 即:

$$\frac{(1-\gamma')(H_d - H_b)}{\gamma'} \leqslant H_0 = \phi = E_0 \leqslant \frac{(1-\gamma')H_d - \gamma'\mu'H_b}{\gamma'}。$$

等号成立的情况是私下协商达成的均衡条件, 对此均衡条件求解, 得出私下协商达成的均衡概率

$$\gamma'^* = 1 - \frac{\mu'E_b}{E_d - H_d + H_b + \mu'E_b}。$$

在以上均衡条件中, 消费者选择投诉索赔后, 如果增大企业的违法成本 E_d, 则 γ'^* 就会变大, 也就是说, 企业在消费者投诉后所付出的成本太大, 就会选择与消费者私下协商解决。如果增大食品企业被查处的违法成本 E_b 和监管者查处

概率 μ'，企业与消费者私下协商解决的均衡概率 γ'^* 会减小，也就增加了消费者通过投诉解决食品安全纠纷的可能。

第五节　博弈分析的结果

本章构建了一个包含监管者、食品企业和消费者三方食品供应链主体的食品安全博弈模型，并对均衡条件进行求解，来考察企业违法成本对食品供应链各相关主体的激励与约束。本章研究发现：第一，在特定条件下加大食品企业的违法成本会降低企业的违法概率。第二，提高违规食品企业的违法成本，会增加企业向监管者寻租的概率。如果企业与监管者合谋被查处的概率非常小，此时，提高企业的违法成本，企业和监管者合谋的概率就会随企业违法成本的增加而增加。如果增大企业与监管者合谋被查处的概率，监管者和企业合谋的概率会减小。第三，消费者获得的索赔越大，食品企业违法的概率就会越低，消费者投诉后获得的赔偿远高于私底下与企业协商获得的赔偿，在消费者选择投诉时如果无限增大企业的违法成本，则企业在消费者投诉后因付出的成本太大，就会选择与消费者私下协商解决。若能提高食品企业私下解决食品安全问题的查处概率，则会导致食品企业与消费者协商失败。也就增加了消费者通过投诉解决食品安全纠纷的可能。

进一步的研究发现，企业违法的概率随违法成本的增大而减小，提高违规食品企业的违法成本，不仅可能会增加企业向监管者寻租的概率，还会对消费者追偿行为产生影响，则会令整个食品安全制度的运行陷入新的困境，只有加大对企业向监管者的寻租行为，以及食品企业私下解决食品安全问题的查处，企业在面对巨额违法成本的压力下，才会主动维护食品安全，消费者也会通过投诉解决食品安全纠纷，才能最终令整个食品安全制度体系顺利运转。根据以上分析，要想解决食品安全违法问题（王美蓉，2007），必须提高违法的处罚标准和查处效率。只有提高违法成本，并建立与当前环境和文化相匹配的严格的食品安全制度，达到食品链上所有利益相关者的利益均衡，形成一套科学严谨的食品安全管理体系，才有可能真正扼住食品安全问题。

第二十三章

违法成本视角下食品安全制度的分析

第一节　我国食品安全制度建设的现状

一、违法成本设定失范

一部法律法规制定的违法成本应包括两个部分：一是违法行为给受害者造成的损失的费用支出；二是违法行为给社会、给整个行业造成负面影响所支付的成本。对于立法而言，前者是可计算的直接成本，后者是不可计算的非直接成本，而后者对社会产生的作用和影响则更值得关注（叶晓盈，陈锡民，2006）。

在我国"违法成本低"现象较为普遍，在食品安全领域，给予食品安全的保护存在很多不足之处，犯罪罪名太少，不够系统，现行刑法规定的食品生产经营者的刑事责任只涉及生产和销售环节，而我们的食品需要经过"加工、销售、运输、贮存"等环节，以此实现对食品加工、流通等整个链条的全程覆盖，除生产和销售环节外，在食品加工、运输、贮藏环节同样可能发生严重的危害食品安全犯罪（吴喆，任文松，2011）。罚金设定太过笼统，应对食品安全犯罪罚金进行进一步细化规定。设置食品安全犯罪罚金的最低数额，罚金刑的量刑幅度，对于无法缴纳罚金的犯罪人员，根据金额的大小兑置羁押期限，从而达到惩治的效

278

果。目前《食品安全法》对违法行为处以 10 万以下，货值金额 5 倍以上 10 倍以下罚款，这样的标准对于食品厂商或经销商来说，形同虚设。食品安全违法行为的罚金数额的设定应当适度，如果过低，毫无法律震慑和惩罚作用；罚金数额过高，被处罚人无法支付，不但刑罚落空，反而使其抱侥幸心理铤而走险继续走违法道路（黄虹霁，2013）。刑法中规定的无限额罚金刑具有适用上的灵活性，很大程度上加强了对违反食品安全犯罪的打击力度，易于实现预防再犯的目的，但不符合罪刑法定原则和刑法谦抑主义，对司法实践的指导性不强，会导致司法的随意与专横。

在打击处理各类食品违法犯罪上，查处数小于发案数，刑事处理数小于行政处理数，行政执法人员徇私舞弊，存在有案不移、有案不立、以罚代刑等问题。并且在查处各类食品安全犯罪的执法过程中，因相关证据不足或由于其他原因，行为人往往只受到行政处罚，代替刑事责任的追究。加之食品安全行政执法程序与司法程序之间不能有效衔接，现实中很多案件的处理结果是只罚无刑（蓝艳，2010）。由于惩罚的过于单一或形式化，这就导致生产伪劣食品的生产商抱着宁被查处也要去做违法食品安全的伪劣食品，即使被查处了也就是罚罚款，而罚款也仅仅是赚取利润的一小部分，对其本身的处罚影响不大。另外，我国刑法对于食品安全犯罪的规定也存在不足，存在着诸如罪名范围的狭窄、犯罪行为规定不全面、罚金不明确等一些缺陷，导致因无法可依难以追究犯罪行为人的刑事责任。

二、食品安全监管缺失

食品安全领域执法过程中，政府监管缺失、执法不到位，由于利益的驱使，存在着以罚代管，甚至以罚代刑的现象。部分地区存在地方保护主义，对外资企业、立税大户或对本地区有过突出贡献企业的食品违法行为隐瞒不报，以交罚金的形式代替了应有的民事、刑事责任，这样使得很多大的企业有恃无恐，肆无忌惮，很多企业甚至会把罚金计算在企业成本中，这就使得食品违法现象屡禁不止，法律的威慑力无从谈起。可以说是低违法成本给了违法行为足够的违法空间。另外一方面，食品安全的执法过程也缺乏连续性。很多严格的监督检查都发生在重大食品安全事件之后，总是进行一阵风式的检查。严打过后，各种执法活动便偃旗息鼓，之前为躲避检查隐匿的不法分子又重新行动，食品安全问题又继续产生。这种缺乏连续性的突击式检查也难以使食品安全问题彻底得到解决。可以说每一次的检查运动、每一次的处罚到一段时间后就会风平浪静，突击性的检查活动是不会让那些违法行为人作出下不为例的决心的。食品安全监管环境恶化主要表现在，社会诚信环境相对缺失，企业主体责任意识滞后，缺乏有效社会监管，缺乏有效信用保障制度，违法现象大量存在；食品安全监管与地方经济发展目标相冲突，地方政府对食品安全问题不够重视，存在地方及部门保护主义（周应恒，王二朋，2013）；长期以来，地方政府总以考虑经济发展为名，要求环保部门对地方招商引资项目让路，食品安全监管工作落不到实处。地方政府在经济增长竞争压力下，地方保护主义形成的地方保护壁垒，导致对食品安全监管投入不足，甚至放任本地食品企业违法行为，导致各种危害消费者健康的食品生产潜规则长期存在。

食品安全监管体制的缺陷，食品安全法律法规体系与食品安全现状不适应，部门间职能交叉、分工不清且缺乏协调；随着经济社会发展，人们对食物消费的要求日益多样化、便利化、精深加工化，食品生产流通过程更加复杂化和多样性，食品安全风险不断增大。然而，在当前我国食品安全监管部门之间职责划分不够细致，特别是各环节之间缺乏有效衔接，管理范围界限不清、管理重叠、交叉。虽有中央来协调，但是其效果并不具有实际作用。然而管理体制上的漏洞和弊端成为（分段管理弊端）部门利益集团和地方利益集团为自己开拓权限范围和得到利益创造列条件，而且雇佣专家与知识精英运用专业科学概念来推脱责任的创造列精辟说辞，同时创造的精辟说辞也是利益集团为本部门和官员个人利益侵占公共利益寻遭合法的借口（周应恒，王二朋，2012）。我国食品安全监管机制与保障体系不完善，监管机制设计不科学，风险分析、检验检测制度、标准认证体系手段及条件等不完善，缺乏提高监管绩效和完善监管手段的具体措施；监管运行机制不健全，监管部门绩效评价体系不科学、缺乏地方食品安全监管综合评价；监管能力既交叉重复建设又存在某些技术能力缺乏的问题。部门之间检测机构和检测能力缺乏有效整合和资源共享，甚至出现重复抽样、重复检查等问题，进一步加剧了检测供需双方的结构性矛盾（周应恒，王二朋，2012）。

具体分析我国食品安全监管问题主要表现为三方面：监管缺位、监管失范、监管低效，如图 23 -1 所示。

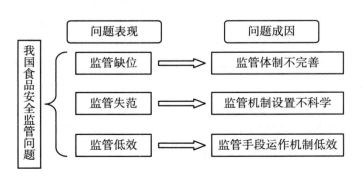

图 23 -1　食品安全监管问题分析框架

"徒法不足以自行",如果执法部门的监管概率为零,无论其他成本有多高,违法食品企业所付出的违法成本都是零。

第二节　食品安全制度的设计依据

一、制度设定的经济学理论

制度是一种社会博弈规则,是人们所创造的用以限制人们相互交往的行为框架(巴劲松,2009)。制度存在的主要功能就是降低人们经济活动和社会活动中相互协调的成本。康芒斯认为,制度是集体行动控制个人的行动。法律制度是一切制度中具有决定性的制度。冲突、依赖、秩序这三种基本的社会关系通过交易结合在一起。

根据制度经济学理论,人的一切行为方式都是特定制度的产物,是人在特定制度下追求个人利益最大化的表现(洪斌,2009)。制度建设的首要任务,就是要创立一套有效的制度来规范和利用生产者、消费者和监管者追求个人利益最大化的行为,以实现既定的建设目标。

制度,可分为有效制度和无效制度。制度的有效性指的是制度的实施效率,即制度在管理活动中对人的行为产生的积极影响。就目前很多制度来看,由于制度设计上存在的缺陷,缺乏对制度相应设计理论支持与研究方法的深入探讨,导致大量违法违规行为的出现,有的制度的设置形同虚设,政府措施不落实,管理不透明,制度如何能被遵循已经成为当前一个亟待研究的问题。在制度的约束下,被管理者根据违反制度或者遵守制度的收益和成本考虑是否违法,而管理者综合考虑其自身各方面的利益得失做出是否对违规行为进行查处,制度的产生是管理者和被管理者决策互动的产物。

任何一种有效率的制度在实施过程中都存在磨合的过程,还要在具体操作过程中不断调修改和调整,而且任何一种制度都难免会有弊端,但是只有激励相容才能节约制度的交易费用,使个人利益与集体利益进行有效捆绑,达成与个人追求最大化利益行为目标相吻合,即实现激励相容的制度才是有效率的制度(洪斌,2009)。

在新制度经济学中,交易是发生在人与人之间的经济行为,多个经济体之间发生的行为必然存在博弈过程。博弈作为一种分析工具,主要研究在人们利益相

281

互影响的局势中，如何选择策略使得自身收益最大。博弈过程中，个人利益与集体利益可能发生冲突，一方面个人做出策略选择时会追究个人利益最大化，在博弈关系的驱使下，又会兼顾集体利益。均衡（不一定唯一）是博弈的可能结果。制度的主要目的是实现某个均衡点而进行规则的制定，博弈论用在制度的有效性分析中，有利于找出违规行为发生的原因，从而得到制度设计的启示和建议。因此考虑经济活动的博弈性是一个重要的过程（张裕东，王淼，2011）。

二、我国食品安全制度变迁的特征

"民以食为天，食以安为先"，保障民众食品安全是政府代表人民利益的一个重要方面。重大食品安全事故的发生及其引致的严重社会问题，往往会削弱政府的公信力、动摇政府的执政基础（代文彬，慕静，2013）。近 20 年来，加强政府部门的食品安全监管能力已成为行政改革的重要议题。一些西方国家政府部门通过监管体制创新、法律标准制定及充分发挥食品行业组织的作用，有力加强了政府食品安全监管能力。我国政府在这些方面也进行了大量的工作，但正如《国务院食品安全监管体系"十二五"规划》所指出的，我国"在食品安全监管体制机制、法律法规、政策标准、监测评估、检验检测、人才队伍、技术装备等各方面，还存在一些亟待解决的问题（刘佑民等，2007）。"

随着消费者食品安全意识的不断提高，消费者对食品的需求特点也在不断变化。一般的趋势是，消费者对食品更为挑剔，且往往对于食品的生产及销售有个性化的需求和期望。这种变化的结果之一就是导致生产和消费模式日益趋向大规模定制。受不断出现的食品安全事件的影响，消费者对食品安全特别关注，希望了解食品及其生产经营过程的有关特征信息。包括食品内在特征、食品外在特征与食品过程特征。政府与被管制者之间的动态博弈使制度变迁最终走向均衡，我国对食品安全管制始于 1983 年出台的《中华人民共和国食品卫生法》，但定义"食品"概念中没有包括种植、养殖、储存等环节中的食品以及与食品相关的各种添加剂的生产、经营或者使用。1984 年在题为《食品安全在卫生和发展中的作用》的文件中，世界卫生组织把"食品卫生"定义为："生产、加工、储存、分配和制作食品过程中确保食品安全可靠，有益于健康并且适合人消费的种种必要条件和措施"，等同于"食品安全"。到 1996 年，在《加强国家级食品安全性计划指南》中世界卫生组织把食品安全作为与食品卫生不同的概念，《加强国家级食品安全性计划指南》文件中诠释：食品卫生是指"所有条件与措施能确保食品链中各个阶段食品的安全性与适宜性"，食品安全是"不会使消费者身体健康受到伤害的一种担保在食品按其原定用途进行制作和食用的情况下"（魏益民等，

2008）。如果说食品是卫生的，则意味着食品的生产经营过程是符合相关卫生标准和条件的，因此"食品卫生"应是"食品安全"一个方面的特征。可以认为，"食品卫生"更侧重于食品的过程安全，而"食品安全"则是过程安全和结果安全的统一。这个界定强调了食品卫生是实现食品安全的措施和条件，食品安全是食品卫生的最终目的。就是说，食品管制理念从食品卫生走向适于人类消费更高层次的食品安全。经过政府与受规制主体 13 年博弈式的实践，我国食品管制的基本法律从《食品卫生法》上升为《食品安全法》。制度的变迁需要经过政府的管制主体与受管制主体的重复博弈才能形成，由于受规制主体的实践与政府的制度的修订，互为终点和起点，如此循环往复，就构成了我国食品安全制度变迁的博弈链，《食品安全法》经过若干年的运行实施，必然会随着受规制主体与政府的博弈条件的变迁，被更新的均衡性食品安全法规所取代（李光德，2004）。

三、治理我国食品安全问题的制度思考

人类的相互交往，包括经济生活中的相互交往，都依赖于某种信任。信任以一种秩序为基础。而要维护这种秩序就要依靠各种禁止不可预见行为和机会主义行为的规则。我们称这些规则为"制度"（刘明显、谭中明，2003）。

我国食品安全问题制度的功能失效主要体现在：食品的相关法规、标准滞后，监管困难、消费者缺乏判断依据；现有食品安全法律法规相互间协调和配套性差；食品安全信用体系不健全。食品安全问题表面上是因为监管缺失、因违法成本过低不法分子为谋取更大的利润而做出损害大众利益的事。实质上是因为现有食品安全有效制度的缺乏，我们应该从制度层面去寻找引发问题和解决问题的根本原因。我国食品安全问题按照制度经济学的理论解释，实质上反映的是产权的界定和变迁；而解决食品消费纠纷的制度安排，又取决于各利益相关主体之间相互影响的边际交易成本。反映在食品安全维权过程中，假定受害者维权有法律诉讼和私下协商两种解决纠纷的制度安排，如果法律诉讼和私下协商两者的边际交易成本相等，就会出现制度均衡，也就是多样化的制度安排在现实社会中存在的原因；如果法律诉讼和私下协商两者的边际交易成本不相等时，自然倾向于成本更低的制度安排，也就是在不同状态下会选择相应的纠纷解决制度；如果交易成本很小或不存在，那么就不需要任何制度来解决问题了。科斯认为，现实经济中多元化制度的安排以及制度的显著重要性，恰恰反映了边际交易成本的现实性。从"成本－收益"角度分析来看，一项新的制度安排只有在创新的预期净收益大于预期的成本时，才会发生（曲振涛，2005）。对于食品制度的安排，如何提高监管效率，实现低成本高效监管，衡量的根本还是在于是否新制度的设计导

致交易成本的上升。

并且由于食品行业带有的负外部性，市场经济运行中，负外部性未在交易合同中反映，我国食品安全的产权实际上并未完全被界定，导致一部分产权置之于"公共领域"，被有成本优势的交易者攫取"租"，并且在追租的边际成本小于边际收益时，通过生产违规商品等违法行为攫取公共领域中有价值的资源，违法企业的违规产品的效益远大于正规食品企业产品，在缺乏监管的情况下，假冒伪劣食品充斥整个食品市场，一旦这种投机行为没有被新制度有效遏制，劣质食品挤走优质食品，不仅影响了消费者的正常食用，而且也给消费者带来了心理上的负面影响和不安全感（王敏，2007），这种持续存在的负外部性给另外一方带来了未定价的额外成本，这些受损因交易成本太高而很难通过多次反复的博弈使其产权等到明确的界定（李井平，李光德，2005）。食品安全的负外部性是制度变迁的主要动力，是不断推动政府对它进行强制性管制。我国食品安全违法问题，刑法中对食品犯罪的罚金刑没有最低标准，对犯罪的数额没有明确规定，采用的是无限额罚金刑。到底罚多少合适，没有量化的判断标准，产权界定的不明确导致违法成本设置过低，从而增加了违法食品企业的机会成本。加之我国现有制度对食品犯罪行为规定不全面，罪名范围狭窄以及地方保护主义的存在，导致以罚代刑现象普遍存在，不仅损害了法律尊严，还影响了对社会主义市场经济秩序的维护。我国食品安全问题存在的根本原因在于制度建设滞后，而制度建设是一项复杂的系统工程，它需要相关制度的配套改革及有效地贯彻执行，否则很难达到预期效果（杨义林，2005）。文本重点从违法成本的角度分析，完善我国食品安全惩罚制度的建设，让食品市场经济行为在制度这只看不见的手下运行（王敏，2007）。

第二十四章

国外食品安全处罚制度研究

第一节 国外食品安全制度的演进过程

一、欧盟食品安全制度的演进与发展

20世纪50年代的欧洲各国受第二次世界大战的影响，各国农业遭到严重破坏，食品供应短缺是欧洲这个时期最主要的特点。欧共体共同农业政策应运而生，以大量价格补贴方式促进食品供应，企业在利益的驱使下开始降低生产成本，采取集约化生产，直到1996年英国因食用被感染牛肉而导致疯牛病的爆发，不仅英国受到了巨大损失，还使欧盟食品安全遭到严重威胁。于是欧盟2000年正式发表"食品安全白皮书"，提出通过立法改革来完善欧盟整个食物链的食品安全保证措施，确立了食品安全法规体系的基本框架与基本原则，但是"白皮书"没有以官方通报的形式发布，不具有法律约束力。根据《食品安全白皮书》的决议，欧盟于2002年颁布了欧洲议会和理事会第178/2002（EC）号法规《通用食品法》，该法被称为欧盟食品安全的基本法。之后欧盟为进一步完善立法，又陆续补充了4个法规、颁布了《欧盟食品及饲料安全管理》，逐步构建起以"食品安全白皮书"为核心，《通用食品法》为基本法的严谨、高效与统一的食

品安全法律体系。欧盟食品安全法律体系是典型的伞状立法体系，以基本法的坚持支撑作用下，其他法律法规以横向、纵向的方式不断完善食品安全的法律体系。

二、美国食品安全制度的演进与发展

制度的每一次调整都是制度的供给与需求共同作用的结果。早在 20 世纪初，美国政府就展开了对食品的特殊管制，1906 年《纯净食品和药物法案》是一部以保护消费利益而出台的法律，该法案明确并强化了执行机构的职责，以确保食品安全管制政策的有效执行。1930 年食品与药品管理局（FDA），成为美国食品安全制度最重要的执行机构。此时期美国还处于自由市场经济阶段，食品食品市场的秩序主要通过国会立法来维护，食品交易的纠纷通过法院诉讼来解决。政府与市场的关系还处于以"事后查处"为主的阶段。1929 年世界经济大危机爆发，政府对经济的干预全面开始，但国会面对复杂的食品安全管理事务往往力所不逮，食品安全制度的制定都是针对特定市场的，面对复杂多变的食品市场，管理机构的设置和职能的调整往往是滞后，原有制度的不足开始显现，另外某些利益主体出于追逐本身利益的动机，也就造成了食品安全制度的缺位。在此背景下，1938 年颁布《食品、药品和化妆品法》的法律，是以国家政府监管食品和药品的一个转折，它成为以后世界各国立法的借鉴的参照和标志，这部法律重点核心是要求药品和食品在销售之前必须进行科学实验，必须又安全性的试验数据和实验报告，这可能是现代社会产品标准研究的开始，同时要求产品的必须有实验的期限表明，而且实验不是少数几个专家权威的意见，而是一个整体人数众多，由第三方没有经济利益联系研究机构来出得实验数据，这部法律扭转了过去食品和制药公司蔑视科学实验态度，转变了食品和制药公司观念，使制药公司从排斥研发和实验，到积极开发和研究和实验，但是更为重要的是这部法律实现了 FDA 执行执法的权利，以及他代表国家和公民执法的合法性。如果 FDA 发现企业产品在的证据证明企业产品可能对人的健康和生命产生重大威胁，FDA 局长有终止注销企业注册的权力。所以说 1938 年《食品、药品和化妆品法》是一场伟大变革，它为全世界建立了一个可借鉴法律总体的框架和食品药品法律基础，也为法律推进和构架食品药品的道德体系打下了重要基础。20 世纪 70 年代美国经济持续低迷，政府通过降低规制成本促进经济发展，进一步强化对法律法规制度的审核，1988 年通过的《食品与药物管理法案》为美国食品市场创造了一个比较宽松的规制环境，使得食品安全制度的建设更倾向于市场化，同时为减轻规制机构不断膨胀、法规制度互相冲突等负面影响。1997 年提出的《食品和药物管理现代化法案》实现了政府由管理理念向服务理念的转变，在保证食品药品安全的基础上，使规制的主体多元化，提高了食品安全规制的效率，但并未实现对官僚制的超越。2011 年通过的美国《食品安全现代化法》引入了以风险为主预防性控制，完善了事后应对措施、强化了进口食品的监管及合作伙伴关系。美国的食品安全制度演进是消费者、企业自下而上的保护自身利益的行为迫使政府通过政府规制来保护公众的利益，充分体现了其独特的自由性和民主性。

三、日本食品安全制度的演进与发展

1948 年日本厚生劳动省颁布实施了《食品卫生法》，农林水产省颁布了《出口农产品管理法》，在日本制定法律的是国会，法律的实施是各政府职能部门，职能部门在规制的过程中决定权很大，这也就为寻租行为创造了空间，为此在1967 年，日本通过了《环境污染控制基本法》。在《环境污染控制基本法》十分强调"环境保护与经济协调发展"的规定，但是 70 年代初期，日本污染并没有得到有效的治理，造成了日本民众对公害的反应越来越强烈，与此同时，日本民众对消除公害的环境保护意识和监督意识以及有关生态与食品知识，也随着环境的恶化对食品的影响，而在不断地加强。到 1991 年只对 26 种农药、53 品种农产品制定了残留标准，这种纯社会规制不仅会导致规制过程中很多企业信息的垄断，还会为寻租行为，行政腐败制造条件。在经历疯牛病等重大食品安全事件后，日本食品安全管制实现了从单一管理到全过程管理，政府管理为主导到食品企业自觉管理的过渡，并于 2003 年对《食品安全基本法》、《食品卫生法》做了较大的调整，让消费者参与到食品安全政策制定的过程中，引入了食品企业为主体，负主要责任的食品安全管理制度。日本的社会性规制改革是从政府到消费者、企业自上而下改革。

第二节 欧盟食品安全处罚体系

一、欧盟食品安全管理机构

在比利时二噁英、英国疯牛病和口蹄疫暴发等恶性食品危机的背景下，为让欧盟的消费者每天都能吃到最安全的食品，欧洲食品安全局于 2002 年成立。欧

287

洲食品安全局的成立的主要目的是协调欧盟各国、独立行使职能，针对食品安全提供独立的意见以及咨询服务，让欧盟各国面对食品安全相关问题及存在的风险做出适当的决定。欧洲食品安全局统一协调管理，在欧盟范围内的食品安全管理体制，并负责整理和收集国内外与食品安全相关的信息，就食品安全问题与消费者进行直接对话，向欧盟委员会提供科学与技术建议。欧洲食品安全局的工作让欧洲各国在食品安全管理上有了统一的意见，给欧盟及会员国的有关单位提供了科学、正确、及时的食品方面的资讯。EFSA 的成立，为消费者的食品安全保护提供了实质的保证，并且让消费者重新拾起了对食品安全的信心。

二、欧盟食品召回制度

欧盟食品召回制度要求生产者、加工者、经营者一旦获悉他所进口、生产、加工、制造或销售的食品不符合食品安全要求，存在危害消费者健康的可能，就应马上撤除市场上有问题的食品，依法向政府部门报告，并向消费者公开问题产品信息。及时从市场和消费者手中收回问题产品并采取赔偿等补救措施，以减少问题产品后期带来的负面效应。食品召回制度有着非常重要的积极意义，主要体现在以下三方面：（1）防患于未然，充分保障消费者的身体健康和生命安全，杜绝了问题食品对消费者可能造成的伤害。（2）体现生产者、加工者、经营者是保障食品安全的第一责任人，也对食品企业诚信自律有了正确的导向（3）提高政府监管效能，变被动为主动。食品召回制度最重要的地位和作用就是保障消费者的健康和确保食品的安全性。

在德国的食品召回针对可能对受害者健康的威胁程度分为重级、中级、轻级三个等级。如果食品出了问题需要召回，召回计划开始正式实施前通常会先由企业在 24 小时之内向德国食品安全局和联邦消费者协会等部门联合成立的食品安全委员会提交报告。委员会拿出评估报告后，召回计划正式开始：首先，企业立刻发布召回新闻，通过媒体向已经流向市场的食品发布召回公告；最后，企业被监督召回有缺陷和问题食品，采取更换或者补偿等补救措施。企业为缺陷食品对大众的造成危害所采取的有效措施只有得到"食品召回委员会"的认可，食品的召回活动才结束。在英国，食品安全监管由食品标准署总体负责，公众可以通过电脑在食品标准署网站上查询到问题食品的生产厂家、产品的名称、包装规格和召回原因等信息。食品召回都是生产者或进口商自主实施，而英国的强制召回的具体规定是在《公平交易法》第32节，依照该法召回命令由主管消费者事务的大臣发布：一是，产品不符合其描述的安全标准；二是，主管大臣认为产品可能引起人身伤害。对发生的重大食品安全事故地方主管部门可立即调查，并确定可能受事故影响的范围、对健康造成危害的程度，第一时间通知公众并紧急收回已流通的食品，最大限度地保护消费者利益。同时英国也有一些具体分管产品召回的部门，帮助协助产品召回和信息监控，且各产品召回部门分工明确且明确，消费者面对问题产品时有所参照，因而对该公司的其他产品不会笼统拒绝，大大地降低了消费者和生产厂家的损失。

三、欧盟食品安全违法惩罚

德国是全球食品法规最严厉的国家之一。2014 年 5 月在德国"汉堡王"快餐店中一些店面为过期食品重新贴上标签以延长有效期。RTL 电视台播出调查节目播出后，德国食品安全监管部门要求，所有涉及问题的"汉堡王"店面须立即关门整顿。并且经营这几家"汉堡王"的德国总裁也因此辞职。为了能够有效地防止此类售卖变质产品的事件发生，最近几年德国已经建立了一套严格的肉类生产监管机制。德国《食品法》所列条款就多达几十万个，包括原材料采购、生产加工、运输、贮藏和销售所有环节。在肉类生产上，都要通过食品质量安全认证。从饲料、畜牧场、屠宰场、肉品出售、运输业到食品零售商的产销链中，均有规定，如表 24 – 1 所示。

表 24 – 1　　　　　　　　　德国的肉类食品管理规定

在肉类监管方面	肉类新鲜度的保证	消费者的肉类安全意识
面对食品安全的监管，通常是抽检和经常性检查相结合的方式对食品供应链的每个环节进行检查。在肉类上市前，检查员会进入工厂，通过专业的机器设备进行检查肉类质量。并对德国各家超市出售的肉类、餐馆使用的肉类进行突击检查，定期公布检查结果。	德国市场销售的肉类可以采用 RFID 技术进行追踪。变质肉可以通过扫描编码，就能知道这些肉类的出处。所有进超市的肉类食品必须在最低保存期到期前 2 天从售货架上撤下。这些肉类有的马上送给食品援助机构，有的则在有关人员的监督下销毁。	消费者购买前对肉质的色泽、保质期长短和新鲜度十分关注，品牌意识很强。德国联邦农业、食品和消费者保护部门设立专门投诉网站。民众举报问题肉类后，德国"食品警察"会马上上门采样，并及时送到权威机构进行检测。

总之，对于违法食品企业，德国会按照法律进行严厉惩罚。一是直接关门，等调查完毕，决定其是否可以重新营业；二是罚款，多的罚上千万欧元，将违法者罚破产也有可能；三是追究相关责任者的法律责任。

英国的《食品安全法》条例非常严厉，一般违法行为根据具体情节处以 5 000 英镑的罚款或 3 个月以内的监禁。如果销售不符合质量标准的食品或提供食品致人健康受损的，将处以最高 2 万英镑的罚款或 6 个月监禁。情节和后果十分严重的，当局会对违法者最高处以无上限罚款或 2 年监禁。英国食品安全对食品生产加工企业阻挠执法或提供虚假信息的处罚也十分严厉。英国食品安全法规定，任何人故意阻碍食品安全执法或没有合理理由拒不提供有关信息或协助执法，提供明知错误或导致重大事实认定错误的信息，可以依法处以不超过标准范围 5 级罚金或不超过 3 个月的监禁，或并罚。食品行业的经营人如果受到其中任何形式的处罚都会被记录在案，通常会导致他无法再向当局申请扩大经营规模，另外由于银行方面的记录，经营者今后也很难向银行贷到更多的款项。面对如此严苛的法律条例，食品企业根本不敢铤而走险。并且在英国，责任主体违法，不仅要承担对受害者的民事赔偿责任，还要根据违法程度和具体情节承受相应的行政处罚乃至刑事制裁。

我们知道欧盟国家对于食品安全不担心的主要原因，是因为欧盟拥有世界上最严厉的食品安全法，通过法律的途径对于食品安全违法进行有力的打击，通过政府强制性的手段，将食品安全问题遏制住，这也是让欧盟消费者对于食品安全放心的保障。

四、欧盟对利益主体的责任的严格规定

在欧盟食品安全控制体系中，食品安全首先是食品生产者、加工者、经营者的责任，政府其中的主要职责，就是监督和管理食品生产者、加工者、经营者，最大限度地减少食品安全问题。食品生产者、销售者、经营者作为食品供应链的前端的食品安全中的利益主体。他们的生产、销售和经营行为与食品的质量和安全密切相关。他们对食品安全负有不可推卸、重要的责任。如何规范他们的销售经营行为，是保障食品质量与安全的先决条件。因此，欧盟法规对食品经营者提出了强制性义务，食品经营者必须积极参与食品法律的实施，此项法规意味着生产者应当对其控制的食物和行为负责。在欧盟的食物链中，农业生产，畜牧，食品加工，管理者和消费者责任的规定是相当严格的。农业生产者直接负责农产品安全。种植者要严格按照欧盟的安全标准和农药的使用规范选择和使用农药，保证农药残留不超标。家畜饲养者要严格按照制度的规定选择饲料，规范动物养殖，确保动物产品质量和安全。欧盟委员会要求各会员国成立专门的食品安全监管机构，对食品企业进行定期或不定期卫生检查。对存在问题的产品执行封存、销毁和停止生产等强制性措施。欧盟委员不仅仅局限对食品企业的监督，还会要求各会员国的食品安全监管机构积极扶持食品企业，向企业提供相关的科学和技术信息，向公众解释欧盟食品安全的有关政策，确保食品安全和推动欧盟政策的

贯彻落实。消费者可以充分发挥主观能动性，积极向其他消费者进行食品安全常识的普及，以及参与食品安全政策法规的制定活动。欧盟完善的食品安全法律体系明确规定了食品各利益方的责任，并充分发挥其积极性，为实现食品安全的最终目标提供了有效的保障机制。整个法律体系的设计实现了从指导思想到宏观要求，再到具体规定都非常严谨，切实保证食品安全这一终极目标。

第三节　美国食品安全处罚体系

一、美国食品安全——机构联合监管方式

美国的食品供应，被认为是世界上最安全的。这主要是由于美国实行机构联合监管制度，在地方、州和全国的每一个层次监督食品生产和流通。当世界上许多国家被疯牛病、口蹄疫等食品危机所困扰的时候，美国的消费者对本国的食品安全却很放心。美国除了具有根据强有力的、灵活的、以科学为依据的食品安全法律体系，合理高效的食品安全监管机构设置也是它们食品安全环境相对稳定的重要保障。联邦当局与各州和地方政府的相关机构协调互动，相互补充和相互依赖，形成了一个综合性的、高效的食品安全体系。食品安全法法规在以危险性分析和科学性为基础，并拥有预防性措施的制定原则下有效实施，使公众对美国的食品安全具有很高的信任度。负责向消费者提供保护的主要联邦管理机构是卫生与人类服务部（DHHS）所属的食品与药品管理局（FDA）、美国农业部（US-DA）所属的食品安全与检验署（FSIS）和动植物卫生检验署（APHIS）以及环境保护局（EPA）。

从美国食品药品监督管理局成立之日到今天已有100多年的时间，在面对食品药品以及化妆品行业协会各种利益集团困难和曲折的抗争，和在国会以及公众利益的选择以及媒体的谴责中最终成为对美国乃至世界都有重要影响的权威机构。FDA与FSIS的职责十分清晰，没有以谁为主为辅的问题，各部门相互协调和配合，执行法规时虽有交叉，但是分工明确。这种通过法律明确执法部门权限的做法增强了全社会的监督力，避免了部门间权限的重叠造成的分工不明确，责任互相推诿。只有执法的主体得到了明确，落实问责制，责任主体才能得到有效追究。

无论从食品的生产、监督以及产品标准的建立上，美国一直被公认为食品安

291

全制度最完善的国家。美国政府十分重视食品安全管理信息的公开性和透明度。建立了较为科学、全面的食品安全管理体系，通过定时发布食品市场检测等信息、及时通报缺陷食品的召回信息，最大限度得保证消费者充分享有食品安全的知情权，努力增强执法透明度，通过公众的参与监督，立法和修订过程中都允许并鼓励消费者积极参与，提供平台让全社会参与到食品安全管理中，让公众对食品安全管理建立信心，使制度更加完善，管理更为有效保证；在实现公开性和透明度的目标中，美国 1966 年和 1976 年先后制定了两部涉及公众知情权的重要法律：《信息自由法》和《阳光下的政府法》，明确规定政府信息要公开，通过公众参与和监督行政立法等确保行政机关立法的科学、执法的公正和公平。美国法律的每一项规定都是在公开、透明、交互方式下进行的，具有广泛的法律基础和事实依据。任何人都可以进行参与和公开发表评论，最大限度地保证立法的公开和执法的透明。食品法律法规的实施特别重视食品安全和环境的保护目标。

二、美国食品召回制度

美国食品召回是在国家部门的监督下，由生产商主动申请召回，有关部门发现问题食品后也要求企业召回。美国共有 6 个主管召回的政府机构，负责不同领域的产品召回。召回的程序包括：企业报告或者投诉，FSIS 或 FDA 的评估报告、产品缺陷鉴定、制定召回计划，召回信息的发布，召回的实施，停止召回。食品召回制度确保了食品安全。在政府食品卫生部门的监控下，生产厂家和销售部门在获悉其食品可能存在危害消费者健康的威胁后，生产厂家和销售部门便会依法向政府部门报告，及时通知消费者，主动召回问题食品，采取更换或者赔偿等补救措施。避免问题食品流入市场后对消费者健康的威胁扩大，保护消费者利益。美国从事食品生产、加工与销售的多是大企业，非常重视企业信誉，未出现过生产厂商拒不召回的情况。美国 FDA 和 DHHS 每周都会公布食品召回执法报告，内容包括被召回食品的品名、代码、配料，生产商名字、召回原因，以及销售量、所在市场等。FDA 上规定，一旦企业的食品出现问题、发现隐患，责任完全由企业自身承担，由企业负责食品的召回，包括后续的检查以保证食品召回的顺利进行，并且必要时要求制造商和经销商采取食品召回的应急计划。

食品召回是对违反规定的食品的一种补救措施，由生产商自愿执行的；在美国，根据食品危害程度的不同，需要召回的食品一般分为三级：第一级召回食品是可能严重危害消费者健康甚至导致死亡的食品，比如其中含有肉毒杆菌毒素或不知名的过敏源等；第二级是会造成暂时健康问题的危害较轻的食品；第三级则是不会危害健康的食品，只是违反了 FDA 标签法和制造商的管理规定。比如贴错标签、瓶口未封紧等。

尽管绝大多数食品召回是生产商和经销商自愿的，在以下某种特殊情形下，FDA 也有权强制命令召回：第一，医疗器械有可能引起健康隐患甚至死亡时；第二，获得生物许可的产品对公众健康有迫在眉睫的重大威胁；第三，婴幼儿奶粉缺乏必要营养成分或者有掺假和冒牌。

三、美国惩罚性赔偿制度

惩罚性赔偿最广泛的适用存在于美国。进入 20 世纪后，随着一些企业和公司的蓬勃兴起，各种缺陷的产品对消费者损害的案件也频繁发生。与消费者相比，侵权企业非常强势，补偿性赔偿不足以惩治、预防、遏制其为追逐赢利而制造和销售不合格甚至危险产品的侵权行为，受害方不能得到额外的收益。在这种情况下，惩罚性赔偿则对生产和销售危险产品的企业的威慑作用日益明显。受害方可以要求更高的赔偿。

严厉的惩罚性赔偿会使公众感受到法律对某种侵权行为的强烈否定，使食品企业感受到这种强大威慑而心有所忌，不敢肆意妄为，在某种程度上鼓励一些受害人勇敢提起诉讼揭露不法行为，并从而消除或最大限度地遏制侵权行为的发生。根据美国农业部的调查，美国每年大约都会扔掉价值 910 亿美元的食物，其中很大一部分是由于过了保质期。美国历史上也曾有过出售过期食品的商家，结果被举报后受到重罚，而且顾客越来越少，最后只得关门。所以，无论是厂家还是商家，都不敢为了蝇头小利铤而走险。

美国《食品安全现代化法案》规定，在法律生效后 5 年内所有国内高风险设施必须接受检测，其后的检测频率不得低于每 3 年 1 次。新法在生效 1 年内，国外食品设施要接受 FDA 至少 600 次的检测，并在其后 5 年内每年将检测数量翻一番。有针对性地将政府资源用于风险较高的企业，这使得有"前科"的企业在再次违法面前举步维艰。

美国《联邦食品、药品及化妆品法》在第三章里也详尽的规定了严格禁止的行为及违禁行为的处罚细则，在进行处罚时会综合考虑违法行为的性质、危害程度，而且会根据违法者的支付能力和继续违法的能力等酌情处理，通过法律规定设立了举报者奖励制度，大大提高了举报者的积极性，科学的处罚制度的设计不仅达到了举报者的目的，也保障了违法者的基本权利，如表 24-2 所示。

表 24 - 2　　美国《联邦食品、药品及化妆品法》第三章规定的处罚细则

处罚规则不同	建立有奖举报制度	处罚力度大
对个人违法行为与企业违法行为规定不同的处罚规则。对前者处罚较轻，对后者处罚较重。对10年内的初犯与屡犯处罚不同。对前者处罚较轻，对后者处罚较重。	按照规定，提供举报信息并使违法者定罪的举报人可以获得违法罚金一半的奖励，但最高不得超过125 000美元。提供举报信息并使违法者受到民事处罚的举报者可以获得250 000美元或民事处罚金一半的奖金，取两者之中数量较少者。	对运输掺假或贴假标签食品、生产掺假或贴假标签食品、销售掺假或贴假标签食品的行为，处以不超过1年的监禁或1 000美元的罚款或并罚。

　　食源性疾病在许多国家都导致了高昂的社会成本。在美国，据统计每年食源性疾病大概有3亿例，约几十亿美元的相关成本，导致约7 600万人患病，32万人住院治疗，5 000人死亡。每百个住院患者中、每500个死亡者中就有1人因摄入受污染食品造成。在美国每年因食源性疾病造成的直接的、相关的成本大概164亿，另外计算几种重要病原体造成的医疗成本和生产效率损失成本每年在5.6亿到37.1亿。相比之下，中国人口约为美国的4倍，但只有137人因食物中毒死亡，只有14例归因于病原微生物。目前美国、欧洲、日本等发达国家和地区的化学污染、非法添加类食品污染比较少，主要是细菌导致食源性疾病。而我们国家最主要的食品污染是人为因素。

　　安全食品是我们共同的目标，消费者食用安全，社会最大限度节省医疗成本和生产效率损失成本，食品企业承担更少的责任，更少的产品损失（食品召回等），更能提高他们产品的适销性。

四、美国严格产品责任制

　　美国产品责任法的发展一直在世界的领先地位，并且通过司法判例的形式率先确立了严格产品责任制度。这一制度为解决产品责任提供了有效的方法，最大限度地保护了消费者的利益。在食品药品安全犯罪中，之所以采取强加刑罚给对那些对犯罪事实并不知情，不存在明知故犯的他们，不是因为收集过错证据的艰难性，而是因为食品人民群众没有能力也无法预知某些缺陷产品对人们身体健康的危害，因而，需要特殊的手段予以规制，企业承担刑事责任的根据在于食品安全问题的极端重要性。随着追求利润商业欲望的蔓延，对产品事故赔偿责任经常被无主观过错一再推卸，与广大消费者最为基本的安全需求背离，因此，国会更倾向于将刑罚痛苦施加于那些至少有机会认识到危险条件存在的人，而不是将危害的后果强加给完全无助的无辜公众。严格责任体现出了产品责任法理念的一个质的飞跃，因为它完全摆脱了"过错"这个观念的束缚，形成了一种事实上的无过错责任，只要产品制造商或中间商生产售出的产品使得消费者受到了伤害，而又没有法律承认的辩解理由，就必须负起严格责任。从经济学的角度来看，严格产品责任可以降低社会的交易成本。美国对产品损害的赔偿规定，不仅包括财产损害，身体健康危害；还包含因其引起的精神痛苦和情感伤害。

第四节　日本食品安全处罚体系

一、日本食品安全管理机构

日本 2003 年 7 月 1 日起实施了《食品安全基本法》，规定了食品从"农田到餐桌"的全过程管理，以及国家和地方以及食品业界的责任和义务，明确了风险分析方法在食品安全管理体系中的应用，并规定日本在内阁府增设了食品安全委员会。该委员会由 7 名委员组成，由专门调查会负责专项案件的检查评估。由共计 200 名专门委员（含兼任）构成，全部为民间专家，任期 3 年。专门调查会分为三个评估专家组。一是化学物质评估组。负责评估食品添加剂、农药、动物用医药品、器具及容器包装、化学物质、污染物质等。二是生物评估组。负责评估微生物、病毒、霉菌及自然毒素等。三是新食品评估组。负责对转基因食品、饲料肥料、新开发食品等的风险实施检查评估。为确保信息的中立性和可靠性，故委员会成员全部为民间专家，日本委员会主要职责是风险评估、风险沟通以及危及应对。日本在根据《食品安全卫生法》的规定制定食品安全基准和规格时，必须听取食品安全委员会的专业评估意见，食品安全委员会还需要对研究机构提供的调查报告和研究结果进行验证。为体现日本食品信息公开化，制定的政策法规充分体现民意，食品安全委员会一方面要求各行政机关定期将整理后的食品安全信息在互联网公开，另外一方面还专门成立了对食品企业、学术界、专家、消费者等的负责信息收集的体系，食品安全委员会的出现强化了对日本农产品的保护机制，也强化了农业从业者自身的责任。它要求农业从业者、地方公共团体要和国家分担责任，在向消费者普及食品安全知识，深化食品安全概念的基础上，广泛搜集国民对食品安全政策的意见，充分发挥食品安全委员会监督的作用，形成了政府风险管理机构、地方、业者、公众"四位一体"的管理协调机制。

二、日本食品召回规定

日本的食品监管还重视企业的召回责任。日本报纸上经常有主动召回食品的广告。日本采用以消费者为中心的农业和食品政策。食品只有通过"重重关卡"才能登上百姓的餐桌。在食品加工环节，原则上除厚生劳动省指定的食品添加剂外，食品生产企业一律不得制造、进口、销售和使用其他添加剂。

在日本，米面、果蔬、肉制品和乳制品等农产品的生产者、农田所在地、使用的农药和肥料、使用次数、收获和出售日期等信息都要记录在案。农协收集这些信息，为每种农产品分配一个"身份证"号码，供消费者查询。有了严格的全程质量监控，即使发现食品有问题，只要你留着包装和收费单，也能拿到店里退换。如果出现中毒等症状，也可以立刻找到直接生产者和包装者。而且，无论哪种商品都会强调："我们已经对商品的安全竭尽全力，但是如果发现商品有问题，请立即与我们联系。"并标出联系电话和地址等。

三、日本食品违法行为的处罚规定

日本无论是公众还是政府以及企业在针对环境上都有各自的强烈法律意识以及维权的意识，而且政府也具有强烈责任感。日本政府对违反有关食品安全法律法规的行为实施严格处罚。对违反《食品卫生法》这项法律的主要责任人，最高可判处 3 年有期徒刑以及处以 300 万日元的罚款；对企业法人最高可处罚 1 亿日元，并规定违法企业永远退出食品行业的制度。对于违反食品卫生法第十九条之十三所规定的停止业务命令的指定检查机构的官员或职员，处以 1 年以下徒刑或 100 万日元以下罚款。其刑罚的对象或行为主要指销售腐败、变质或者未成熟的，含有或者附着有毒或者有害的物质或者有此类嫌疑，被病原微生物污染或者有此类嫌疑，有可能损害人体健康的，由于不干净或者添加了异物以及其他原因，可能损害人体健康的食品或食品添加剂；不得销售患有厚生劳动省令规定的疾病或者有此嫌疑或者突然死亡的家畜或者家禽的肉、骨头、乳汁、内脏及血液，也不得将之用于销售而进行的提取、加工、使用、烹饪、储藏或者陈列；不得添加除法律规定外的食品添加剂记忆含有食品添加剂的制剂及食品，也不得已销售为目的进行生产、进口、加工、使用、贮藏或者陈列。并规定了相应的例外情节。获取利益，雪印公司利用日本政府收购国产牛肉避免疯牛病扩散的政策将滞销的澳大利亚牛肉冒充国产牛肉卖给国家牟取暴利。这一丑闻在日本引起了强烈反响，雪印公司不得不走向倒闭和破产，这个成立于 1950 年的日本最大乳制品公司不得不分割、拍卖。这起食品安全事件真正的意义不在于由此导致了日本雪印公司倒闭破产，给予日本企业和世界各国的企业的惊醒，而是在于通过此次事件促进了日本民众对于食品安全的觉醒也就是从 2003 年的日本血印公司牛奶中毒事件发生以后，日本民众对食品关注和对企业政府的监督意识进一步加强。这时的日本民众意识到，要想企业自律以及要想政府不与企业合谋是不可能的，只有建立在大众广泛的舆论监督下才能有所作用，才能促进维护消费者利益的法律进步的完善和推进，所以从 2003 年开始在日本环境和食品安全上升到一个同样的高度。日本法律严格，企业犯罪成本很高，如果有企业敢触碰这条底线，将面临近乎破产的严厉惩罚。

四、日本制造物责任法

日本的《制造物责任法》主要是调整产品的制造者、销售者与消费者之间基于侵权行为所引起的人身伤亡和财产损害的赔偿责任关系。这部法律内容和条文比较简单，却清晰的交代了制造物的定义、责任人范围、赔偿原则、和责任期限等，如该法律第一条规定，为了保护被害者、保护国民生活安全及国民经济的健康的发展，本法规定因产品缺陷而对人的生命、身体及财产造成损害时制造商等承担赔偿责任。在这部法律颁布出台以后，针对制造物诉讼案件增加了很多。日本的《制造物责任法》，包括生产产品和加工产品两个方面。即不论是厂家自产自销的，还是加工代销的，只要是该产品交付后，因产品存在缺陷，而侵害到消费者身体健康，厂家就要为所产生的损害负赔偿责任；根据这项法律，厂家生产或加工产品上，都必须有标签，注明该制造物的品名、商品代号、商标、生产厂家和出厂日期。

第五节　国外食品安全处罚制度对我国的启示

同美国、欧盟、日本相对集中和分工明确的食品安全管理主体相比，我国食品安全管理主体存在部门众多、管理混乱、执法范围交叉、责任模糊等问题。为此，应当借鉴英国经验，结合大部制改革，对我国食品安全管理部门进行合并，加强国务院食品安全委员会对食品安全管理各部门的组织协调；借鉴欧盟经验，采取独立的政府部门专门负责"从农田（农场）到餐桌"一条线的管理。欧盟的食品安全管理链上不但有联邦消费者保护、食品与农业部，联邦消费者保护与食品安全局，联邦消费者与食品安全管理委员会，还有联邦风险评估研究所、联邦研究中心等。严密的食品安全监管体系、食品召回制度、严厉惩罚性赔偿制度——美国维护食品安全的三把利剑,美国作为食品安全监管体系最完善的国家之一,其中《联邦食品、药品和化妆品法》这一法律已成为全世界同类法中最全面的一部,我国应不断完善食品安全的监管体系,使任何食品安全环在监管、预防、应急都有法可依(见表 24 - 3)。

表 24 - 3 我国与国外食品安全处罚体系的对比

	管理主体	食品召回	赔偿责任
欧盟	欧盟食品安全局、欧盟健康与消费者保护总司与欧盟食品链及动物健康常设委员会	欧盟的食品快速风险预警系统(RASFF)是对欧盟国家不合格食品情况进行通报和预警的电子系统。	欧盟的《产品责任法》调节产品的制造商与受害者因产品缺陷发生损坏而形成的损害赔偿关系。
美国	联邦管理机构:卫生与人类服务部(DHHS)所属的食品与药物管理局(FDA)、美国农业部(USDA)所属的食品安全与检验署(FSIS)和动植物卫生检验署(APHIS)以及环境保护局(EPA)。	根据食品危害程度的不同分为三级。第一级召回食品是可能严重危害消费者健康甚至导致死亡的食品;第二级是会造成暂时健康问题的危害较轻的食品;第三级则是不会危害健康的食品,只是违反了 FDA 标签法和制造商的管理规定。	严格产品责任制:受害者只要能够证明产品有缺陷,产品的制造者或销售者就应该承担赔偿责任。
日本	以食品安全委员会为核心、以农林水产省和后生劳动省为主干的立体结构	分为三种召回:第一,是与品质有关的召回,包括产品缺陷、产品污染或异物混入、品质或性能上的问题;第二,是 BM(Black Mail)有关的召回,包括具有恶意性和威胁性以及其他妨碍正当销售的产品;第三,是其他需要召回的产品,包括对商标权和特许权等知识产权的侵害、名誉损毁和人格权的侵害、产品标示上的问题以及违反有关法律的产品等。	《制造物责任法》主要调整产品的制造者、销售者与消费者之间基于侵权行为所引起的人身伤亡和财产损害的赔偿责任关系。追究严格侵权责任。

管理主体		食品召回	赔偿责任
中国	国家食品药品监督管理局，其他相关职能部门分段监管的平面分布	涉及食品召回或有类似规定的法律文件有很多，但都没有对食品召回的具体表述的条款，有关食品"召回"的规定过于笼统，缺少可以操作的"细则"。	《产品质量法》中产品质量监督措施和行政处罚占3/2，产品责任只有6条。

我国食品安全现状与70年代初期的日本更接近。日本当时经济保持了一个高速增长时期，两位数的增长，在"大量生产大量消费"体制下，实现了大路货生产的世界一流水平。虽然十分强调"环境保护与经济协调发展"的规定，但是日本污染并没有得到有效的治理，造成了日本民众对公害的反应越来越强烈，与此同时，日本民众对消除公害的环境保护意识和监督意识以及有关生态与食品知识，也随着环境的恶化对食品的影响，而在不断地加强。在"四大公害"诉讼过程中，日本民众纷纷开展反公害运动并酿成严峻的社会问题，迫于形势政府不得不下决心治理公害、保护和恢复生态环境。日本食品安全规制中对农药残留标准的相关规定，到1991年只对26种农药、53品种农产品制定了残留标准，这种纯社会规制不仅会导致规制过程中很多企业信息的垄断，还会为寻租行为，行政腐败制造条件。既然中国现在的食品安全状况和70年代初的日本更相似，我们就更应该借鉴日本70年代初的一些经验和教训，这样我们就能有一个明确的参照系。我国应借鉴日本，以产品种类为依据，重新划分食品安全管理各部门的职责；政府作为制定有关食品的法律法规，促进对食物链的综合管理的有效基础设施建设的主体，为保护消费者权益，应当健全食品安全责任追究体系，以食品企业为食品安全责任主体，赋予消费者更广泛的求偿权，详细而准确对产品责任法进行相关规定。并让消费者参与到食品安全政策制定的过程中，引入了食品企业为主体，负主要责任的食品安全管理制度。改善政府行政指导整改的局面，向社会公开违规企业信息。实现从政府到消费者、企业自上而下改革。总之，让违法企业的违法成本在制度的严厉规定和制度间的协调配合下不断发酵，彻底解决违法成本过低的制度缺陷，是我们进行制度设计考虑的重要因素。

第二十五章

我国食品安全制度建设相关政策建议

中国的食品安全问题的产生跟日本有很大相似性，首先它都是"发展主义"主导下的结果，日本食品安全从"大乱"到"大治"的过程，对今天在同时经历经济高速增长与食品安全危机的中国不无借鉴，如今的日本已成功地构建了一个立法、执法、业界协会、道德诚信体系、舆论监督"五位一体"且日趋成熟高效的食品安全管理体系。最大限度地保障安全，一旦出现问题能迅速、有效地反应，让黑心犯禁者付出最大的成本，也令其他企图仿效者望而却步，为此面对我国食品安全这些现实问题，我们应该借鉴日本在治理食品安全方面的成功经验，实现从政府到消费者、企业自上而下改革，采取法律手段、行政手段、经济手段共同治理食品安全问题。

第一节　运用立法手段推动我国食品安全制度改革

一、保证食品安全委员会的中立性

我国食品安全委员会并不负责风险评估，食品安全国家标准审评委员会由卫生部按照《食品安全法》及其实施条例的规定负责组织成立，由医学、农业、食品、营养等方面的专家以及国务院有关部门的代表选举产生，负责食品安全风险评估。

而且确立的国务院食品安全委员会成员全部是行政机关的官员，没有一个代表第三方的专家，所以事实上食品安全委员会没有从事风险评估的能力。虽然卫生部颁布的《国家食品安全风险评估专家委员会章程》明确了审评委员会的组织机构和工作规则，但是这一章程并非法律文件，缺乏法律的强制力与对外的公开性。在风险社会，专家系统被认为是脱域性的信任机制之一，保持专家系统的独立和客观至关重要，源于专家系统的诚信问题会直接导致信任危机，而这正是中国食品安全领域信任危机的根源之一。中国应借鉴日本的经验，由食品安全委员会直接负责食品安全风险评估，为保证公正与公平，由食品安全委员会独立完成食品风险评估工作，并将评估结果向国务院食品安全委员会主任和其他食品安全监管机构报告。正如有的学者所述，咨询专家机构的平衡性和咨询过程的公开性，是保障专家咨询机构摆脱外在控制和利益驱使，获得中立性角色的核心机制，风险评估亦然。同时根据法律保留原则，对于中国食品安全委员的组织机构和工作规则应由法律来规定，这就需要立法来进一步完善。

二、加强食品安全的刑法保护

对食品安全制定明确的法律规定。做到食品安全有法依法，违法必究，一查到底。我国刑法中有关食品安全的犯罪，都需要行为人在主观上具有故意。而随着社会经济的发展，食品工业化的进程，大规模生产食品成为了常态。本文认为如果行为人行为上有过失，恰当的做法是放宽对这些罪名在主观方面的要求，规定过失行为也能构成以上罪名。另一方面，食品安全法对生产者和销售者规定了许多的注意义务，违反了相应的注意义务而触犯刑法的，很难界定其主观上是故意而非过失，所以也要放宽对主观方面的规制。并且我国刑法在针对单位的刑种配置上，只有罚金刑一种，不利于贯彻罪责刑相适应原则，必然导致对某些单位经济犯罪的打击不力，建议处罚上应采用双罚制。关于食品监管人员职务犯罪的情形。行为人必须为国家机关的工作人员，是真正身份犯，并且是执行职务时的不法行为才够成本罪，非国家机关工作人员不能构成此罪。行为人主观上是故意或过失，分别为滥用职权和玩忽职守的主观方面。刑罚方面分为两档。导致发生重大食品安全事故或者造成其他严重后果的，处5年以下有期徒刑或者拘役；造成特别严重后果的，处5年以上10年以下有期徒刑。对于食品召回制度，刑法应当增设拒不履行召回产品罪，以贯彻召回制度的实施。

三、修改惩罚性赔偿制度

完善和健全以《食品安全法》为核心的食品安全处罚体系，提高《食品安全法》法律效力的层次，加大《食品安全法》中惩罚性赔偿的力度，增强法律的威慑力和企业违法的成本。中国《食品安全法》第96条第2款规定："生产不符合食品安全标准的食品或者销售明知是不符合食品安全标准的食品，消费者除要求赔偿损失外，还可以向生产者或者销售者要求支付价款十倍的赔偿金。"这是我国首次在食品安全立法中提到惩罚性赔偿，这种法律规定是为了更好的体现消费者的利益，为消费者获得更多的赔偿，不足之处在于没有明确可根据具体的案例使用惩罚性赔偿，建议在考虑计算基准时以消费者的实际损失为准。对于违法的食品企业而言，加大其违法的成本，大大地降低其违法的概率，使违法者不敢再轻易以身试法。并且要加强司法追究，确保对犯罪分子刑事责任追究到位，情节严重者绝不能一罚了之。

第二节　运用行政规制完善我国食品安全制度

一、加大食品安全行政问责力度

严格落实生产经营者主体责任，在食品安全这个相关利益体责任链条上的，企业的行为和道德构成这利益共同体上最重要的一个环节。食品企业法定代表人或主要负责人负首要责任。按照经济学原理对于企业趋利和追求利益最大并不无可厚非，但是对于企业趋利和追求利益利润最大，同时对企业法律和法规也要做到规制最严化。从经济规制学角度出发和审视发达国家食品安全整体的立法进程中，当用道德、法律、和较为严格的标准对其企业进行规制时，不但提升和加快了消费者（公众）监管力度和规模、使行政、执法资源得到一定节约，同时也促使企业对自身自觉道德行为的规制和对产业调整与升级。要建立食品安全信用制度，建立全国联网的食品安全信息系统，及时向社会公布食品生产经营者的信用情况，确保相关人员一旦有食品安全违法记录，一定时期内不得从事相关职业，对失信行为予以惩戒。设立责任追究制度对于那些执法不力的监管机关的负责人进行问责，从法律层面上确保有法必依，执法必严，从而发挥法律在规制食品安全方面的作用。实行双罚制度，一方面基于行政上的目的对违反命令或者禁止行为科以行政处罚，一方面对严重违反法律法规的食品从业者的主观恶性犯罪科以刑事惩罚，最终目的在于排除违法状态，恢复合法状态。

二、 加强对食品企业的监督管理和消费者的保护

在社会诚信体系不健全的条件下，"准入门槛"的设置尤为必要。从具体制度构建上，应当增设相关准入制度，比如在食品企业的立项和审查阶段，应对食品企业的安全状况作严格的实质审查，增设对投资者和管理者强制性的培训，实行实质性不流于形式的考核，强化企业的社会责任感，以达到企业营利和食品安全的双重目标。同时，建立食品企业诚信不良记录收集、管理、通报制度和行业退出机制，加强食品企业质量信用建设和信用分类监管。保障消费者通过适当的途径获得食品安全信息，建立企业信用体系，重塑消费者的食品安全信心。通过多种渠道提高消费者的食品安全认知水平，同时在消费者权益保护方面，增加经营者的告知义务，保障消费者的知情权。

三、 构建社会共治的格局，鼓励社会公众参与监管的积极性

畅通公众投诉渠道，对消费者反映的违法违规行为和质量安全隐患及时核查处置、及时回应回复。落实有奖举报制度，保护举报人的合法权益。调动消费者参与食品安全的主观能动性，保护消费者充分享有知情权，努力增加消费者对生产厂家产品信息了解的渠道。要支持行业协会、科技协会等社会组织开展工作。通过各地区、各级别的消费者组织，搜集和汇总来自违规食品企业产品的相关信息，依托信息网络拓宽公开的途径，传达给其他消费者。

第三节 运用经济手段调控我国食品安全制度

一、 加重经济惩处力度，提高违法成本

根据不同形式加强食品安全监管法律威慑效果的具体措施，较高的处罚额度和严格的执行程序可以给企业明确的激励，从而使其放弃违法的侥幸心理。完善食品安全政策法规，着力解决违法成本低的问题。从根本上减少企业的违法行为，保证处罚的可执行性。增加违法者的违法成本，给受害者及时充分的赔偿。

按食品安全法规定，罚款上限是"货值金额十倍以下罚款"或"十万元以下罚款"。经济处罚过低导致法律失去应有的威慑力，应提高食品安全违法成本，在道德与市场经济的本性互斥的背景下借助提高违法成本，催生与挽救企业道德。对食品市场中假冒食品占有率比较高的食品类型，加大处罚力度。改进罚款的计算标准，加大违法的经济成本，对有违法所得的处罚应当重于没有违法所得的，将假冒"安全"的劣质食品在食品市场中的占有率以及对消费者以及安全食品企业的影响程度考虑到罚款的计算当中，重新计算后的罚款的标准大大提高了罚款的数额，增加了食品安全违法行为的经济成本，对遏制违法行为的发生有很大的作用。

二、细化食品安全违法成本实施办法

细化食品安全违法犯罪罪名、充分发挥罚金刑的作用，一是设置食品安全犯罪罚金的最低数额，原则上罚金的最低数额不应低于食品违法行为所要承担的罚款数额幅度。二是细化罚金刑的量刑幅度，充分考虑食品安全犯罪的情节、后果、是否累犯对于进行适度量刑，实现罪责刑相一致。三对于无法缴纳罚金的犯罪人员，根据金额的大小兑置羁押期限，从而达到惩治的效果。为食品安全违法成本创立科学的实施方法使经济处罚的确定性和效率性著提高。监管部门可以通过细化后违法犯罪的处罚的标准，根据案情的情节、后果等迅速确定的处罚方法，使经济处罚的规范性、确定性和效率性大大提高，也减少了监管部门执法中徇私舞弊的可能性。

参 考 文 献

第一篇　食品安全标准风险防控能力及途径

1. 陈君石.食品风险评估概述［M］.北京：中国食品卫生杂质.2011，23（1）：4－7.

2. 陈品玉.我国食品安全法律法规的缺陷及对策研究［D］.贵州大学，2008.

3. 陈越.刍议食品安全风险交流机制［J］.现代物业（中旬刊），2014，01：66－68.

4. 樊永祥.国际食品法典标准对建设我国食品安全国家标准体系的启示［J］，北京：中国食品卫生杂志，2010，22（2）：121－129.

5. 樊永祥、李晓瑜.中国食品卫生国家标准体系现状与面临的挑战［J］.北京：中国食品卫生杂志，2007，19（6）：505－508.

6. 樊宇.我国食品安全标准的现状与解决路径分析［J］.中国高新技术企业，2011，33：13－15.

7. 葛宇，巢强国.美国食品风险分析程序解析［J］.北京：食品与药品，2008，10（6）：74－76.

8. 郝翔鹰.我国食品安全法律体系的缺陷与完善［J］.郑州牧业工程高等专科学校学报，2005，03：207－209.

9. 何晖，任端平.我国食品安全标准法律体系浅析［J］.食品科学，2008，09：659－663.

10. 何立荣，蔡家华.风险社会下我国食品安全犯罪的立法缺陷与完善［J］.梧州学院学报，2014，01：42－47.

11. 何猛.我国食品安全风险评估及监管体系研究［D］.北京：中国矿业大学，2013.

12. 何翔.食品安全国家标准体系建设研究［D］.湖南：中南大学，2013.

13. 蒋健，陈宇梅.我国食品标准的现状及分析［J］.职业与健康，2005，

04：504 – 506.

14. 蒋祎，蒲川，向彦，张微. 借鉴与完善：中国食品安全风险评估制度 [J]. 特区经济，2011，12：152 – 153.

15. 李梁. 风险社会视域下食品安全刑法保护的缺陷与完善——以《刑法修正案（八）》保"民生"为主线 [J]. 河南警察学院学报，2013，04：84 – 88.

16. 李宁，严卫星. 国内外食品安全风险评估在风险管理中的应用概况 [J]. 中国食品卫生杂志，2011，01：13 – 17.

17. 李思. 国内外食品安全风险评估机构的比较 [J]. 食品工业，2011，10：82 – 85.

18. 厉国，林祥田. 中美食品安全标准体系建设的比较研究 [J]. 中国卫生监督杂志，2010，05：434 – 438.

19. 刘赓，季任天，雷振伟. CAC食品标准体系对我国食品安全标准体系的启示 [J]. 企业技术开发，2007，05：110 – 112.

20. 刘筠筠，杨嘉玮. 美国食品添加剂的安全监管及其启示 [J]. 食品安全质量检测学报，2014，01：154 – 159.

21. 孟菲. 我国与国际组织和发达国家食品安全标准的对比分析 [J]. 粮食加工，2011，05：1 – 4.

22. 潘丽霞，徐信贵. 论食品安全监管中的政府信息公开 [J]. 中国行政管理，2013，04：29 – 31.

23. 史永丽，姚金菊，任端平等. 食品安全标准法律体系研究 [J]. 食品科学，2007，28（6）：372 – 376.

24. 宋华琳. 中国食品安全标准法律制度研究 [J]. 公共行政评论，2011年第2期.

25. 孙中仁，郭敬东，吴同敬等. 我国标准制修订工作中存在的问题及对策 [J]. 标准科学，2011，（9）：44 – 47.

26. 唐晓纯. 国家食品安全风险监测评估与预警体系建设及其问题思考 [J]. 食品科学，2013，15：342 – 348.

27. 陶宏. 风险分析在食品安全国家标准制定中的应用研究 [D]. 清华大学，2012.

28. 王世平. 食品国家标准与法规 [M]. 北京：科学出版社，2010：30 – 34，122.

29. 韦宁凯. 食品安全风险监测和风险评估 [J]. 铜陵职业技术学院学报，2009，8（2）：32 – 36.

30. 吴娟，王明林，李艳霞，陈同斌，张之华. 我国食品中农药残留限量标准现状分析［J］．世界标准化与质量管理，2006，02：54－57.

31.余健．《食品安全法》对我国食品安全风险评估技术发展的推动作用［J］．食品研究与开发，2010，08：196－198.

32.章力建，张星联，蒋士强等．农产品质量安全风险监测和评估［J］．中国农业科技导报，2013，15（4）：8－13.

33.赵赤，卫乐乐．论我国食品安全刑法规制的完善［J］．广西大学学报（哲学社会科学版），2013，01：62－67.

34.中华人民共和国卫生部．GB 5420－2003 干酪卫生标准［S］．北京：中国标准出版社，2004.

35.朱京安，王鸣华．中国食品安全法律体系研究——以欧盟食品安全法为鉴［J］．法学杂志，2011，S1：215－218.

36.邹洁．国内外食品标准体系差异分析及我国相应对策［C］.//第七届中国标准化论坛论文集.2010：142－145.

37.Bennett P，Calman K. Risk communication and public health. Oxford［M］. Oxford University Press，1999：3－7，20－65.

38.WHO. Risk perception and communication. Denmark：WHO Regional Office for Europe［C］.2006（1）：6－8.

39.Renn O. Risk communication and the social amplification of risk［M］. Kluwer Academic publisher，Netherlands，1991：287－324.

40.Fischhoff B. Risk Perception and Communication Unplugged：Twenty years of process，Risk Analysis［M］.1995：137－144.

41.Mary McCarthy，Mary Brennan. Food risk communication－Some of the problems and issues faced by communicators on the Island of Ireland（IOI）［M］，Food Policy 2009（34）：549－556.

第二篇　食品安全风险防控中的评估机制研究

1.樊永祥，陈君石．食品安全风险分析——国家食品安全管理机构应用指南［M］．北京：人民卫生出版社，2008：50.

2.方海．国外食品安全信息化管理体系研究［D］．上海：华东师范大学，2006.

3.国家食品安全风险评估中心年鉴编委会．国家食品安全风险评估中心年鉴（2013卷）．北京：中国人口出版社，2013：70－124.

4.国家食品安全风险评估中心年鉴编委会．国家食品安全风险评估中心年鉴（2014卷）．中国人口出版社，北京：2014：55－110.

5.国家食品安全风险评估中心年鉴编委会．国家食品安全风险评估中心年鉴（2015 卷）. 中国人口出版社，北京：2015：42 - 47.

6. 刘厚金. 食品安全风险分析的法律机制：国外经验与本土借鉴.［J］经济与法，2011（11）：183 - 192.

7. 彭飞荣. 食品安全风险评估中专家治理模式的重构. 甘肃政法学院学报，2009（107）：6 - 10.

8. 戚建刚. 食品安全风险评估组织之重构. 清华法学，2014，8（3）：66 - 86.

9. 秦富，王秀清，辛贤. 欧美食品安全系统研究. 北京：中国农业出版社，2003.

10. 隋海霞，张磊，毛伟峰等. 毒理学关注阈值方法的建立及其在食品接触材料评估中的应用. 中国食品卫生杂志，2012，24（2）：109 - 113.

11. 王兆华，雷家. 主要发达国家食品安全监管体系研究. 中国软科学，2004，7：19 - 24.

12. 魏益民，郭波莉，赵林度等. 联邦德国食品安全风险评估机构与运行机制，中国食物与营养，2009（7）：7 - 9.

13. 吴永宁. 食品中化学危害暴露组与毒理学测试新技术中国技术路线图. 科学通讯，2013，58（26）：2651 - 2656.

14. 薛庆根，高红峰. 美国食品安全风险管理及其对中国的启示. 世界业，2015，12：15 - 18.

15. 杨小敏. 欧盟和中国食品安全风险评估的独立性原则之比较. 行政法学研究，2012，4：122 - 128.

16. 余健. 食品安全法对我国食品安全风险评估技术发展的推动作用，食品研究与开发，2010，31（8）：196 - 198.

17. 曾娜. 食品安全风险评估中的公众参与研究.［J］. 宪政与行政法治评论，2011，（1）：170 - 179.

18. 张磊，刘爱东，刘兆平等. 食品化学物高端暴露膳食模型的建立. 中华预防医学杂志，2013，47（6）：565 - 568.

19. IPCS（2004）. IPCS risk assessment terminology. Geneva，World Health Organization，International Programme on Chemical Safety（Harmonization Project Document，No. 1；http：//www. who. int/ipcs/methods/harmonization/areas/ipcsterminologyparts1and2. pdf）.

20. Kroes R，Kleiner J，Renwick A. The threshold of toxicological concern concept in risk assessment. Toxicol Sci. 2005，86（2）：226 - 30.

21. EFSA，2012. Scientific opinion on exploring options for providing advice about possible human health risks based on the concept of Threshold of Toxicological Concern

（TTC）. EFSA Journal 2012；10（7）：2750.

22. EC（2004）. Monitoring of pesticide residues in products of plant origin in the European Union，Norway，Iceland and Lichtenstein，2002 report. Brussels，European Commission，Health & Consumer Protection Directorate – General（SANCO/ 17/04 final；http：//ec. europa. eu/food/fs/inspections /fnaoi/reports/annual _ eu/monrep _ 2002_en. pdf）.

23. USFDA（2004）. Pesticide residue monitoring program 2002. Washington，DC，United States Food and Drug Administration，Center for Food Safety and Applied Nutrition（http：//www. fda. gov/Food /FoodSafety/FoodContaminantsAdulteration/Pesticides/ResidueMonitoringReports/ucm125174. htm）.

24. USDA（2008）. Pesticide Data Program：annual summary，calendar year 2007. Washington，DC，United States Department of Agriculture，Agricultural Marketing Service.

25. FAO/WHO（1997）. Food consumption and exposure assessment of chemicals. Report of an FAO/WHO Consultation on Food Consumption and Exposure Assessment of Chemicals，Geneva，10 – 14 February 1997. Geneva，World Health Organization（WHO/FSF/FOS/97. 5）.

26. WHO（1995）. Second workshop on reliable evaluation of low-level contamination of food. Report on a workshop in the frame of GEMS/Food – EURO，Kulmbach，26 – 27 May 1995. Rome，World Health Organization Regional Office for Europe，GEMS/Food – EURO（EUR/ICP/EHAZ. 94. 12/WS04；http：//www. who. int/foodsafety/publications/chem/lowlevel_may1995/en/）.

27. FAO/WHO（1999）Annex V. In：Pesticide residues in food—1999. Report of the Joint Meeting of the FAO Panel of Experts on Pesticide Residues in Food and the Environment and the WHO Core Assessment Group on Pesticide Residues. Rome，Food and Agriculture Organization of the United Nations，pp 289 – 293（FAO Plant Production and Protection Paper，No. 153）.

28. FAO/WHO（2004）. Pesticide residues in food—2004. Report of the Joint Meeting of the FAO Panel of Experts on Pesticide Residues in Food and the Environment and the WHO Core Assessment Group on Pesticide Residues. Rome，Food and Agriculture Organization of the United Nations（FAO Plant Production and Protection Paper，No. 178）.

29. EFSA（2008）. Guidance document for the use of the Concise European Food Consumption Database in exposure assessment. 438，1 – 54. Parma，European Food

Safety Authority (http：//www. efsa. europa. eu/en/datexfooddb/document/Coincise _
database_guidance_document_and_annexes，0. pdf).

30. Arcella D，Soggiu M E & Leclercq C（2003）. Probabilistic modelling of hu-
man exposure to intense sweeteners in Italian teenagers：validation and sensitivity anal-
ysis of a probabilistic model including indicators of market share and brand loyalty. Food
Addit Contam，20（Suppl）：S73 – S86.

31. Ragas A M，Oldenkamp R，Preekr N L，et al. Cumulative risk assessment of
chemical exposures in urban environments. Environ lnt，2011，37：872 – 881.

32. Bosgra S，Van Der Voet H，Boon P E，et al. An integrated probabilistic
framework for cumulative risk assessment of common mechanism chemicals in food：an
example with organophosphorus pesticides. Regul Toxieol Pharmacol，2009，54：124 –
133.

33. Boobis A R，Ossendorp B C，Banasiak U，et al. Cumulative risk assessment
of pesticide residues in food. Toxicot Lett，2008，180：137 – 150.

34. Charles G D，Gennings C，Zacharewski T R，et al. An approach for assessing
estrogen receptor-mediated interactions in mixtures of three chemicals：a pilot study.
Toxicol Sci，2002，68：349 – 360.

35. Wu Y N. Translational toxicology and exposomics for food safety risk manage-
ment. J Transl Med，2012，10（Suppl 2）：A41 – A43.

36. National Research Council of the National Academy of Science（NRC）. Ex-
posure Science in the 21st Century：A Vision and a Strategy. Washington，DC：The
National Academies Press，2012.

37. Jardine C，Hrudey S，Shortreed J，et al. Risk management frameworks for
human health and environmental risks［J］. J Toxicol Environ Health B Crit Rev，
2003，6（6）：569 – 720.

38. National Research Council. Improving Risk Communication［M］. Washington，
D. C.：National Academy Press，1989：21 – 24.

39. World Health Organization（WHO）and Food and Agriculture Organization of
the United Nations（FAO）. Food Safety Risk Analysis A Guide for National Food Safety
Authorities. Rome：FAO /WHO，2006.

40. EFSA. Regulation（EC）No 178/2002 of the European Parliament and of the
Council of 28 January 2002 laying down the general principles and requirements of food
law，establishing the European Food Safety Authority and laying down procedures in
matters of food safety.［J］Official Journal of the Eurpoean Communities. Official Journal

我国食品安全风险防控研究

of the European Communities 2002；45：1 – 24.

41. Codex Alimentarius Commission（CAC）. Codex Alimentarius Commission：Procedural Manual，22nd ed. Rome：FAO/WHO，2014.

42. World Health Organization（WHO）and Food and Agriculture Organization of the United Nations（FAO）. Food Safety Risk Analysis A Guide for National Food Safety Authorities. Rome：FAO /WHO，2006.

第三篇　农产品质量安全风险与防控研究

1. 陈平. 日本土壤环境质量标准体系现状及启示 [J]. 环境与可持续发展，2014（6）：154 – 159.

2. 陈涛，程景民. 美欧食品安全信用制度给我们的启示 [J]. 今日中国论坛，2012（2）15 – 16.

3. 陈义群，朱元华. 土壤改良剂的研究与应用进展 [J]. 生态环境，2008（3）：1287 – 1289.

4. 顾继光等. 土壤金属污染的治理途径及其研究进展 [J]. 应用基础与工程科学学报，2003，11（2）：143 – 149.

5. 韩冬梅，金书秦. 我国土壤污染分类、政策分析与防治建议 [J]. 经济研究参考，2014（43）：42 – 48.

6. 胡春林. 基于供应链管理的食品安全风险预警系统 [J]. 经济师，2012，（7）35 – 37.

7. 金发忠. 国外农产品认证发展及启示 [J]. 农业质量标准，2006，（2）4 – 8.

8. 金发忠，钱永忠. 丹麦农产品质量安全全程控制经验及启示 [J]. 农业质量标准，2009，（2）4 – 7.

9. 李应仁. 美国的食品安全体系 [J]. 世界农业，2001，（4）：13 – 14.

10. 廖勇刚. 德国社会信用体系建设对我国的启示 [J]. 青海金融，2009，（4）：52 – 54.

11. 刘洋等. 关于完善我国食品安全风险预警系统的思考 [J]. 食品科学，2009，（12）327 – 330.

12. 刘洋等. 完善我国农产品质量安全风险预警系统的思考与建议 [J]. 农产品质量与安全，2012，（6）12 – 15.

13. 牟少飞等. 亚太地区各国实施良好农业操作规范（GAP）概况及启示 [J]. 农业质量标准，2007，（3）15 – 16.

14. 欧盟食品安全白皮书 [M]，2000，1. 15 – 16.

15. 上海交通大学课题组. 上海市食品生产经营企业诚信体系建设研究 [J].

科学发展，2013，（7）：65－76.

16. 苏方宁. 发达国家食品安全监管体系概观及其启示 [J]. 农业质量标准，2006，（6）：27－31.

17. 隋洪明. 论食品安全风险预防法律制度的构建 [J]. 法学论坛，2013，147（3）56－64.

18. 陶运来，田素润，殷俊峰. 建立我国农产品认证的有效性评价体系初探 [J] 安徽农业科学，2015（18）346－347.

19. 汪禄祥等. 风险分析在食品质量安全管理机标准制定中的应用 [J]. 西南农业学报，2006，19（增刊）303－306.

20. 王芳等. 发达国家农产品质量安全监管模式及经验分析 [J]. 农产品质量与安全，2010，（6）：18－20.

21. 王敏. 美国农产品质量安全管理的考察与启示 [J]. 农业质量标准，2006，（1）41－44.

22. 王伟等. 比较视野下农产品产地污染防治立法研究 [J] 生态经济，2010（9）103－107.

23. 王晓霞. 我国农产品认证制度及有机认证产品的发展趋势 [J]. 农产品加工学刊，2005，（9）61－67.

24. 王永等. 食品企业诚信管理体系建设现状及分析 [J]. 食品安全质量检测学报，2012，3（2）：151－154.

25. 王兆华，雷家苏. 主要发达国家食品安全监管体系研究 [J]. 中国软科学，2004，（7）：19－24.

26. 吴宇. 英国环境法中受污染土地的定义和识别制度 [J]. 环境法制与建设和谐社会—2007 年全国环境资源法学研讨会，－2007（8）：893－895.

27. 武兆瑞. 保障我国农产品质量安全的问题与对策探析 [J]. 农业质量标准，2009，（4）：21－31.

28. 夏黑讯. 我国食品安全监管协调机制现状与完善 [J]. 科学. 经济. 社会，2010，（10）133－137.

29. 肖平辉. 澳大利亚食品安全管理历史演进 [J]. 太平洋学报，2007，（4）57－70.

30. 谢伟. 食品安全监管体制创新研究 [J]. 四川民族学院学报，2010，（6）：74－81.

31. 应兴华，金连登，徐霞. 我国稻米质量安全现状及发展对策研究 [J]. 农产品质量与安全，2010（6）：40－43.

32. 翟代明. 改善农业水环境的技术探讨 [J]. 中国西部科技 2005，（9）：

28 – 29.

33. 张金善. 土壤污染：不能说的秘密 [J]. 宁波经济，2013，(4) 38 – 39.

34. 张利国. 我国农产品认证存在的问题及对策 [J]. 生产力研究，2006 (12) 43 – 44.

35. 张守文. 发达国家食品安全监管体制的主要模式及对我国的启示 [J]. 中国食品学报，2008，(6)：1 – 4.

36. 赵娜. 农产品产地环境的人为影响因素及其监管措施 [J]. 土壤与作物，2014 (2) 76 – 79.

37. 赵学刚. 食品安全无缝隙监管的信息保障：欧盟经验及启示 [N]. 中国社会科学报，2012 – 6 – 11.7.

38. 赵学刚，周游. 欧盟食品安全风险分析体系及其借鉴 [J]. 管理现代化，2010，(4)：59 – 61.

39. 周云龙. 澳大利亚国家残留监控体系的特点及借鉴 [J]. 农业质量标准，2009，(6) 45 – 48.

40. 朱有为. 我国农产品安全质量控制技术的探究 [J]. 农业环境与发展，2012，(6)：48 – 51.

41. 朱或等. 法德农产品质量安全管理的主要做法及启示 [J]. 农业质量标准，2005，(6) 39 – 41.

42. Johnson S L, Bailey J E. The Food Quality Protection Act of 1996. 1999 (40)：8 – 15.

第四篇　供应链视角下食品安全风险防控

1. 蔡文. 物元模型及其应用 [M]. 北京：科学出版社，1994.

2. 曹東. 绿色供应链核心企业决策机制研究 [博士学位论文]. 杭州：浙江大学，2009.

3. 古川，安玉发. 食品安全信息披露的博弈分析 [J]. 经济与管理研究，2012 (1)：38 – 44.

4. 胡定寰，杨伟民，张瑜. "农超对接"与农民专业合作社发展 [J]. 农村经营管理，2009 (8)：12 – 14.

5. 孔繁华. 我国食品安全信息公布制度研究 [J]. 华南师范大学学报（社会科学版），2010 (3)：5 – 11.

6. 刘畅. 供应链主导企业食品安全控制行为研究 [博士学位论文]. 北京：中国农业大学，2012.

7. 鲁茂. 供应链战略联盟信息共享研究及实现——核心企业与供应商的联盟 [硕士学位论文]. 昆明：昆明理工大学，2004.

8. 马士华，林勇. 供应链管理 [M]. 北京：机械工业出版社，2000.

9. 邱蔻华. 管理决策与应用熵学 [M]. 北京：机械工业出版社，2002.

10. 汪寿阳，吴军，李健. 供应链风险管理中的几个重要问题 [J]. 管理科学学报，2006（6）：45－49.

11. 王秀清，孙云峰. 我国食品市场上的质量信号问题 [J]. 中国农村经济，2002（05）：27－32.

12. 杨艳涛. 加工农产品质量安全预警与实证研究 [博士学位论文]. 北京：中国农业科学院，2009.

13. 张斌，雍歧东，肖芳淳. 模糊物元分析 [M]. 北京：石油工业出版社，1997.

14. 张维迎. 博弈论与信息经济学 [M]. 上海：上海人民出版社，2004.

15. 周德翼，杨海娟. 食物质量安全管理中的信息不对称与政府监管机制 [J]. 中国农村经济，2002（6）：29－35.

16. 周应恒，霍丽玥. 食品质量安全问题的经济学思考 [J]. 南京农业大学学报，2003（3）：91－95.

17. Akerlof G A. The Market For "Lemons"：Quality Uncertainty And The Market Mechanism. [J]. Quarterly Journal Of Economics，1970，84（3）：488－500.

18. A. Michael Spence. Market Signaling：Informational Transfer in Hiring and Related Screening Processes [M]. Harvard University Press，1974.

19. Darby M R，Karni E. Free Competition And Optimal Amount Of Fraud [J]. Journal Of Law & Economics，1973，16（1）：67－88.

20. Gamet M. The Competitiveness of Networked Production：The Role of Trust and Asset Specificity [J]. Journal of Management Studies，1995，35（4）：457－479.

21. Grossman，S J. The Information Role of Warranties and Private Disclosure about Product Quality [J]. Journal of Law and Economics，1981（24）：461－489.

22. Gulati. Does familiar breed trust? The implication of repeated for contractual choice in alliance [J]. Academy of Management Journal，1995，38（4）：85－112.

23. Hammel T R and Kopczak L R. Tightening the supply chain [J]. Production & Inventory Mangement Journal. 1993（34）：63－70.

24. Harland C，Brenehley R，Walker H. Risk in supply networks [J]. Journal of Purchasing and Supply Management，2003，9（2）：51－62.

25. Mishara D P，Heide J B. Information asymmetry and levels of agency relationships [J]. Journal of Marketing Research，1998（35）：277－295.

26. Nelson P. Information And Consumer Behavior［J］. Journal Of Political Economy，1970，78（2）：311 - 329.

第五篇　违法成本视角下的食品安全制度建设

1. 巴劲松. 金融制度变迁、法治与金融发展［D］. 南开大学博士论文，2009.

2. 陈首芳. 惩罚性赔偿之经济学分析—以《消费者权益保护法》为例［J］. 中国工商管理研究，2013（6）.

3. 程言清，黄祖辉. 美国食品召回制度及对我国食品安全的启示［J］. 经济纵横，2003（1）.

4. 代文彬，慕静. 面向食品安全的食品供应链透明研究［J］. 贵州社会科学，2013（4）.

5. 董蕴谛. 解读2013新交规："严"字当头细节为民［N］. 通辽日报，2012（10）：22.

6. 河南省夏邑县公安局交警大队民警. 周学峰. 从宣传主题的变化看道交法的十年历程［N］. 人民公安报·交通安全周刊，2014（4）：22.

7. 洪斌. 制度经济学与职业院校管理制度创新［J］. 当代经济，2009（7）.

8. 胡莎. 环境污染民事责任浅析［J］. 法学研究，2014（4）.

9. 黄虹霖. 对完善我国食品安全刑法保护的若干思考［J］. 北方经贸，2013（10）.

10. 蓝艳. 危害食品安全犯罪刑法规制的反思与重构［J］. 行政与法，2010（3）.

11. 李光德. 我国食品安全卫生政府管制变迁的特征及其完善［J］. 南方经济，2004（7）.

12. 李红红. 我国政府环境管理绩效审计标准与依据探究［D］. 首都经济贸易大学硕士论文，2009.

13. 李井平，李光德. 我国食品质量政府管制的制度经济学分析［J］. 生产力研究，2005（3）.

14. 廖丹. 环境行政处罚制度研究［D］. 重庆大学硕士论文，2013.

15. 刘莉. 浅析违法成本［J］. 法制与社会. 2009（03）.

16. 刘明显，谭中明. 社会信用缺失的制度经济学分析［J］. 统计与决策，2003（12）.

17. 刘佑民，万方，于广云. 高校实施人事代理的制度经济学分析［J］. 现代管理科学，2007（9）.

18. 孟菲. 如何运用行政手段干预食品安全管理［J］. 江南论坛，2011（6）.

19. 倪国华，郑风田．媒体监管的交易成本对食品安全监管效率的影响——一个制度体系模型及其均衡分析［J］．经济学（季刊），2014（1）．

20. 曲振涛．规制经济学［M］．复旦大学出版社，2005．

21. 沈柳兰．危险驾驶罪的构成与认定［J］．长春理工大学学报（社会科学版），2011（8）：15．

22. 孙玉凤．入世后中国食品安全法律制度的完善［D］．对外经济贸易大学硕士论文，2005．

23. 王安．法律执行与道路交通事故—对《道路交通安全法》实施效果的评价．《2011年产业组织前沿问题国际研讨会会议文集》，2011（6）；16．

24. 王安．法律执行与道路交通事故—对《道路交通安全法》实施效果的评价［A］．2011年（第九届）"中国法经济学论坛"论文集［C］，2011．

25. 王安，魏建．法律执行与道路交通事故—对《道路交通安全法》实施效果的评价–《2011年（第九届）"中国法经济学论坛"论文集》，2011（6）：18．

26. 王殿华，李学静，于丽艳，韩薇薇．逆向选择效应下食品安全违法防控对策研究—基于双价动态博弈模型［J］．安徽农业科学，2014（15）．

27. 王焕杰．基于新制度经济学的食品安全问题研究［J］．商场现代化，2009（2）．

28. 王美蓉．食品安全权及其法律保护［D］．吉林大学硕士论文，2007．

29. 王敏．我国食品安全问题的公共经济学思考［J］．科技情报开发与经济，2007（1）．

30. 王帅．民航客机飞行安全的治安法制保障—以"诈弹"威胁民航客机安全为研究对象．辽宁警专学报，2014（3）：10．

31. 王梓羿．浅议环境法的民事责任［J］．知识经济，2013（4）．

32. 卫乐乐．环境违法处理中刑罚与行政处罚立法衔接问题研究［D］．浙江农林大学硕士论文，2013．

33. 魏益民等．中国食品安全控制研究［M］．科学出版社，2008：18．

34. 吴喆，任文松．论食品安全的刑法保护—以食品安全犯罪本罪的立法完善为视角［J］．中国刑事法杂志，2011（10）．

35. 夏业良．交通堵塞的社会成本［N］．经济观察报，2003（10）：27．

36. 谢方琴．我国食品安全法律规制存在的问题及对策研究［D］．西南大学硕士论文，2012．

37. 许文军．道路交通安全法律法规体系不断走向完善［N］．人民公安报·交通安全周刊，2014（5）：6．

38. 许子妍．浅议社会责任中的环境成本控制［J］．企业导报．2012（3）．

39. 严孝珍．"醉驾入刑"的法经济学思考［J］．法制与社会，2011（7）．

40. 杨明亮，赵亢．发达国家和地区食品召回制度概要及其思考［J］．中国卫生监督杂志，2006（10）．

41. 杨义林．夯实党的执政基础加强和改进垦区基层党建工作［J］．中国农垦，2005（3）．

42. 叶晓盈，陈锡民．环境法治进程中的成本浅析［J］．江苏环境科技，2006（06）．

43. 游劝荣．法治成本分析［D］．福建师范大学博士论文，2005.

44. 游劝荣．科学设定违法成本［J］．学习时报，2007（6）．

45. 游劝荣．违法成本论［J］．东南学术，2006（9）．

46. 于丽艳，王殿华．食品安全违法成本的经济学分析［J］．生态经济，2012（7）．

47. 岳中刚．信息不对称－食品安全与监管制度设计［J］．河北经贸大学学报，2006（5）．

48. 张裕东，王淼．博弈过程的均衡成本初探［J］．中国渔业经济，2011（4）．

49. 郑晓红．我国环境污染行政罚款标准研究［D］．西南大学硕士论文，2013.

50. 周应恒，王二朋．优化我国食品安全监管制度：一个分析框架［J］．南京农业大学学报（社会科学版），2012（10）．

51. 周应恒，王二朋．中国食品安全监管：一个总体框架［J］．改革，2013（4）．

52. lrene M. Gordon. Lessons to be Leamed. An Examination of Canadian and U. S. Financial Accounting and Auditing Textbooks for Ethics/Govemance Coverage, Journal of Business Ethics. 2011. 1.

后 记

　　本书是教育部哲学社会科学研究重大课题攻关项目"我国食品安全风险防控研究"（12JZD033）的研究成果之一，天津科技大学人文社会科学创新团队食品安全管理，天津科技大学食品安全与战略管理研究中心十三五规划重大项目成果，在本课题研究结束和出版之际，我要对在本课题研究过程中给予过帮助和支持的同行表达感激之情。

　　由衷感谢对本课题的研究付出辛勤努力的国家食品安全风险评估中心吴永宁研究员、天津社会科学院城市经济研究所王爱兰研究员、中国农业大学安玉发教授和天津科技大学王殿华教授，他们带领各自小组研究成员刻苦调研，积极研究，得出很多宝贵结论，也对本书提出很多中肯意见，使我受益匪浅，在此谨向他们表示衷心的感谢。

　　感谢天津科技大学于丽艳、袁世芳、孙楚绿、李丽华为本书统稿及进行书中中文翻译英文的工作。

　　还要感谢出版社的诸位同志，他们在本书的编辑和出版过程中提出了许多宝贵的建议，也付出了辛勤的劳动。

　　本书的部分成果先后由多位省部级领导批示，并被主管部门采纳，入选国内外学术研讨会，在国内外学术期刊上发表，并由《中国食品报》等多家权威媒体刊登或转载，产生了一定的社会影响。

　　现在，书稿虽已完成，但由于学术水平、研究时间、研究能力资料查阅等因素的限制，所研究的食品安全问题又是有多种约束条件的复杂问题，非自己的能力所能充分把握，因此，难免存在疏漏和不当，还有许多遗憾、不足和欠妥之处，诚恳接受同行的批评指正。

教育部哲学社會科學研究重大課題攻關項目
成果出版列表

书　名	首席专家
《马克思主义基础理论若干重大问题研究》	陈先达
《马克思主义理论学科体系建构与建设研究》	张雷声
《马克思主义整体性研究》	逄锦聚
《改革开放以来马克思主义在中国的发展》	顾钰民
《新时期　新探索　新征程 ——当代资本主义国家共产党的理论与实践研究》	聂运麟
《坚持马克思主义在意识形态领域指导地位研究》	陈先达
《当代资本主义新变化的批判性解读》	唐正东
《当代中国人精神生活研究》	童世骏
《弘扬与培育民族精神研究》	杨叔子
《当代科学哲学的发展趋势》	郭贵春
《服务型政府建设规律研究》	朱光磊
《地方政府改革与深化行政管理体制改革研究》	沈荣华
《面向知识表示与推理的自然语言逻辑》	鞠实儿
《当代宗教冲突与对话研究》	张志刚
《马克思主义文艺理论中国化研究》	朱立元
《历史题材文学创作重大问题研究》	童庆炳
《现代中西高校公共艺术教育比较研究》	曾繁仁
《西方文论中国化与中国文论建设》	王一川
《中华民族音乐文化的国际传播与推广》	王耀华
《楚地出土戰國簡册［十四種］》	陳　偉
《近代中国的知识与制度转型》	桑　兵
《中国抗战在世界反法西斯战争中的历史地位》	胡德坤
《近代以来日本对华认识及其行动选择研究》	杨栋梁
《京津冀都市圈的崛起与中国经济发展》	周立群
《金融市场全球化下的中国监管体系研究》	曹凤岐
《中国市场经济发展研究》	刘　伟
《全球经济调整中的中国经济增长与宏观调控体系研究》	黄　达
《中国特大都市圈与世界制造业中心研究》	李廉水
《中国产业竞争力研究》	赵彦云

书　　名	首席专家
《东北老工业基地资源型城市发展可持续产业问题研究》	宋冬林
《转型时期消费需求升级与产业发展研究》	臧旭恒
《中国金融国际化中的风险防范与金融安全研究》	刘锡良
《全球新型金融危机与中国的外汇储备战略》	陈雨露
《全球金融危机与新常态下的中国产业发展》	段文斌
《中国民营经济制度创新与发展》	李维安
《中国现代服务经济理论与发展战略研究》	陈　宪
《中国转型期的社会风险及公共危机管理研究》	丁烈云
《人文社会科学研究成果评价体系研究》	刘大椿
《中国工业化、城镇化进程中的农村土地问题研究》	曲福田
《中国农村社区建设研究》	项继权
《东北老工业基地改造与振兴研究》	程　伟
《全面建设小康社会进程中的我国就业发展战略研究》	曾湘泉
《自主创新战略与国际竞争力研究》	吴贵生
《转轨经济中的反行政性垄断与促进竞争政策研究》	于良春
《面向公共服务的电子政务管理体系研究》	孙宝文
《产权理论比较与中国产权制度变革》	黄少安
《中国企业集团成长与重组研究》	蓝海林
《我国资源、环境、人口与经济承载能力研究》	邱　东
《"病有所医"——目标、路径与战略选择》	高建民
《税收对国民收入分配调控作用研究》	郭庆旺
《多党合作与中国共产党执政能力建设研究》	周淑真
《规范收入分配秩序研究》	杨灿明
《中国社会转型中的政府治理模式研究》	娄成武
《中国加入区域经济一体化研究》	黄卫平
《金融体制改革和货币问题研究》	王广谦
《人民币均衡汇率问题研究》	姜波克
《我国土地制度与社会经济协调发展研究》	黄祖辉
《南水北调工程与中部地区经济社会可持续发展研究》	杨云彦
《产业集聚与区域经济协调发展研究》	王　珺
《我国货币政策体系与传导机制研究》	刘　伟
《我国民法典体系问题研究》	王利明
《中国司法制度的基础理论问题研究》	陈光中
《多元化纠纷解决机制与和谐社会的构建》	范　愉
《中国和平发展的重大前沿国际法律问题研究》	曾令良
《中国法制现代化的理论与实践》	徐显明

书　名	首席专家
《农村土地问题立法研究》	陈小君
《知识产权制度变革与发展研究》	吴汉东
《中国能源安全若干法律与政策问题研究》	黄　进
《城乡统筹视角下我国城乡双向商贸流通体系研究》	任保平
《产权强度、土地流转与农民权益保护》	罗必良
《矿产资源有偿使用制度与生态补偿机制》	李国平
《巨灾风险管理制度创新研究》	卓　志
《国有资产法律保护机制研究》	李曙光
《中国与全球油气资源重点区域合作研究》	王　震
《可持续发展的中国新型农村社会养老保险制度研究》	邓大松
《农民工权益保护理论与实践研究》	刘林平
《大学生就业创业教育研究》	杨晓慧
《新能源与可再生能源法律与政策研究》	李艳芳
《中国海外投资的风险防范与管控体系研究》	陈菲琼
《生活质量的指标构建与现状评价》	周长城
《中国公民人文素质研究》	石亚军
《城市化进程中的重大社会问题及其对策研究》	李　强
《中国农村与农民问题前沿研究》	徐　勇
《西部开发中的人口流动与族际交往研究》	马　戎
《现代农业发展战略研究》	周应恒
《综合交通运输体系研究——认知与建构》	荣朝和
《中国独生子女问题研究》	风笑天
《我国粮食安全保障体系研究》	胡小平
《我国食品安全风险防控研究》	王　硕
《城市新移民问题及其对策研究》	周大鸣
《新农村建设与城镇化推进中农村教育布局调整研究》	史宁中
《农村公共产品供给与农村和谐社会建设》	王国华
《中国大城市户籍制度改革研究》	彭希哲
《国家惠农政策的成效评价与完善研究》	邓大才
《以民主促进和谐——和谐社会构建中的基层民主政治建设研究》	徐　勇
《城市文化与国家治理——当代中国城市建设理论内涵与发展模式建构》	皇甫晓涛
《中国边疆治理研究》	周　平
《边疆多民族地区构建社会主义和谐社会研究》	张先亮
《新疆民族文化、民族心理与社会长治久安》	高静文
《中国大众媒介的传播效果与公信力研究》	喻国明
《媒介素养：理念、认知、参与》	陆　晔
《创新型国家的知识信息服务体系研究》	胡昌平

书 名	首席专家
《数字信息资源规划、管理与利用研究》	马费成
《新闻传媒发展与建构和谐社会关系研究》	罗以澄
《数字传播技术与媒体产业发展研究》	黄升民
《互联网等新媒体对社会舆论影响与利用研究》	谢新洲
《网络舆论监测与安全研究》	黄永林
《中国文化产业发展战略论》	胡惠林
《20世纪中国古代文化经典在域外的传播与影响研究》	张西平
《教育投入、资源配置与人力资本收益》	闵维方
《创新人才与教育创新研究》	林崇德
《中国农村教育发展指标体系研究》	袁桂林
《高校思想政治理论课程建设研究》	顾海良
《网络思想政治教育研究》	张再兴
《高校招生考试制度改革研究》	刘海峰
《基础教育改革与中国教育学理论重建研究》	叶　澜
《我国研究生教育结构调整问题研究》	袁本涛　王传毅
《公共财政框架下公共教育财政制度研究》	王善迈
《农民工子女问题研究》	袁振国
《当代大学生诚信制度建设及加强大学生思想政治工作研究》	黄蓉生
《从失衡走向平衡：素质教育课程评价体系研究》	钟启泉　崔允漷
《构建城乡一体化的教育体制机制研究》	李　玲
《高校思想政治理论课教育教学质量监测体系研究》	张耀灿
《处境不利儿童的心理发展现状与教育对策研究》	申继亮
《学习过程与机制研究》	莫　雷
《青少年心理健康素质调查研究》	沈德立
《灾后中小学生心理疏导研究》	林崇德
《民族地区教育优先发展研究》	张诗亚
《WTO主要成员贸易政策体系与对策研究》	张汉林
《中国和平发展的国际环境分析》	叶自成
《冷战时期美国重大外交政策案例研究》	沈志华
《新时期中非合作关系研究》	刘鸿武
《我国的地缘政治及其战略研究》	倪世雄
《中国海洋发展战略研究》	徐祥民
＊《中国政治文明与宪法建设》	谢庆奎
＊《非传统安全合作与中俄关系》	冯绍雷
＊《中国的中亚区域经济与能源合作战略研究》	安尼瓦尔·阿木提

……

＊为即将出版图书